现代生产安全技术丛书 第三版

压力容器安全技术

崔政斌　王明明　编著

 第三版

化学工业出版社

·北京·

《压力容器安全技术》（第三版）是"现代生产安全技术丛书"其中的一本。本书在第二版的基础上，更加注重贴近生产、贴近企业，力求解决生产和使用过程中遇到的问题，融入了作者长期的工作实践经验，有很强的实用性。书中对压力容器基础知识、压力容器的安全设计与安全装置、压力容器的破坏形式、压力容器的定期检验、压力容器的使用与管理、压力容器事故危害及分析等进行了阐述。由于现代生产生活的需求，当前槽车的使用数量大、频率逐步提高。因此，本书第五章介绍了槽车安全技术。

《压力容器安全技术》（第三版）可供企业从事压力容器使用和管理的有关人员阅读，也可供有关院校的师生阅读参考。

图书在版编目（CIP）数据

压力容器安全技术/崔政斌，王明明编著. —3 版.
—北京：化学工业出版社，2019.8（2024.3重印）
（现代生产安全技术丛书）
ISBN 978-7-122-34355-0

Ⅰ.①压…　Ⅱ.①崔…②王…　Ⅲ.①压力容器安全
Ⅳ.①TH490.8

中国版本图书馆 CIP 数据核字（2019）第 078454 号

责任编辑：杜进祥　高　震　　　　加工编辑：孙凤英
责任校对：刘　颖　　　　　　　　装帧设计：韩　飞

出版发行：化学工业出版社
　　　　　（北京市东城区青年湖南街13号　邮政编码 100011）
印　　装：北京科印技术咨询服务有限公司数码印刷分部
850mm×1168mm　1/32　印张11　字数 295 千字
2024 年 3 月北京第 3 版第 2 次印刷

购书咨询：010-64518888　　售后服务：010-64518899
网　址：http：//www.cip.com.cn
凡购买本书，如有缺损质量问题，本社销售中心负责调换。

定　　价：38.00 元　　　　　　　版权所有　违者必究

丛书序言

党的十九大报告中指出，要树立安全发展理念，弘扬生命至上、安全第一的思想，健全公共安全体系，完善安全生产责任制，坚决遏制重特大安全事故的发生，提升防灾减灾救灾能力。安全是人与生俱来的追求，是人民群众安居乐业的前提，是维持社会稳定和经济发展的保障。企业要健全安全规章制度，完善安全监督检查规章；树立安全意识，杜绝违章作业，杜绝违章指挥；鼓励员工查隐患并及时进行整改，增强安全生产的责任感，及时消除事故隐患，才能最终实现安全生产无事故。

当前，我国正在全面建成小康社会，加快推进现代化建设的步伐，经济社会出现了一系列新的特征。从人均收入、消费结构、产业结构、工业化水平、城镇化水平等总体判断，我国处于由工业化中后期迈向工业化后期、由中等收入国家迈向中上等收入国家的阶段。在成功实现"低成本优势—中低端制造业—投资＋生产"推动的增长浪潮之后，我国面临能否成功迈进由"创新优势—高端制造＋服务业—创新＋消费"推动增长浪潮的重大机遇期，处在经济发展方式转变和经济结构调整的关键时期。

新技术、新产业的发展，将会改变各国的比较优势和国家之间的竞争关系，并对全球产业分工及贸易格局产生影响。我国面临发达国家转移部分资金密集、技术含量高的制造业的新机遇。与此同时，安全生产显得尤为重要。加强安全生产、防止职业危害是国家的一项基本政策，是发展社会主义经济的重要条件，是企业管理的一项基本原则，具有重要的意义。安全生产是企业发展的重要保障，这是企业在生产经营中贯彻的一个重要理念。企业是社会大家庭中的一个细胞，只有抓好自身安全生产、保一方平安，才能促进社会大环境的稳定，进而也为企业创造良好的发展环境。

企业发展生产的目的是满足广大人民群众日益增长的物质文化生活的需要。在生产中不重视安全生产，不注意劳动者的安全健康，发生事故造成伤亡或职业病，以一些人的生命或损害一些人的身体健康作代价去换取产品，就失去了搞生产的目的和意义。所以，搞好安全生产与维护国家利益和人民利益是完全一致的。

2004 年、2009 年我们组织编写出版了"现代生产安全技术丛书"第一版、第二版，丛书出版后得到了广大读者特别是企业安全管理者和安全生产者的厚爱。但是随着新技术、新材料、新装备、新方法的不断涌现，企业的安全生产技术也得到长足的发展。为此，在全面提升安全技术和安全管理的大形势下，我们认为很有必要将丛书进一步修改完善，以适应飞速发展的新形势和新要求。

本丛书在写作过程中参考了大量新标准、新规范，也参考了部分文献资料，在编写过程中得到化学工业出版社有关领导和编辑的指导和帮助，在此也表示诚挚的谢意。同时，由于丛书编写工作量很大，加之作者水平有限，书中可能存在错漏和谬误，望广大读者不吝指教。

崔政斌
2019 年 8 月

前　言

　　压力容器的应用极为广泛，在工业、民用、军工、科学研究的许多领域都有重要的作用。其中，在石油化工领域的应用最为普遍，约占压力容器总使用量的50％。而石油是当今世界重要的能源，石油化工包括化肥、医药、炼油、农药、无机化工和有机合成等行业，在发展国民经济、巩固国防、解决人民的衣食住行等方面都起着举足轻重的作用。压力容器在其他领域也应用广泛，例如：城市、企业所用的煤气和液化气储槽；工程机械所用的各种储能器；各种动力机械的辅机；制糖、造纸所用的各种蒸煮釜；大型工程管道等。

　　压力容器是一种特殊设备，其工作条件差，在运行和使用中损坏的可能性比较大。因压力容器内部的介质具有很高的压力，有一定的温度和不同程度的腐蚀性等，并且其中的介质在不停地运动，不停地对压力容器产生各种物理、化学的作用，因而使压力容器产生腐蚀、变形、裂纹、渗漏等缺陷。即使压力容器的设计合理，制造质量很好，在使用过程中也会产生缺陷。一旦发生事故，不仅使压力容器本身遭到破坏，而且还会引起一连串恶性事故，如破坏其他设备及建筑物，危及人员生命安全，污染环境等，给国民经济造成重大损失。

　　2009年我们修订出版了《压力容器安全技术》（第二版），经过9年的实践，本书得到了广大读者的一致好评，至今已经多次重印。在"现代生产安全技术丛书"第三版出版之际，我们把《压力容器安全技术》一书再次进行整理出版，作为第三版编入该丛书中。《压力容器安全技术》（第三版）根据现代最新压力容器安全规范要求，结合企业在使用过程中容易出现的问题和需要使用者掌握的要领，进行了深化阐述，使之更加趋于合理，更加贴近生产实际。本书充分吸收事故教训，提出基本安全要求，强化使用管理，促进生产，方便企业。本书分七章：第一章为压力容器基础知识；第二章为压力容器的安全设计与安全装置；第三章为压力容器的破坏形式；第四章为压力容器的定期检验；第五章为槽车安全技术；第六章为压力容器的使用与管理；第七章为压力容器事故危害及分析。全书力求把问题说明白，给读者以引导和启迪，进而把压力容器的安全使用、安全管理工作做好。

本书在出版过程中得到化学工业出版社的支持和指导，在此深表感谢。

感谢崔敏、张堃、陈鹏、杜冬梅等同志提供的资料，感谢石跃武、范拴红同志对本书所做的文字工作。

编著者

2019 年 8 月

目 录

第一章　压力容器基础知识

第二章　压力容器的安全设计与安全装置

第三章　压力容器的破坏形式

第四章　压力容器的定期检验

第五章　槽车安全技术

第六章　压力容器的使用与管理

第七章　压力容器事故危害及分析

第一章

压力容器基础知识

第一节　压力容器概述

一、压力

1. 力和力的单位

（1）力　力是对一个物体的作用，这个作用使物体的运动状态发生改变或使物体的形状发生改变，力是不能离开物体而单独存在的。因此，力的大小就不能像长度那样用一个简单的单位来衡量，而只能根据它使物体的运动状态发生改变的程度，或形状发生改变的程度来衡量。而物体形状改变的程度又与它自身的特性有关，即受同样大小的力，不同的物体可以产生不同的形状变化。因此，力的大小一般就只能用使物体的运动状态发生改变的程度来衡量。

（2）力的单位　根据国家规定，我国的法定计量单位采用国际单位制。在国际单位制中，力可用一个具有专门名词的导出单位来衡量，单位名称为牛，用符号 N 表示。它被定义为使质量为 1kg（千克）的物体产生 $1m/s^2$（米每二次方秒）的加速度的力。用国际单位制的基本单位表示，力的单位就是 $m \cdot kg/s^2$。

工程上常用千克力（符号 kgf）作为力的单位。所谓 1kgf 就是质量为 1kg 的物体在纬度为 45°的海平面上所受的重力。应该注意，力的单位"kgf"与质量的单位"kg"是完全不同的概念。"kgf"是物体所受的重力，也就是地球对物体的引力。这个力使物体的运动状态发生改变，产生自由下落，其加速度在纬度 45°的海

平面上的值为 $9.80665\mathrm{m/s^2}$。所以 1kgf 的大小就是使质量为 1kg 的物体产生 $9.80665\mathrm{m/s^2}$（简作 $9.8\mathrm{m/s^2}$）的加速度，或使质量为 9.80665kg 的物体产生 $1\mathrm{m/s^2}$ 的加速度。这样，力的国际单位与非国际单位的换算关系为：

$$1\mathrm{kgf}=9.80665\mathrm{N}$$

2. 压力

物理学和工程上关于压力的概念是不同的。

物理学中，压力系指垂直作用在物体表面上的力，而把垂直作用于物体单位面积上的力称为压力强度，简称压强。

工程上的压力实质上就是物理学中的压强，即工程上把垂直作用于物体单位面积上的力称为压力，这是一种习惯性称谓。

（1）压力的单位　在了解了压力的单位以后，就可以很容易得到国际单位制和过去习惯用的压力（压强）的单位。在国际单位制中，长度的单位为米（m），面积的单位为平方米（$\mathrm{m^2}$），力的单位为牛（N），所以压力的单位便为牛每平方米（$\mathrm{N/m^2}$），其专门名称为帕（Pa）。由于这个单位太小，工程上常用它的 10^6 倍，即兆帕（MPa）作为压力的常用单位，即

$$1\mathrm{MPa}=10^6\mathrm{N/m^2}=1\mathrm{N/mm^2}$$

工程上过去习惯用千克力（kgf）作为力的单位，因此常用的压力单位便是千克力每平方厘米（$\mathrm{kgf/cm^2}$）。

围绕在地球表面上的空气由于受到地球引力的作用，对在大气里面的一切物体都产生压力，这种压力称大气压力。在不同的纬度和高度上，地面大气压力的大小是不同的。在纬度为 $45°$ 的海平面上（即重力加速度为 $9.80665\mathrm{m/s^2}$ 处），大气压力相当于在每平方厘米的面积上作用着 1.0332kgf，所以过去也常用这个大气压力作为压力的常用单位，称作标准大气压或物理大气压，用符号 atm 表示。而把与此单位及相接近的工程上的另一个常用压力单位 $\mathrm{kgf/cm^2}$ 称作工程大气压，用符号 at 表示。这样，压力的国际单位与非国际单位的换算关系为：

$$1\mathrm{kgf/cm^2(at)}=0.0980665\mathrm{MPa}$$

1atm＝0.101325MPa

（2）表压力与绝对压力 容器中介质压力的大小常用测量压力的仪表——压力表来计量。压力表上所指示的压力值是指容器内介质的压力与容器周围大气压力的差值，这个压力值就是表压力或计示压力。表压力只是指明容器内的压力应该是压力表上所指示的压力再加上容器周围的大气压力，这个绝对真实的压力值即为绝对压力。在工程计算中，特别是热力学、流体力学的有关公式中，经常需要采用绝对压力值，只有在有关强度设计或验算时，才用表压力值。绝对压力的表示方法是在压力单位后面加上"绝对"二字，如MPa（绝对）等。这样，如果容器上所装设的压力表的压力单位为MPa，则容器内介质的绝对压力值就应为压力表上所指示的数值加上 0.101325（或简略为 0.1）MPa 的大气压。

二、压力容器

1. 范围的划定及定义

（1）压力容器范围的划定 压力容器从广义上来说，应该包括所有承受压力载荷的密闭容器。但在工业生产中，承受压力的容器很多，其中只有一部分相对来说比较容易发生事故，且事故的危害性比较大。所以许多工业国家都把这类压力容器作为一种特殊设备，需要由专门机构进行安全监督，并按规定的技术管理规范进行设计、制造和使用。这种作为特殊设备的压力容器，当然要划定一个界限范围，不可能也没有必要将所有承载压力的容器（如储水塔那样的设备）都作为特殊设备。在工业上，一般所说的压力容器，就是指这一类作为特殊设备的容器。

压力容器指的是那些比较容易发生事故，特别是事故危害比较大的特殊设备，那么它的界限范围就应该从发生事故的可能性和事故危害的大小来考虑。一般来说，压力容器发生爆炸事故时，其危害的严重程度与容器的工作介质、工作压力及容积等有关。

工作介质是指容器内盛装的或在容器内参与反应的物质。压力容器爆破时所释放的能量与它的工作介质的物性状态有极大关系。

对于工作介质是液体的压力容器，由于液体的压缩性很小，因此液体膨胀时的功也很小，也就是说爆破时所释放的能量很少。而对于工作介质是气体的压力容器，因为气体有很大的压缩性，因而在容器爆破时气体瞬时卸压膨胀所释放的能量也就很多。承载压力和容积都相同的压力容器，工作介质为气体的要比工作介质为液体的爆破时释放的能量大数百倍至数万倍。

划定压力容器的界限范围，除了考虑工作介质的状态以外，还应考虑容器的工作压力和容积这两个条件。一般来说，工作压力越高，或者容积越大，则容器爆破时气体膨胀所释放的能量也越多，也就是事故的危害性越严重。但压力和容积的划分，并不像工作介质那样有一个比较明显的界限，所以一般都是人为规定一个比较适当的下限值。按照过去的习惯，锅炉作为一种特殊设备，曾规定以 0.7atm（表压）作为下限，当然压力容器也可以沿用这个规定。但一般认为，0.7atm 也是一个人为的规定，并不是一个特定的参数，故改以 1atm（表压）为其下限值。近年来，按照我国的法定计量单位，取压力容器的压力下限值为 0.1MPa（表压）。至于容器的容积，当然也应该有一个下限值，以避免把一些容积很小而盛装有压力的气体的微型容器（如机器或仪表上的附属零件）也作为特殊设备来监督管理。

根据《压力容器安全技术监察规程》的规定，该规定适用于同时具备下列条件的压力容器：

① 最高工作压力（p_w）大于等于 0.1MPa（不含液体静压力，下同）；

② 内直径（非圆形截面者指断面最大尺寸）大于等于 0.15m，且容积（V）大于等于 0.025m^3；

③ 盛装介质为气体、液化气体，或最高工作温度大于等于标准沸点的液体。

（2）压力容器的定义　压力容器（pressure vessel）是指盛装气体或者液体，承载一定压力的密闭设备。为了更有效地实施科学管理和安全监检，我国"压力容器安全技术监察规程"中根据工作压力、介质危害性及其在生产中的作用将压力容器分为三类，并对每个类别的压力容器设计、制造过程，以及检验项目、内容和方式做出了不同的规定。压力容器实施进口商品安全质量许可制度，未取得进口商品安全质量许可证书的商品不准进口。压力容器应该按照最新《固定式压力容器安全技术监察规程》（TSG 21—2016）划分，先按介质划分为第一组介质和第二组介质，然后再按压力和容积划分类别为Ⅰ类、Ⅱ类、Ⅲ类，旧的压力容器安全技术监察规程所谓的第一类、第二类、第三类已经不适用了。

压力容器是一种能够承受压力的密闭容器。压力容器的用途极为广泛，它在工业、民用、军工以及科学研究等许多领域都具有重要的地位和作用。其中，以在化学工业与石油化学工业中应用最多，仅在石油化学工业中应用的压力容器就占全部压力容器数量的50%左右。压力容器在化工与石油化工领域，主要用于传热、传质、反应等工艺过程，以及储存、运输有压力的气体或液化气体。在其他工业与民用领域亦有广泛的应用，如空气压缩机。各类专用压缩机及制冷压缩机的辅机（冷却器、缓冲器、油水分离器、储气罐、蒸发器、液体冷冻剂储罐等）均属压力容器。

三、压力容器的分类

1. 分类概述

压力容器的分类方法很多，从使用、制造和监检的角度分类，有以下几种。

（1）按承受压力的等级分类　低压容器、中压容器、高压容器和超高压容器。

（2）按盛装介质分类　非易燃、无毒；易燃或有毒；剧毒。

（3）按工艺过程中的作用不同分类

① 反应容器　用于完成介质的物理、化学反应的容器。

② 换热容器　用于完成介质的热量交换的容器。

③ 分离容器　用于完成介质的质量交换，气体净化，固、液、气分离的容器。

④ 储运容器　用于盛装液体或气体物料、储运介质或对压力起平衡缓冲作用的容器。

2. 基本分类方法

压力容器分类应当先根据介质特性，按照以下要求选择分类图，再根据设计压力 p（单位 MPa）和容积 V（单位 L）标出坐标点，确定容器类别：

（1）对于第一组介质，压力容器的分类见图 1-1。

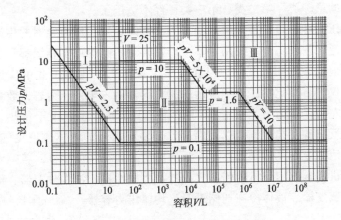

图 1-1　压力容器第一组介质分类图

（2）对于第二组介质，压力容器的分类见图 1-2。

3. 按多腔压力分类

多腔压力容器（如换热器的管程和壳程、夹套容器等）按照类别高的压力腔作为该容器的类别，并且按该类别进行使用管理。但应当按照每个压力腔各自的类别分别提出设计、制造技术要求。对各压力腔进行类别划定时，设计压力取本压力腔的设计压力，容积取本压力腔的几何容积。

（1）同腔多种介质容器分类　一个压力腔内有多种介质时，按组别高的介质分类。

（2）介质含量极小容器分类　当某一危害性物质在介质中含量极小时，应当按其危害程度及其含量综合考虑，由压力容器设计单

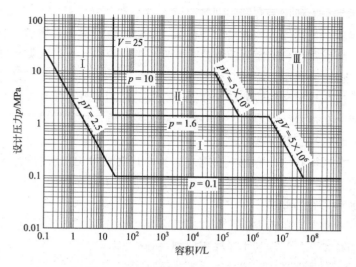

图1-2　压力容器第二组介质分类图

位决定介质组别。

4. 按压力等级划分

根据压力容器的设计压力（p）划分为低压、中压、高压和超高压四个压力等级：

（1）低压（代号 L）　0.1MPa≤p<1.6MPa；

（2）中压（代号 M）　1.6MPa≤p<10.0MPa；

（3）高压（代号 H）　10.0MPa≤p<100.0MPa；

（4）超高压（代号 U）　p≥100.0MPa。

5. 按品种划分

压力容器按在生产工艺过程中的作用原理，分为反应压力容器、换热压力容器、分离压力容器、储存压力容器，具体划分如下：

（1）反应压力容器（代号 R）　该压力容器主要是用于完成介质的物理、化学反应的压力容器，如反应器、反应釜、分解锅、硫化罐、分解塔、聚合釜、高压釜、超高压釜、合成塔、变换炉、蒸煮锅、蒸球、蒸压釜、煤气发生炉等。

（2）换热压力容器（代号 E）　该压力容器主要是用于完成介

质热量交换的压力容器，如管壳式余热锅炉、热交换器、冷却器、冷凝器、加热器、消毒锅、染色器、烘缸、蒸炒锅、预热锅、溶剂预热器、蒸锅、蒸脱机、电热蒸汽发生器、煤气发生炉水夹套等。

（3）分离压力容器（代号 S）　该压力容器主要是用于完成介质的流体压力平衡缓冲和气体净化分离的压力容器，如分离器、过滤器、集油器、缓冲器、洗涤器、吸收塔、铜洗塔、干燥塔、汽提塔、分汽缸、除氧器等。

（4）储存压力容器（代号 C，其中球罐代号 B）　该压力容器主要是用于储存及盛装气体、液体、液化气体等介质的压力容器，如各种形式的储罐。

对于一种压力容器，如同时具备两个以上的工艺作用原理时，应当按工艺过程中的主要作用原理来划分。

一般来说，压力容器的分类表示见图 1-3。

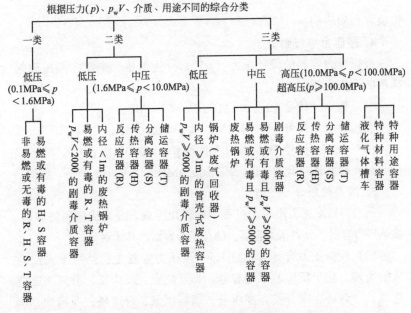

图 1-3　压力容器综合分类

（图中，p_w 为最高工作压力，Pa；V 为容器容积，L）

四、压力容器的基本结构

1. 球形容器

球形容器的本体（见图 1-4、图 1-5）是一个球壳，此种结构由许多块预先按一定尺寸压制成型的球面板拼焊而成，直径较大。球壳中心是对称的结构，是最理想的结构形状。应力分布均匀的球壳体的应力是相同直径圆筒形壳体应力的一半，在压力载荷相同的情况下所需板材厚度最小，相同容积的结构表面积最小，因此可节省大量材料，与同压力载荷、同容积的圆筒形容器相比，可节省材料 30%～40%。但由于制造工艺复杂，拼焊技术要求高，加之内部工艺附件安装困难，故球形容器一般用作大型储罐，也有用作蒸汽直接加热的容器。

图 1-4　球形储罐外形

2. 圆筒形容器

（1）整体式圆筒　整体式圆筒结构有单层卷焊、整体锻造、锻焊、铸-锻-焊以及电渣重熔等结构形式。

① 单层卷焊式筒体　单层卷焊式筒体（图 1-6、图 1-7）是用卷板机将钢板卷成圆筒，然后焊上纵焊缝制成筒节，再将若干个筒节组焊形成筒体，它与封头或端盖组装成容器。这是应用最广泛的

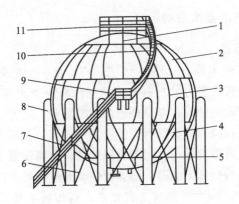

图 1-5　球形储罐结构

1—顶部极板（北极板）；2—上温带板（北温带）；3—赤道带板；
4—下温带板（南温带）；5—底部极板；6—拉杆；7—下部盘梯；
8—支柱；9—中间平台；10—上部盘梯；11—顶部平台

图 1-6　单层卷焊式压力容器外形（卧式）

一种容器结构，具有如下一些优点：

　　a. 结构成熟，使用经验丰富，理论较完善；

　　b. 制造工艺成熟，工艺流程较简单，材料利用率高；

　　c. 便于利用调质（淬火加回火）处理等热处理方法提高材料

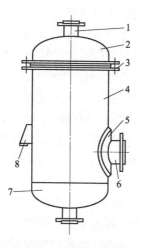

图 1-7　单层卷焊式压力容器结构（立式）

1—接管；2—端盖；3—法兰；4—筒体；
5—加强圈；6—人孔；7—封头；8—支座

的性能；

　　d. 开孔、接管及内件的装设容易处理；

　　e. 零件少，生产和管理均方便；

　　f. 使用温度无限制，可作为热容器及低温容器。

　　单层卷焊式筒体也存在某些缺陷：一是其壁厚往往受到钢材轧制和卷制能力的限制，我国目前单层卷焊式筒体的最大壁厚一般≤120mm；二是规格相同的压力容器产品，单层卷焊式筒体钢板厚度最大，厚钢板各项性能差异大，且综合性能也不如薄板和中厚板，因此产生脆性破坏的危险性增大；三是在厚壁方向上应力分布不均匀，材料利用不够合理。随着冶金和压力容器制造技术的发展，单层卷焊式筒体的上述不足将逐步得到克服。

　　② 整体锻造式筒体　整体锻造式筒体是最早采用且沿用至今的一种压力容器筒体结构形式。在钢坯上采用钻孔或热冲孔方法先开一个孔，加热后在孔中穿一心轴，然后在压机上进行锻压成型，再经过切削加工制成。筒体的顶、底部可和筒体一起锻出，也可分

别锻出后用螺纹连接在筒体上，是没有焊缝的全锻造结构。如果容器较长，也可将筒体分几节锻出，中间用法兰连接。

整体锻造式筒体常用于超高压等场合，它具有质量好、使用温度无限制的优点。因制造时钻孔在钢锭心部的比较松软的部位，剩余部分经锻压加工后组织密实，故质量可靠。但制造时存在一些缺点，如：制造时需要有锻压、切削加工和起重设备等一整套大型设备；材料利用率较低；在结构上存在着与单层卷焊式筒体相同的缺点。因此，这种筒体结构一般只用于内径为 300～500mm 的小型容器上。

③ 锻焊式筒体　锻焊式筒体是在整体锻造式筒体的基础上，随着焊接技术的进步而发展起来的，是由若干个锻制的筒节和端部法兰组焊而成的，所以只有环焊缝而没有纵焊缝。与整体锻造式筒体相比，不需大型锻造设备，故容器规格可以增大，保持了整体锻造式筒体材质密实、质量好、使用温度没有限制等主要优点。因而其常用于直径较大的化工高压容器，且在核容器上也获得了广泛的应用。

④ 铸-锻-焊式筒体　铸-锻-焊式筒体是随着铸造、锻造技术的提高和焊接工艺的发展而出现的一种新型的筒体。制造时，根据容器的尺寸，在特制的钢模中直接浇铸成一个空心八角形铸锭，钢模中心设有一活动式急冷柱塞，在钢水凝固过程中，可以更换柱塞以控制急冷速度，使晶粒细化。浇铸后切除冒口及两端，锻造成筒节，经机加工和热处理后组焊成容器。这种制造工艺可大大降低金属消耗量，但制造工序较复杂。

⑤ 电渣重熔式筒体　电渣重熔式筒体（或称电渣焊成型筒体）是近年来发展起来的一种制造过程机械化、自动化的筒体结构形式。制造时，将一个很短的圆筒（称为母筒）夹在特制机床上的卡盘上，利用电渣焊在母筒上连续不断地堆焊，直到所需长度。熔化的金属形成一圈圈的螺圈条，经过冷却凝固而成为一体，其内表面同时进行切削加工，以获得所需要的尺寸和光洁度。这种筒体的制造不需大型工装设备，工时少而造价低，器壁内各部分材质比较均

匀，无夹渣与分层等缺陷。该制造技术是一种很有前途的制造高压容器的工艺技术。

（2）组合式筒体

① 多层板式筒体结构　多层板式筒体结构包括多层包扎、多层热套、多层绕板、螺旋包扎等数种。这种筒体由数层或数十层紧密贴合的薄金属板构成，具有以下一些优点：一是可以通过制造工艺过程在层板间产生预应力，使壳体上的应力沿壁厚分布比较均匀，壳体材料可以得到较充分的利用，所以壁厚可以稍薄；二是当容器的介质具有腐蚀性时，可以采用耐腐蚀的合金钢作内筒，而用碳钢或其他强度较高的低合金钢作层板，能充分发挥不同材料的长处，节省贵重金属；三是当壳壁材料中存在裂纹等严重缺陷时，缺陷一般不易扩展到其他各层；四是由于使用的是薄板，具有较好的抗裂性能，所以脆性破坏的可能性较小；五是在制造上不需大型锻压设备。其缺点是：多层板后壁筒体与锻造的端部法兰或封头的连接焊缝，常因两连接件的热传导情况差别较大而产生焊接缺陷，有时还会因此而发生脆断。由于多层板式筒体在结构上和制造上都具有较多的优点，所以近年来制造的高压容器，特别是大型高压容器多采用这种结构，而且制造方法也在不断发展，现分别叙述如下。

a. 多层包扎式筒体。多层包扎式筒体是美国史密斯（A. O. Smith）公司于 1931 年首创的一种筒体结构形式，现已为许多国家所采用，是一种目前使用最广泛、制造和使用经验最为成熟的组合式筒体结构。其制造工艺是先用 15～25mm 厚的钢板卷焊成内筒，然后再将 6～12mm 厚的层板卷成两块半圆形成三瓦片形，用钢丝绳或其他装置扎紧并点焊固定在内筒上，焊好纵缝并把其外表面修磨光滑，以此继续，直到达到设计厚度为止。层板间的纵焊缝要相互错开一定角度，使其分布在筒节圆周的不同方位上。此外，筒节上开有一个穿透各层层板（不包括内筒）的小孔（称为信号孔、泄漏孔），用以及时发现内筒破裂泄漏，防止缺陷扩大。筒体的端部法兰过去多用锻制，近年来也开始采用多层包扎焊接结构。和其他结构形式相比，多层包扎式筒体生产周期长、制造中手工操作量大，但这些不足会随着技术的进步而不断得到改善。

b. 多层热套式筒体。多层热套式筒体最早用于制造超高压反应容器和炮筒。它是由几个中等厚度（一般为 20～50mm）的钢板卷焊成的圆筒套装而成，每个外层筒的内径均略小于套入的内层筒的外径，将外层筒加热膨胀后把内层筒套入，这样将各层筒依次套入，直到达到设计厚度为止，再将若干个筒节和端部法兰（端部法兰也可采用多层热套结构）组焊成筒体。早期制作这种筒体时，在设计中均应考虑套合预应力因素，以确保层间的计算过盈（内筒外径大于外筒内径量），这就需要对每一层套合面进行精密加工，增加了加工上的困难。近年来工艺改进后对过盈量的控制要求较宽，套合面只需进行粗加工或只喷砂（或喷丸）处理而不经机加工，大大简化了加工工艺。筒体组焊后进行退火热处理，以消除套合应力和焊接残余应力。多层热套式筒体兼有整体式和组合式筒体两者的优点，材料利用率较高，制造方便，不需其他专门工艺设备，发展应用较快。当然，多层热套式筒体的利用率较高，因其层数较少，使用的是中厚板，所以在防脆断能力方面要差于多层包扎式筒体。

c. 多层绕板式筒体。多层绕板式筒体是在多层包扎式筒体的基础上发展而来的。它由内筒、绕板层、楔形板和外筒四部分组成。内筒一般用 10～40mm 厚的钢板卷焊而成。绕板层则是用厚 3～5mm 的成卷钢板构成，首先将成卷钢板的端部搭焊在内筒上，然后用专用的绕板机床将绕板连续地缠绕在内筒上，直到达到所需的厚度为止。起保护作用的外筒厚度一般为 10～12mm，是两块半圆形壳体，用机械方法紧包在绕板外面，然后纵向焊接。由于绕板式是螺旋状的，因此在绕板层与内、外筒间均出现了一个底边高等于绕板厚度的三角形空隙区，为此在绕板层的始端与末端都得事先焊上一段较长的楔形板（见图 1-8）以填补空隙。故筒体只有内外筒有纵焊缝，绕板层基本上没有纵焊缝，省去需逐层修磨纵焊缝的工作，其材料利用率和生产自动化程度均高于多层包扎式结构。但受限于卷板宽度，筒节不能做得很长（目前最长的为 2.2m），且

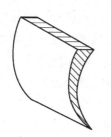

图 1-8　楔形板形状示意图

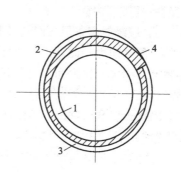

图 1-9　螺旋包扎式筒体示意图

1—内筒；2—楔形板；3—填补板；4—层板

长筒的环焊缝较多。

　　d. 螺旋包扎式筒体。螺旋包扎式筒体是多层包扎式筒体的改进型。多层包扎式筒体的层板层为同心圆，随卷板半径的增加，每层层板的展开长度不同。因此要求准确下料，以保证装配焊接间隙，这不仅费时而且费料。螺旋包扎式筒体则有所改进，采用楔形板和填补板作为包扎的第一层（见图 1-9）。楔形板一端厚度为层板厚度的两倍，然后逐渐减薄至层板厚度，这样第一层就形成一个与层板厚度相等的台阶，使以后各层呈螺旋形逐层包扎。包扎至最后一层时可用与第一层楔形板相反的楔形板收尾，使整个筒体仍呈圆形。这种结构比多层包扎式下料工作量要少，并且材料利用率也有所提高。

　　② 缠绕式筒体结构　这种结构形式包括型槽绕带式和扁平钢带式两种。这种筒体是由一个用钢板卷焊而成的内筒和在其外面缠绕的多层钢带构成。它具有多层板式筒体的一些优点，而且可以直接缠绕成所需长度的筒体，因而可以避免多层板式筒体那样深而窄的环焊缝。

　　a. 型槽绕带式筒体。型槽绕带式筒体制造时先用 18～50mm 厚的钢板卷焊一个内筒，并将内筒的外表面加工成可以与型钢带相互啮合的沟槽，然后缠绕上数层型槽钢带至所需厚度。钢带的始端和末端用焊接方式固定。由于型槽钢带的两面都带有凹凸槽（见图 1-10），缠绕时钢带层之间及其和内筒之间均能啮合，使筒体能承受一定的轴向力。此外，在缠绕时一面用电加热钢带，一面用拉紧钢带，并用辊子压紧和定向，缠绕后用空气和水冷却，使钢带收缩而对内层产生预应力。筒体的端部法兰也可以用同样方法绕成，并将外表面加工成圆柱形，然后在其外面热套上法兰箍。

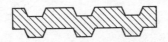

图 1-10　型槽钢带截面形状

型槽绕带式筒体适用于大型高压容器，此种结构一般用于直径 600mm 以上，温度 350℃ 以下，压力 19.6MPa（200kgf/cm²）以上的工况。

这类产品制造时机械化程度、生产效率和材料利用率均较高，经长期使用证明，其质量良好、安全可靠。但由于钢带形状复杂，尺寸公差要求严格，从而给轧钢厂的轧辊制造带来很大困难，若变换钢带材料就必须重新设计、制造轧辊。况且钢带之间的啮合需要几个面同时贴紧，质量难以保证，带层之间总有局部啮合不良现象。筒壁开孔和搬运都比较困难，要小心避免外部钢带损坏。

b. 扁平钢带式筒体。扁平钢带式筒体属我国首创，其全称应为"扁平钢带倾角错绕式筒体"，由内筒、绕带层和筒体端部三部分组成。内筒为单层卷焊，其厚度一般为筒体总厚度的 20%～25%，筒体端部一般为锻件，其上有 30°锥面以便与钢带的始末端相焊。扁平钢带以倾角（钢带缠绕方向与筒体横断面之间的夹角，一般为 26°～31°）错绕的方式缠绕于内筒上，如图 1-11 所示。这样带层不仅加强了筒体的轴向强度，同时也加强了径向强度，克服了型槽绕带式筒体轴向强度不足的弱点。相邻钢带交替采用左、右螺旋纹方向缠绕，使筒体中产生附加扭矩的问题得到消除，改善了受力状态。

这种筒体避免了深度焊缝，并且具有先漏后破、破坏时无碎片、事故危害性较小等优点。加之材料来源广泛（一般为 70mm×

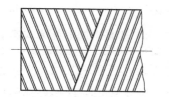

图 1-11　扁平钢带错绕示意图

4mm 断面的扁平钢带），制造设备和制造工艺简易，生产周期短等特点，因而已在小型化肥厂广为应用。

扁平钢带式筒体也存在某些不足之处，如钢带的间隙在绕制过程中难均匀；每条钢带距缠绕终端 300mm 轴向长度，由于结构的原因无法施加预应力而只能浮贴于内筒或里层钢带上。经多次爆破试验证实，这种结构的爆破压力低于其他形式的容器。故目前扁平钢带式容器用于直径＜1000mm，压力＜31.36MPa（320kgf/cm²），温度＜200℃的工况情况。

3. 箱型（矩形）容器

箱型结构可分为正方形结构和长方形结构两种。其几何形状突变，应力分布不均，在转角处局部应力较高。这类容器的结构不合理，除常用在压力较低的蒸汽消毒柜外，一般很少采用，见图 1-12。

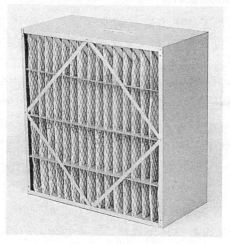

图 1-12　箱型容器（消毒柜）示意图

4. 圆锥形容器

一般常见的圆锥形容器是由圆形筒体与锥形体组合而成的，见图 1-13。

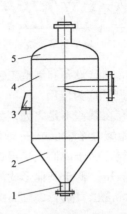

图 1-13　圆锥形容器示意图

1—接管；2—锥底；3—支座；4—筒体；5—封头

五、压力容器的组成

1. 筒体、球壳板

筒体、球壳板是压力容器的重要部件。筒体与封头、端盖或管板共同构成承压壳体，为物料的储存和完成介质的物理、化学反应及其他工艺用途提供所必需的空间，筒体通常用金属板材卷制焊接而成。球形容器是由多块已压制成的球壳板拼焊而成的。

2. 封头、端盖、管板

封头按形状可分为三类，即凸形封头、锥形封头和平板封头。

（1）凸形封头　凸形封头有半球形、蝶形、椭圆形和无折边球形封头之分。

① 半球形封头　半球形封头实际上就是一个半球体，直径较小的半圆形封头可整体压制成型，而直径较大的则由于其深度太大，整体压制困难，故采用数块大小相同的梯形球面板和顶部

中心的一块圆形球面板（球冠）组焊而成，见图 1-14。球冠的作用是把梯形球面板之间的焊缝间隔开，以保持一定的距离，避免应力集中。根据强度计算，半球形封头的壁厚都小于筒体壁厚，这是为了减小其连接处由于几何形状不连续而产生的局部应力。半球形封头与筒体的连接采用了如图 1-14 所示的三种形式。

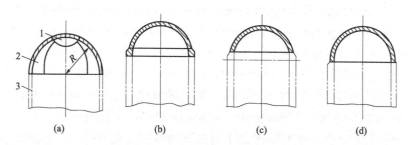

图 1-14　半球形封头（a）及其与筒体连接形式（b）（c）（d）示意图
1—球冠；2—梯形球面板；3—筒体

图 1-14(b) 所示连接形式为：半球形封头的上部为等厚球缺（不足半个球体，整体或由多块球面板组焊而成）；下部为一个锻制的，厚度逐渐减薄的窄球带。图 1-14(c) 所示连接形式为：封头做成一个等厚球缺，而将筒体与封头连接的端部加工成一圈窄球带，与封头构成半球形。图 1-14(d) 所示连接形式为：半球形封头内径与筒体内径相同，在焊完封头与筒体的环缝后，再在封头外壁堆焊金属，使连接处平滑过渡。在实际使用中，常取半球形封头的厚度与圆筒体相同。从节省材料的观点和受力状态而言，在直径和承受压力相同的条件下，所需的厚度最小；封头容积相同表面积最小，受力也最均匀，故半球形封头是最好的一种形式。但是由于其深度太大，加工制造困难，除用于压力较高、直径较大的储罐或其他特殊需要外，一般较少使用。

②蝶形封头　蝶形封头又称作带折边的球形封头（见图 1-15），由半径为 R_c 的球面，高度为 L 的圆筒形直边，半径为 r 的连接球面与直边的过渡区三部分组成。过渡区的存在是为了避免

边缘应力叠加在封头与筒体的连接环缝上。蝶形封头的深度 h 与 R_c 和 r 有关,h 值的大小直接影响封头的制造难易和壁的厚薄。小的 h 虽较易加工制造,但过渡区的 r 变小,形状突变严重,因而产生的局部应力与封头壁厚随之减小,但加工制造较困难。故《压力容器》(GB 150—2011)就合理选用 r 和 R_c 做出了如下规定性限制:

a. 蝶形封头的球面部分的内半径应不大于封头的内直径,通常取 0.9 倍的封头内直径。

b. 封头转角内半径不小于封头内直径的 10%,且不得小于 3 倍的名义厚度。

c. 对于 $R_c/r \leqslant 5.5$ 的封头,其有效厚度应不小于封头内直径的 0.15%,其他蝶形封头的有效厚度应不小于封头内径的 0.30%。但当确定封头厚度时已考虑了内压下的弹性失稳问题,可不受此限制。

③ 椭圆形封头 椭圆形封头系由半椭球体和圆筒体两部分组成,见图 1-16。高度为 L 的圆筒部分有如蝶形封头的圆筒体,避免边缘应力叠加在封头与筒体的连接环焊缝上。由于封头的曲率半径是连续而均匀变化的,所以封头上的应力分布也是连续而均匀变化的,其受力状态比蝶形封头好,但不如半球形封头。

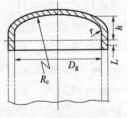

图 1-15 蝶形封头

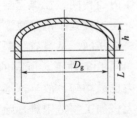

图 1-16 椭圆形封头

椭圆形封头的深度 h 取决于椭圆形的长短轴之比,即封头的内直径与封头两倍深度之比($D_g/2h$);其比值越小,封头深度就越大,受力较好,需要的壁厚也小,但加工制造困难;比值大虽易于加工制造，但封头深度变小，受力状态变坏，需要的壁厚增大。$D_g/2h \leqslant 2$ 的椭圆形封头的有效厚度应不小于封头内直径的 0.15%，$D_g/2h \geqslant 2$ 的椭圆形封头的有效厚度应不小于封头内直径的 0.30%。当确定封头厚度已考虑了内压下的弹性失稳问题时，可不受此限制。

④ 无折边球形封头　如图 1-17 所示，无折边球形封头是一块深度很小的球面体（球冠），实际上是为了减小深度而将半球形或蝶形封头的大部分除掉，只以其上的球面体制造而成。它结构简单，深度浅，容易制造，成本也较低。但是它与筒体的连接处由于形状突变而产生较大的局部应力，故受力状况不良。因此，这种封头一般只用在直径较小、压力较低的容器上。为了保证容器封头和筒体连接处不致遭到破坏，要求连接处角焊缝采用全焊透结构，见图 1-18。

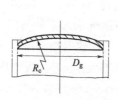

图 1-17　无折边球形封头

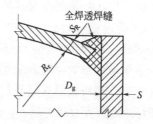

图 1-18　全焊透结构示意图

（2）锥形封头　锥形封头受力情况仅取决于平板盖，只在容器的生产工艺确定需要的情况下使用。无折边封头的半锥角不得大于 $30°$。半锥角大于 $30°$ 时，应采用带折边的锥形封头，并要求折边过渡区的转角内半径应不小于圆筒体内直径的 10%，且应不小于锥体厚度的 3 倍，见图 1-19。

① 无折边锥形封头　无折边锥形封头就是一段圆锥体［见图 1-19(a)］。由于锥体与圆筒直接连接，连接处壳体形状突变而不连续，产生较大的局部应力，这一应力的大小取决于锥体半顶角 α 的大小，α 角越大则应力越大，反之则小。因此，国家标准《压力容器》（GB 150—2011）对无折边封头做了如下限制：

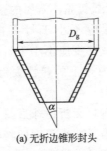

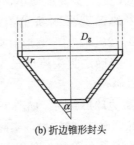

(a) 无折边锥形封头   (b) 折边锥形封头

图 1-19　锥形封头

a. 无折边锥形封头只适用于锥体半顶角 $\alpha \leqslant 30°$ 的情况；

b. 无折边锥形封头连接处的对接焊缝必须采用全焊透结构。

压力容器上采用无折边锥形封头时，多采用局部加强结构，加强结构的形式较多，既可以在锥形封头与筒体连接处附近焊加强圈，也可以在锥形封头与筒体连接处局部加大壁厚。

② 折边锥形封头　折边锥形封头包括圆锥体、折边和圆筒体三个部分 [见图 1-19(b)]，多用于锥体半顶角 $\alpha > 30°$ 的情况，α 越大，锥体应力越大，所需壁厚也越大，加工就越困难。所以，除非特殊需要，带折边锥形封头的半顶角一般不大于 45°。折边内半径 r 越大，封头受力状态越好。

因此，国家标准《压力容器》（GB 150—2011）做出如下规定：折边内半径 r 应小于锥体大端内径 D_g 的 10% 及锥体厚度的3 倍。

锥体与圆筒连接处应加强，材料一般与壳体材料相同，若加强材料许用应力小于壳体材料许用应力，则加强面积应按壳体材料许用应力之比增加。若加强材料许用应力大于壳体材料许用应力，则所需加强面积不得减少。

就受力状态而言，锥形封头较半球形、蝶形、椭圆形封头都差，但是锥形封头由于其形状有利于液体流速的改变和均匀分布，有利于物料的排出，所以在压力容器上仍得到应用，一般用于直径较小、压力较低的容器上。

（3）平板封头　与其他封头相比，平板封头受力情况最差。在相同的受压条件下，平板封头比其他形式的封头厚得多。因此，平板角焊封头一般不宜用于压力容器。需要采用时，应有足够的厚度，并采用全焊透的焊接结构。

3. 法兰、垫片、紧固件

（1）法兰与筒体的连接形式　法兰连接的主要特点是拆卸方便、强度高、密封性能好。安装法兰盘时要求两个法兰保持平行，法兰的密封面不能碰伤，并且要清理干净。法兰垫片要根据设计规定选用。

① 整体法兰　整体法兰是一种法兰的连接方式，也是属于带颈对焊钢制管法兰的一种，材质有碳钢、不锈钢、合金钢等。在国内各个标准之中，用 IF 来表示整体法兰。整体法兰多用于压力较高的管道之中，生产工艺一般为铸造。

整体法兰一般为突面（RF），如果在易燃、易爆、高度和极度危害的使用工况之中，则可以选用除了 RF 面之外的凸凹面（MFM）及榫槽面（TG）的密封面的形式，见图 1-20。

图 1-20　整体法兰样品

整体法兰因其结构简单、制造容易而使用广泛。但是其刚性差，受力后容易产生变形和泄漏，有时还导致筒体弯曲，所以一般只用于直径较小，压力、温度较低的低压容器上。对焊法兰是通过锥颈与筒体对焊连接的法兰。这种法兰因根部带有较厚的锥颈圈，不仅刚性较好，不易变形，而且法兰还通过锥颈与筒体对接，局部应力较平法兰大大降低而强度增加。这种法兰制造比较困难，所以仅在中压容器上采用。

② 活套法兰　活套法兰是指松套于容器或管道突缘的一种法兰，属松式法兰。其突缘可采用翻边、直接车出或另外焊接圆环等方式制成。其优点是法兰变形时对容器或管道不产生附加力矩，制造方便，可采用与容器或管道不同的材料制造，便于节省贵重金属。其缺点是法兰厚度较大。活套法兰适用于容器或管道内衬有脆性材料且压力不高的场合，见图1-21。

图 1-21　活套法兰样品

③ 任意式法兰　将法兰环开好坡口并先镶在筒体上，然后再焊在一起的法兰称为任意式法兰，其结构类似整体法兰中的平焊法兰，但与筒体连接处未采用全焊透结构，故强度比后者差，常见的结构形式如图1-22所示，只用于直径较小的低压容器上。

(2) 法兰密封面及垫片　法兰连接很少是因强度不足而遭破坏的，但常由于密封不好而导致泄漏。因此，密封问题已成为法兰连接中的主要问题，而法兰密封面与垫片又直接影响到法兰的密封，有必要专门加以介绍。

① 法兰密封面　法兰密封面即法兰接触面，一般经过比较精密的加工，以保证足够的精度和光洁度，才能达到预期的密封效

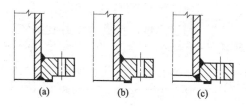

图 1-22 任意式法兰

果。常用的密封面有全平面 FF、突面 RF、凸面 M、凹面 F、榫面 T、槽面 G、环连接面 RJ，一般凸凹面 MF、榫槽面 TG、环连接面 RJ 都是配对使用的各种密封面。

a. 平面型密封面只有一个光滑的平面，见图 1-23(a)。为改善密封性能，常在密封面上车出几道宽约 1mm、深约 0.5mm 的同心圆沟槽，如同锯齿。这种密封面结构简单，容易加工，但安装时垫片不易装正，紧螺栓时也较易挤出，一般用在低压、无毒介质的容器上。

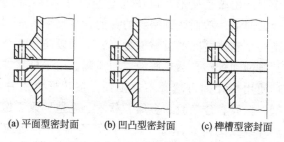

(a) 平面型密封面　(b) 凹凸型密封面　(c) 榫槽型密封面

图 1-23 法兰密封面示意图

b. 凹凸型密封面见图 1-23(b)，一对法兰的密封面分别为凹凸面，且凸面高度略大于凹面深度。安装时把垫片放在凹面上，因此容易装正，且紧螺栓时也不会挤出。其密封性能优于平面型，但加工较困难，一般用于中压容器。

c. 榫槽型密封面见图 1-23(c)。在一对法兰的密封面上，将其中一个加工出一圈宽度较小的榫头，将另一个加工出与榫头相配合的榫槽，安装时垫片放在榫槽内。这种密封面因垫片被固定在榫槽内，不可能向两边挤出，所以密封性能较好。因垫片较窄，减轻了

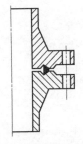

图 1-24 自紧式
密封面示意图

压紧螺栓的负荷。但这种密封面结构复杂，加工困难，且更换垫片比较费事，榫头也容易损坏。所以，其一般只用于易燃、有毒的工作介质或工作压力较高的中压容器上。因其在氨生产设备上用得较多，所以又称为氨气密封。

d. 自紧式密封面见图 1-24。将密封面和垫片加工成特殊形状，承受内压后，垫片会自动紧压在密封面上确保密封效果，所以称为自紧式密封面。这种密封面的接触面积小，垫片在内压作用下有自紧能力，密封性能好，减小了螺栓的紧力，也就减小了螺栓和法兰的尺寸。这种密封面结构用于高压及压力、温度波动的容器上。

② 垫片　法兰密封面即使经过精密的加工，法兰面之间也会存在微小的间隙，而成为介质泄漏的通道。垫片的作用就是在螺栓的紧力作用下产生塑性变形，以填充法兰密封面存在的微小间隙，堵塞介质泄漏通道，从而达到密封的目的。

垫片是两个物体之间的机械密封，通常用以防止两个物体之间受到压力、腐蚀和管路自然热胀冷缩而泄漏。由于机械加工表面不可能完美，使用垫片即可填补不规则性。垫片通常由片状材料制成，如垫纸、橡胶、硅橡胶、金属、软木、毛毡、氯丁橡胶、丁腈橡胶、玻璃纤维或塑料聚合物（如聚四氟乙烯）。特定应用的垫片可能含有石棉。

垫圈是一个漏洞（通常在中间）薄板（通常圆形），通常是用于分配负荷的线呈紧固件。其他用途是作为间隔、弹簧（贝尔维尔垫片、波垫片）、耐磨垫、预显示装置、锁装置。橡胶垫圈也用在阀门（水龙头）上，以切断流动的液体或气体。橡胶或硅垫片也可使用在风扇上，以减少振动。通常垫片外径是内径的两倍左右。

容器法兰连接所用的垫片有非金属软垫片、缠绕垫片、金属包垫片和金属垫片等几种。非金属软垫片是用弹性较好的板材按法兰密封面的直径及宽度剪成一个圆环，所用材料主要有橡胶板、石棉橡胶板和石棉板，根据容器的工作压力、温度以及介质的腐蚀性来选用。一般低压、常温（≤100℃）和无腐蚀性的介质容器多用橡胶板（经强硫化处理的硬橡胶工作温度可达200℃）；介质温度较高（对水蒸气＜450℃，对油类＜350℃）的中、低压容器通常用石棉橡胶板或耐油石棉橡胶板；一般的腐蚀性介质的低压容器常采用耐酸石棉板，压力较高时则用聚乙烯板或聚四氟乙烯板。

缠绕垫片用石棉带与薄金属带（低碳钢带或合金钢带）相间缠绕制成。因为薄金属具有一定的弹性，而且是多道密封，所以密封性能较好。缠绕垫片用于压力或温度波动较大，特别是直径较大的低压容器上最为适宜，因为这种垫片直径即使很大也可以没有接口。

金属包垫片又称包合式垫片，是用薄金属板（一般是用白铁皮，介质有腐蚀性的用薄不锈钢板或铝板）内包石棉材料等卷制而成的圈环。这种垫片耐高温，弹性好，耐腐蚀能力强，有较好的密封性能。但制造较为复杂，一般只用于直径较大、压力较高的低压容器或中压容器上。

4. 法兰连接的紧固形式

法兰连接方式一般可以分为五种：平焊、对焊、承插焊、松套、螺纹。这里对前四种进行详细的阐述。

（1）平焊 只需焊接外层，不需焊接内层，一般常用于中、低压力管道中，管道的公称压力要低于2.5MPa。平焊法兰的密封面有三种，分别是光滑式、凹凸式以及榫槽式，其中以光滑式应用最为广泛，并且价格实惠，性价比高。

（2）对焊 法兰的内外层都要焊接，一般多用于中、高压管道中，管道的公称压力在0.25～2.5MPa之间。对焊法兰连接方式的密封面是凹凸式的，安装比较复杂，所以人工费、安装费以及辅材费都比较高。

（3）承插焊 一般多用于公称压力≤10.0MPa，公称直径≤40mm的管道中。

(4) 松套 一般多用于压力不高，但其中介质有较强腐蚀性的管道中，所以这类法兰耐腐蚀性强，材质多以不锈钢为主。松套主要用于铸铁管、衬胶管、非铁金属管和法兰阀门等的连接，工艺设备与法兰的连接也都采用法兰连接。

5. 法兰连接工艺流程

① 法兰与管道的连接要符合以下要求：

a. 管道与法兰的中心要在同一水平线上。

b. 管道中心与法兰的密封面成 90°垂直形状。

c. 管道上法兰盘螺栓的位置应该对应一致。

② 垫法兰垫片，要求如下：

a. 在同一根管道内，压力相同的法兰选择的垫片应该一致，这样才便于以后互相交换。

b. 对于采用橡胶板的管道，垫片最好也选择橡胶材质的，例如水管线。

c. 垫片的选择原则：尽量靠近小宽度选择，这是在确定垫片不会被压坏的前提下应该遵循的原则。

③ 连接法兰：

a. 检查法兰、螺栓和垫片的规格是否符合要求。

b. 密封面要保持光滑整洁，不能有毛刺。

c. 螺栓的螺纹要完整，不能有缺损，嵌合要自然。

d. 垫片质地要柔韧、不易老化，表面没有破损、褶皱、划痕等缺陷。

e. 装配法兰前，要把法兰清洗干净，去除油污、灰尘、锈迹等杂物，将密封线剔除干净。

④ 装配法兰：

a. 法兰密封面与管道中心垂直。

b. 相同规格的螺栓，安装方向也相同。

c. 安装在支管上的法兰，其安装位置应该距离立管的外壁面100mm 以上，距离建筑物的墙面应该在 200mm 及以上。

d. 不要把法兰直接埋入地下，容易被腐蚀，如果必须埋在地下，就要做好防腐处理。

　　法兰连接的紧固形式有螺栓紧固（见图1-25）、带螺纹的螺栓紧固（见图1-26）和"快开式"法兰紧固（见图1-27）等数种。螺栓紧固结构简单、安全可靠，通常都广泛采用这种紧固形式，但也存在拆装费时的缺点。所以，这种紧固形式只用于一些经常拆卸的法兰连接。若容器端盖常需开启，则用带螺纹的螺栓紧固。因螺栓带有螺纹，法兰上螺孔开有缺口，这种紧固形式拆卸时不用从螺栓上卸下螺母，只要拧松后螺栓就可绕螺纹轴从法兰边翻转下来。为了便于拆卸，螺母制成特殊的带有蝶形状的肩部。这种法兰紧固形式虽装卸方便省时，但法兰较厚时，若螺栓安放稍有不正，在容器运行时可能发生螺栓甩脱飞出的意外事故，故其常只用于压力较低、直径较小的容器法兰连接，多见于染料、制药等化工容器。"快开式"法兰紧固是一种不用螺栓紧固的法兰连接结构，用于端盖需要频繁开闭的压力容器。这种紧固形式具有一对形状比较特殊的法兰，与容器筒体连接的法兰较厚，中间有一条环形槽，槽外端部圈环内侧开有若干个齿形缺口。焊在端盖上的法兰较薄，其厚度略小于筒体法兰上环形槽的宽度，其外径略小于环形槽的内径。法兰外侧开有齿形缺口，节距与筒形法兰上齿形缺口节距相同。装配时把端盖法兰的缺口对齐筒体法兰上的齿，并放入环形槽内，

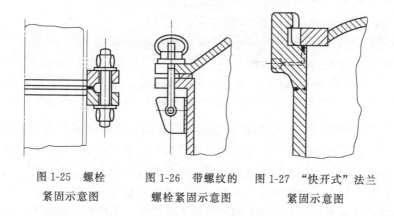

图1-25　螺栓　　　　图1-26　带螺纹的　　　图1-27　"快开式"法兰
紧固示意图　　　　　螺栓紧固示意图　　　　紧固示意图

然后转动端盖约一个槽齿的距离，使两者的齿相对齐。两个法兰即连接完毕。它的密封装置一般是在筒体法兰的密封面上加工出一条环形密封槽，装入整体式垫片，在密封槽的底部通入蒸汽或压缩空气，垫片即被压紧在端盖法兰的密封面上，达到密封的目的。直径较大的端盖，装配时要用机械传动减速装置来转动。这种法兰紧固形式可以减轻劳动强度，节省装卸时间，密封性能也较好。但使用时要注意安全，开盖前装设联锁装置来保证开盖前容器内卸去压力。

容器法兰及管法兰、螺栓及垫片等连接件的规格均已标准化，国家及有关部门均制定了有关标准，选用时可以查阅。

6. 密封结构

(1) 平垫密封分强制式和自紧式两种。强制式平垫密封（下称平垫密封）的结构与一般法兰连接密封相同，由于工作压力较高，密封面一般都采用凹凸型或榫槽型，也有在密封面上加工几道同心圆密封沟槽，见图 1-28。

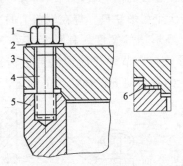

图 1-28　平垫密封结构

1— 主螺母；2—垫圈；3—顶盖；4—主螺栓；5—筒体端部；6—平垫片

① 平垫密封　平垫密封顶盖和筒体端部的密封面上均有三条三角环形沟槽。平垫密封结构简单，加工方便，使用成熟，在直径小、压力不太高的场合密封可靠，但当结构尺寸大、压力高时，螺栓尺寸也大，结构笨重，装拆不便，每次检修都得更换垫片，一般适用于温度不高，压力及温度波动不大的中、小型高压设备上，其

使用范围见表1-1。

表1-1　平垫密封推荐使用范围

使用温度/℃	操作压力/MPa	封口内径/mm
≤200	<20	≤1000
	20~30	≤800
	30~50	≤600

密封结构尺寸见表1-2。

表1-2　密封结构尺寸　　　　单位：mm

D_i	D_1	h	h_1
≤100	D_i+6	$2\delta+1$	2.5δ
101~200	D_i+8		
201~400	D_i+10		
401~600	D_i+12		
601~800	D_i+12		
801~1000	D_i+12		

平垫密封虽然结构简单，但需要有较大的紧固力，所以端盖和连接螺栓的尺寸都较大。为了减轻端盖与筒体端部连接螺栓的载荷，有些高压容器采用了带压紧环的平垫密封结构，见图1-29。这种密封是在平垫圈的上面装有一个压紧环和若干个压紧螺栓，垫圈下面装有托板。容器的密封是通过拧、压紧螺栓加力于压紧环而压紧平垫来实现的，从而具有端盖与筒体端部的连接螺栓可不承受垫圈的压紧力及垫圈易于压紧等优点。

② 自紧式平垫密封　该密封是依靠容器介质的压力作用在顶盖上压紧垫片来实现的，其结构如图1-30所示。它减少了笨重而复杂的法兰螺栓连接结构，顶盖与筒体端部以螺纹连接，密封可靠。由于顶盖可以在一定范围内移动，所以在温度、压力波动时仍能保持良好的密封性能。这种结构的缺点是拆卸较困难，对于大直径容器，拧紧其螺纹套筒也有困难，所以不宜使用在大直径的高压容器上。

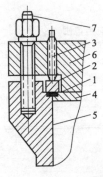
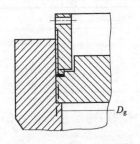

图 1-29　带压紧环的平垫密封结构　　　图 1-30　自紧式平垫密封

1—平垫；2—压紧环；3—压紧螺栓；

4—托板；5—筒体端部；6—端盖；

7—连接螺栓

(2) 卡扎里密封　　卡扎里密封指密封元件为三角形截面金属垫的一种高压密封结构，属强制式密封。金属垫的两个直角面为密封面，端盖和筒体端部利用带锯齿形螺纹的套筒结构连接。金属垫靠顶紧螺栓通过压环扭紧。当压力升起时端盖上移，介质的轴向力主要由套筒承受。其优点是预紧方便，不需要主螺栓，密封效果良好；缺点是套筒螺纹锈蚀后会给拆卸带来困难。

卡扎里密封有外螺纹卡扎里密封、内螺纹卡扎里密封和改良卡扎里密封三种形式。其中，外螺纹卡扎里密封用得最多，见图1-31。它的垫片是一个横断面呈三角形的软金属垫，由铜或铝制成。容器的筒体法兰与端盖用螺纹套筒连接，通过拧紧压紧螺栓加力于压紧环而压紧垫片来实现密封。这种结构的优点是省去了筒体端部与端盖的连接螺栓，拆卸方便，属于快拆结构；垫片的面积也可较小，因而所需压紧力及压紧螺栓的直径也较小；密封可靠，适用于温度波动较大的容器。但其结构复杂，密封零件多，且精度要求高，加工困难。这种密封结构常用于大直径、高压及需经常装拆和要求快开的压力容器。

内螺纹卡扎里密封的作用原理与外螺纹的基本相同，只是将带螺纹的端盖直接旋入带有内螺纹的筒体端部内。密封垫片置于端盖

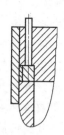

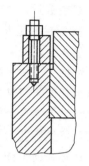

图 1-31　外螺纹卡扎里密封　　　　图 1-32　内螺纹卡扎里密封

与筒体端部连接交界处，其上有压紧环，通过压紧螺栓使密封垫片的内侧面和底面分别与端盖侧面和筒体端部面贴合而实现密封。它比外螺纹卡扎里密封省去一个较难加工的螺纹套筒，结构简单了一些，但它的端盖需加厚，占据了较多的压力空间，螺纹易受介质腐蚀，装拆也不方便，工作条件差。其一般只用于小直径的高压容器，见图 1-32。

　　改良卡扎里密封结构不用螺纹套筒连接端盖与筒体，而改用螺栓连接，其他均与外螺纹卡扎里密封相同。其无十分显著的优点，所以很少采用，见图 1-33。

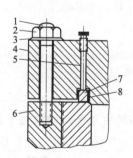

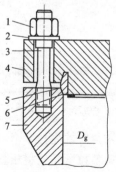

图 1-33　改良卡扎里密封

1—主螺栓；2—主螺母；3—垫圈；
4—端盖；5—预紧螺栓；6—筒体法兰；
7—压紧环；8—密封垫片

图 1-34　双锥密封

1—主螺母；2—垫圈；3—主螺栓；
4—端盖；5—双锥环；6—软金属垫；
7—筒体端部

(3) 双锥密封   双锥密封是压力容器上的常用密封，其结构见图 1-34。在密封面上垫有 1mm 左右的金属软垫片，靠主螺栓压紧，使软垫片塑性变形达到初始密封。为了增加密封的可靠性，在双锥面上还加工了两三道半圆形沟槽。双锥环置于筒体端部和端盖之间，借助托圈将双锥环托住，为便于装拆，托圈用螺钉固定在端盖的底部。端盖突台的侧面（即与双锥环的套合面）铣有几条较宽的轴向槽，以便容器内介质压力通过这些槽作用于双锥环的内侧表面，使双锥环径向扩张，起到径向自紧作用。由于其结构简单，加工容易，密封性能好，装拆方便等，在压力容器上广泛应用。其缺点是端盖和连接螺栓尺寸较大。

(4) 伍德密封   这是一种自紧的组合式密封，见图1-35。其由浮动端盖、四合环、压垫和筒体等部分组成。

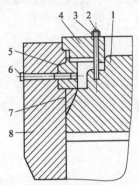

图 1-35   伍德密封结构示意图

1—浮动端盖；2—牵制螺栓；3—螺母；4—牵制环；

5—四合环；6—拉紧螺栓；7—压垫；8—筒体端部

密封时首先拧紧牵制螺栓，靠牵制环的支承使浮动端盖上移，同时调整拉紧螺栓将压垫预紧而形成顶密封，随着容器内介质压力的上升，浮动端盖逐渐向上移动，端盖与压垫之间，以及压垫与筒体端部之间的压紧力逐渐增加，从而达到密封目的。压垫的外侧开有 1～2 道环形沟槽，使压垫具有弹性，能随着浮动端盖的上下移动而伸缩，使密封更加可靠。为便于从筒体内取出，四合环是由四块元件组成的圆环，四合环又称压紧环。这种密封结构的性能良好，不受温度与压力波动的影响，且装卸方便，适用于要求快开的压力容器，端盖与筒体端部不用螺栓连接，所以用料较少，重量较轻。但因其结构复杂，零件多，加工精度及组装要求均很高，浮动端盖占据高压空间太多等，以往多用于氮肥工业。因为存在上述不足，现已逐渐被其他密封所取代，但在一些直径不大，对密封有特殊要求，如压力及温度波动大、要求快开的高压容器中仍有采用。

（5）O形环密封　O形环密封是指密封元件为O形空心金属环的一种高压密封结构。O形环置于紧靠筒体内壁的环槽内，其结构有：

① 非自紧式　依靠O形环压扁后的回弹保持密封，适用于真空、低压及腐蚀性介质的密封。

② 充气式　O形环内充有一定压力的惰性气体，受压后回弹性能好，适用于400～800℃且需严格控制泄漏的场合。

③ 自紧式　在环的内侧钻有若干小孔，介质可进入环内。工作时，依靠环的自身回弹及O形截面受压后的膨胀来实现自紧密封。其具有密封性好及预紧力小的优点，但环的制造难度较大。

O形环密封是因密封垫圈的横断面呈"O"形而得名，O形环有金属O形环和橡胶O形环两大类，用得多的是金属O形环。橡胶O形环因材料性能的限制，目前只用于常温或温度不高的场合。O形环密封结构如图1-36所示，有非自紧式O形环、充气O形环、双道金属O形环三种。非自紧式O形环就是一个横断面为O形的金属环形管，属于强制式密封，适用于压力较低的容器，可以密封真空及盛有腐蚀性液体或气体介质的容器。充气O形环是在环内充有压力3.92～4.9MPa的惰性气体，以防止O形环在高温下失去金属弹性，高温下环内的惰性气体压力会随着温度的上升而增大，增加O形环的回弹能力。此结构属于强制式密封，适用于高温高压场合。自紧式O形环的内侧钻有若干个小孔，由于环内具有与容器内介质相同的压力，因而会向外扩大形成轴向自紧力，故属自紧式密封结构，适用于高压、超高压的压力容器。双道金属O形环则主要用于密封性能要求较高的场合，通过第一道 O 形环的介质会被第二道 O 形环挡住，并可由两道 O 形环之间的通道导出（见图 1-37），可以防止有害介质漏入大气，核容器多采用这种密封结构。

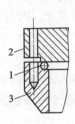 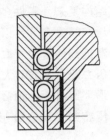

图 1-36　O 形环密封结构　　　图 1-37　双道金属 O 形

1—O 形环；2—端盖；3—筒体端部　　　　　环密封结构

　　压力容器的密封结构形式众多，以上只是介绍了其中使用较多的几种，其他密封结构的密封原理基本相同。

7. 支座

　　（1）立式容器支座　在立式状态下工作的容器称为立式容器。其支座主要有悬挂式、支承式及裙式三种。

　　① 悬挂式支座　俗称耳架，适用于中小型容器，在立式容器中应用广泛，其结构见图 1-38。它是由两块筋板及一块底板焊接而成的，通过筋板与容器筒体焊在一起。底板用地脚螺栓搁置并固定在基础上，为了加大支座应力分布在壳体上的面积，以避免因局

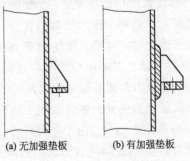

(a) 无加强垫板　　　　(b) 有加强垫板

图 1-38　悬挂式支座

部应力过大使壳体凹陷，必要时应在筋板和壳体之间放置加强垫板，见图1-38(b)。

② 支承式支座　支承式支座一般由两块竖板和一块底板焊接而成，见图1-39～图1-41。竖板的上部加工成和被支承物外形相同的弧度，并焊于被支承物上。底板搁在基础上并用地脚螺栓固定。当载重＞4t时，还要在两块竖板端加一块倾斜支承板。支承式支座的形式、结构、尺寸、材料及安装见《容器支座：第4部分　支

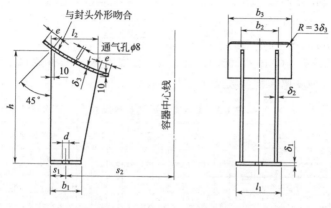

图1-39　1～4号A型支承式支座

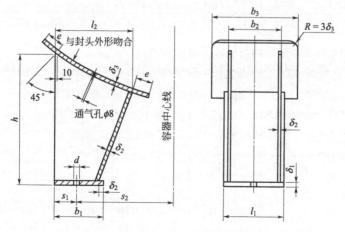

图1-40　5～6号A型支承式支座

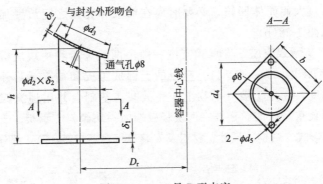

图 1-41 1～8 号 B 型支座

承式支座》（NB 47065.4—2018）。A 型支座系列参数尺寸见表
1-3，B 型支座系列参数尺寸见表 1-4。

表 1-3 A 型支座系列参数尺寸　　　单位：mm

支座号	支座本体允许载荷 $[Q]$/kN	使用容器公称直径 DN	高度 h	底板				筋板			垫板			地脚螺栓			支座质量/kg
				l_1	b_1	δ_1	s_1	l_2	b_2	δ_2	b_3	δ_3	e	d	规格	s_2	
1	16	800	350	130	90	8	45	150	110	8	190	8	40	24	M20	280	8.2
		900														315	
		1000														350	
2	27	1100	420	170	120	10	60	180	140	10	240	10	50	24	M20	370	15.8
		1200														420	
		1300														475	
		1400														525	
3	54	1500	460	210	160	14	80	240	180	12	300	12	60	30	M24	550	28.9
		1600														600	
		1700														625	
		1800														675	
4	70	1900	500	230	180	16	90	270	200	14	320	14	60	30	M24	700	40.3
		2000														750	
		2100														775	
		2200														825	

续表

支座号	支座本体允许载荷 [Q]/kN	使用容器公称直径 DN	高度 h	底板				筋板			垫板			地脚螺栓			支座质量 /kg
				l_1	b_1	δ_1	s_1	l_2	b_2	δ_2	b_3	δ_3	e	d	规格	s_2	
5	180	2400	540	260	210	20	95	330	230	14	370	16	70	36	M30	900	67.2
		2600														975	
6	250	2800	580	290	240	24	110	360	250	16	390	18	70	36	M30	1050	90.1
		3000														1125	

表 1-4 B 型支座系列参数尺寸　　单位：mm

支座号	支座本体允许载荷 [Q] /kN	使用容器公称直径 DN	高度 h	底板		钢管		垫板		地脚螺栓			D_r	支座质量 /kg	每增加100mm高度的质量/kg	支座高度上限值 h_{max}
				b	δ_1	d_2	δ_2	d_3	δ_3	d_4	d_5	规格				
1	32	800	310	150	10	89	4	120	6	160	20	M16	500	4.8	0.8	500
		900											580			
2	49	1000	330	160	12	108	4	150	8	180	20	M16	630	6.8	1	550
		1100											710			
		1200											790			
3	95	1300	350	210	16	159	4.5	220	8	235	24	M20	810	13.8	1.7	750
		1400											900			
		1500											980			
		1600											1050			
4	173	1700	400	250	20	219	6	290	10	295	24	M20	1060	26.6	2.9	800
		1800											1150			
		1900											1230			
		2000											1310			
		2100											1390			
		2200											1470			

续表

支座号	支座本体允许载荷 $[Q]$ /kN	使用容器公称直径 DN	高度 h	底板 b	底板 δ_1	钢管 d_2	钢管 δ_2	垫板 d_3	垫板 δ_3	地脚螺栓 d_4	地脚螺栓 d_5	地脚螺栓 规格	D_r	支座质量 /kg	每增加100mm高度的质量 /kg	支座高度上限值 h_{max}
5	220	2400 2600	420	300	22	273	8	360	12	350	24	M20	1560 1720	47	5.2	850
6	270	2800 3000 3200	460	350	24	325	8	420	14	405	24	M20	1820 1980 2140	67.3	6.3	950
7	312	3400 3600	490	410	26	377	8	490	16	470	24	M20	2250 2420	95.5	8.2	1000
8	366	3800 4000	510	460	28	426	9	550	18	530	30	M24	2520 2680	124.2	9.3	1050

③ 裙式支座　裙式支座由裙座、基础环、盖板和加强筋组成，有圆筒形和圆锥形两种形式，见图 1-42，常用于高大的立式容器。裙座上端与容器壁焊接，下端与搁在基础上的基础环焊接，用地脚螺栓加以固定。为了便于装拆，基础环装设地脚螺栓处开成缺口，而不用圆形孔，盖板在容器装好后焊上，加强筋在盖板与基础环之间。为避免应力集中，裙座上端一般应焊在容器封头的直边部分，而不应焊在封头转折处，因此裙座内径应和容器外径相同。

（2）卧式容器支座

① 鞍式支座　鞍式支座是卧式容器使用最多的一种支座形式，见图 1-43，一般由腹板、底板、垫板和加强筋组成。有的支座没有垫板，腹板直接与容器壁连接。若带垫板，则作为加强板使用，一是加大支座应力分布在壳体上的面积，对于大型薄壁卧式容器，可以避免局部应力过大而使壳壁凹陷；二是可以避免因支座与壳体材料差别大时进行异钢种焊接；三是对于壳体材料需进行焊后热处

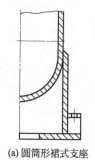
(a) 圆筒形裙式支座

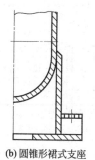
(b) 圆锥形裙式支座

图 1-42　裙式支座

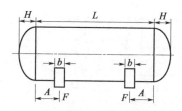

图 1-43　鞍式支座结构示意图

理的容器，可先将加强垫板焊在壳体上，在制造厂同时进行热处理，而在施工现场再将支座焊在加强垫板上，从而解决支座与壳体在使用现场焊接后难以进行热处理的矛盾。因此，加强垫板的材料应与容器壳体材料相同。

② 圈座　圈座的结构比较简单，见图 1-44。对于大直径薄壁容器，以及真空下操作的容器和需要两个以上支承的容器，一般均采用圈座支承。压力容器采用圈座作支座时，除常温状态下操作的容器外，也应考虑容器的膨胀问题。

③ 支承式支座　支承式支座的结构也较简单，见图 1-45。因支承式支座与容器壳体连接处会造成较大的局部应力，所以只适用于小型卧式容器。

（3）球形容器支座　一般球形容器都设置在室外，会受到各种自然环境（如风载荷、地震载荷及环境温度变化）的影响，且重量较大（如容积 8250m³ 的球形液氨储罐，基本体重 463t，最大操作

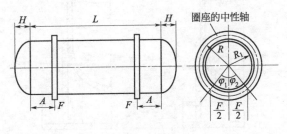

图 1-44　圈座

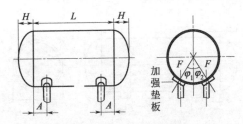

图 1-45　支承式支座

重量为 4753t，水压试验时的重量为 8713t），外形又呈圆球体，因而支座的结构设计和强度计算比较复杂。为了满足不同的使用要求，应有多种球形容器支座结构与之相适应。概括起来，可分为柱式支承和裙式支承两大类。其中，柱式支承又可分为赤道正切柱式支承、V 形柱式支承和三柱合一型柱式支承等几种主要类型。裙式支承则包括圆筒形裙式支承、锥形支承、钢筋混凝土连续基础支承、半埋式支承、锥底支承等多种。

　　赤道正切柱式支承的结构特点是有多根圆柱状的支柱，在球壳的赤道带部位等距离分布，支柱的上端加工成与球壳相切或近似的形状，并与球壳焊在一起，见图 1-46（a）。支柱与球壳连接结构见图 1-46（b）。为了保证球壳的稳定性，必要时在支柱之间加设松紧可调的连接拉杆（见图 1-47）。支柱上端的盖板有半球式和平板式两种，目前大多数采用半球式盖板。支柱和球壳的连接又可分为有加强垫板和无加强垫板两种结构。加强垫板虽可增加球壳连接处的刚性，但由于加强垫板和球壳之间采用搭接焊，不仅增加了探伤的困难，而且当球壳连接处用低合金高强度钢时，在加强垫板与球壳焊接过程中易产生裂纹。因此，《钢制球形储罐》（GB/T 12337—2014）规定采用无加强垫板结构。支柱与球壳连接的下部结构可分为直接连接和托板连接两种，《钢制球形储罐》（GB/T 12337—2014）中规定采用托板连接结构［见图 1-46(b)］，它有利于改善支承的焊接条件。

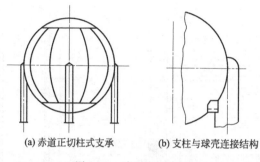

(a) 赤道正切柱式支承　　　(b) 支柱与球壳连接结构

图 1-46　球形容器支座

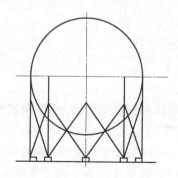

图 1-47　拉杆结构示意图

支柱有整体和分段之别。整体支柱主要用于常温球罐以及采用无焊接裂纹敏感材料做壳体的球罐。支柱上端在制造厂加工成与球壳外形相吻合的圆弧状，下端与底板焊好，然后运到现场和球壳焊接在一起。分段支柱由上、下两段支柱组成，其结构见图 1-48。

其上段与球壳赤道板的连接焊缝应在制造时焊好并进行焊后热处理，上段支柱长度一般为支柱总长度的 1/2。分段支柱适用于低温球罐，以及采用具有焊接裂纹敏感性材料做壳体的球罐。在常温球罐中，当希望改善支柱与球壳连接部位的应力状态时，也可采用分段支柱。

对于储存易燃、易爆及液化石油气物料的球罐，每个支柱应设置易熔塞排气口及防火隔热层，见图 1-49。

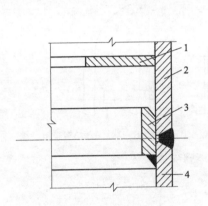

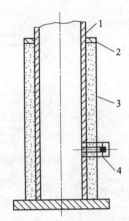

图 1-48 分段支柱
1—加强环；2—上段支柱；
3—导环；4—下段支柱

图 1-49 支柱排气及防火结构
1—支柱；2—隔热层挡板；
3—防火隔热层；4—易熔塞排气口

对需进行现场整体热处理的球形容器，因热处理时球壳受热膨胀，将引起支柱的移动。因此，要求支柱与基础之间应有相应的移动措施。支柱可采用无缝钢管或卷制焊接钢管制造。

V 形柱式支承每两根支柱组成一组 V 形结构，每组支柱与球形容器的赤道圈等距离相连，柱间无拉杆连接，是一种球形容器柱式支座。其承受膨胀变形较好，并且由于支柱与壳体相切，相对赤道平面的垂线向内倾斜，因而在连接处可产生一向心水平力，增加了基础的稳定性。

裙式支承是由钢板卷制成圆筒形或圆锥形筒体作为支承部件的

一种立式支座或球形容器支座。立式容器裙式支座由座体、基础环及螺栓座等组成。座体为圆柱形或圆锥形筒体，焊于直立设备底部。座体设有排气孔和人孔。前者用以泄放凝聚座体内的气体，后者为安装、检修人员进出座体之用。地脚螺栓通过螺栓座使直立设备固定在基础上。

位于室外的高大塔器，一般使用裙式支承。此时。支座除承受塔器的全部重量外，还承受风载荷、地震载荷的作用。球形容器裙式支承由钢板卷制成圆筒形的裙架，托住球体的底部。其特点是支座低而省料，稳定性较好，但低支座造成容器底部配管困难，工艺操作、施工与检修也不方便。

钢筋混凝土连续基础支承是将支座与基础设计成一个整体，即用钢筋混凝土制成圆筒形的连续基础，该基础的直径一般近似等于球壳的半径。这种支座的特点是球壳重心低，支承稳定；支座与球壳接触面积大，荷重较大；制造时，对形状公差要求较严。

第二节　压力容器材料

一、压力容器材料性能

制造压力容器的材料，除了一些个别的低压容器由于特殊需要，可以采用如混凝土、无碱玻璃纤维等非金属材料外，绝大多数容器都使用金属材料，而且多是钢材，即碳钢或合金钢。这是因为钢材具有诸多适宜制造压力容器的优越性。

1. 力学性能

（1）强度指标　该指标主要指屈服强度和抗拉强度。屈服强度是金属材料发生屈服现象时的屈服极限，亦即抵抗微量塑性变形的应力。对于无明显屈服的金属材料，规定以产生 0.2% 残余变形的应力值为其屈服极限，称为条件屈服极限或屈服强度。大于此极限的外力作用，将会使零件永久失效，无法恢复。如低碳钢的屈服极限为 207MPa，当处于大于此极限的外力作用之下，零件将会产生永久变形；当小于时，零件还会恢复原来的样子。

对于屈服现象明显的材料，屈服强度就是屈服点的应力（屈服值）。

当应力超过弹性极限后，进入屈服阶段，变形增加较快，此时除了产生弹性变形外，还产生部分塑性变形。当应力达到 B 点后，塑性应变急剧增加，应力应变出现微小波动，这种现象称为屈服。这一阶段的最大、最小应力分别称为下屈服点和上屈服点。由于下屈服点的数值较为稳定，因此以它作为材料抗力的指标，称为屈服点或屈服强度（ReL 或 Rp0.2）。

屈服点（σ_s）：试样在试验过程中力不增加（保持恒定），仍能继续伸长（变形）时的应力。

上屈服点（σ_{su}）：试样发生屈服而力首次下降前的最大应力。

下屈服点（σ_{sl}）：当不计初始瞬时效应时，屈服阶段中的最小应力。

所谓屈服，是指达到一定的变形应力之后，金属开始从弹性状态非均匀地向弹-塑性状态过渡，它标志着宏观塑性变形的开始。

钢材力学性能是保证钢材最终使用性能的重要指标，它取决于钢材的化学成分和热处理制度。在钢管标准中，根据不同的使用要求，规定了拉伸性能（抗拉强度、屈服强度或屈服点、伸长率）、硬度、韧性指标，还有用户要求的高、低温性能等。

抗拉强度（tensile strength）是金属由均匀塑性变形向局部集中塑性变形过渡的临界值，也是金属在静拉伸条件下的最大承载能力。抗拉强度即表征材料最大均匀塑性变形的抗力，拉伸试样在承受最大拉应力之前，变形是均匀一致的，但超出之后，金属开始出现缩颈现象，即产生集中变形。对于没有（或很小）均匀塑性变形的脆性材料，抗拉强度反映了材料的断裂抗力。抗拉强

度的符号为 R_m（GB/T 228 规定抗拉强度符号为 σ_b），单位为 MPa。

试样在拉伸过程中，材料经过屈服阶段后进入强化阶段，随着横向截面尺寸明显缩小，在拉断时所承受的最大力（F_b）除以试样原横截面积（S_o）所得的应力（σ），称为抗拉强度或者强度极限（σ_b），单位为 N/mm² （MPa）。它表示金属材料在拉力作用下抵抗破坏的最大能力。计算公式为：

$$\sigma = F_b / S_o$$

式中　F_b——试样拉断时所承受的最大力，N；

　　　S_o——试样原始横截面积，mm²。

抗拉强度（R_m）指材料在拉断前承受的最大应力值。当钢材屈服到一定程度后，由于内部晶粒重新排列，其抵抗变形能力又重新提高，此时变形虽然发展得很快，但却只能随着应力的提高而提高，直至应力达最大值。此后，钢材抵抗变形的能力明显降低，并在最薄弱处发生较大的塑性变形，此处试件截面迅速缩小，出现颈缩现象，直至断裂破坏。钢材受拉断裂前的最大应力值称为强度极限或抗拉强度，单位为 N/cm² （单位面积承受的力）。

国内测量抗拉强度时，比较普遍的方法是采用万能材料试验机等来进行材料抗拉或抗压强度的测定。

（2）塑性　塑性是指材料发生塑性变形的能力。材料在外力作用下产生应力和应变（即变形）。当应力未超过材料的弹性极限时，产生的变形在外力去除后全部消除，材料恢复原状，这种变形是可逆的弹性变形。当应力超过材料的弹性极限时，则产生的变形在外力去除后不能全部恢复，而残留一部分变形，材料不能恢复到原来的形状，这种残留的变形是不可逆的塑性变形。在锻压、轧制、拔制等加工过程中，产生的弹性变形比塑性变形要小得多，通常忽略不计。这类利用塑性变形而使材料成型的加工方法，统称为塑性加工。

固态金属是由大量晶粒组成的多晶体，晶粒内的原子按照体心立方、面心立方或紧密六方等方式排列成有规则的空间结构。基于多种原因，晶粒内的原子结构会存在各种缺陷。原子排列的线性参差称为位错。由于位错的存在，晶体在受力后，原子容易沿位错线运动，降低晶体的变形抗力。通过位错运动的传递，原子的排列发生滑移和孪晶。滑移使一部分晶粒沿原子排列最紧密的平面和方向滑动，很多原子平面的滑移形成滑移带，很多滑移带集合起来就成为可见的变形。孪晶是晶粒一部分相对于一定的晶面沿一定方向相对移动，这个晶面称为孪晶面。原子移动的距离和孪晶面的距离成正比。两个孪晶面之间的原子排列方向改变，形成孪晶带。滑移和孪晶是低温时晶粒内塑性变形的两种基本方式。多晶体的晶粒边界是相邻晶粒原子结构的过渡区。晶粒越细，单位体积中的晶界面积越大，越有利于晶间的移动和转动。某些金属在特定的细晶结构条件下，通过晶粒边界变形可以产生高达 300%～3000% 的延伸率而不破裂。

（3）韧性　韧性可采用冲击功来衡量。韧性表示材料在塑性变形和断裂过程中吸收能量的能力。韧性越好，则发生脆性断裂的可能性越小。在材料科学及冶金学上，韧性是指材料受到使其发生形变的力时对折断的抵抗能力，其定义为材料在断裂前所能吸收的能量与体积的比值。

韧性反映了材料断裂前吸收能量和进行塑性变形的能力。与脆性相反，材料在断裂前有较大形变，断裂时断面常呈现外延形变，此形变不能立即恢复，其应力-应变关系成非线性。

通常以冲击强度的大小、晶状断面率来衡量韧性。韧性的材料比较柔软，它的拉伸断裂伸长率、冲击强度较大，硬度、拉伸强度和拉伸弹性模量相对较小。而刚性材料的硬度、拉伸强度较大，拉伸断裂伸长率和冲击强度就可能低一些，拉伸弹性模量较大。弯曲强度反映材料的刚性大小，弯曲强度大则材料的刚性大，反之则韧性大。在 ASTM D790 弯曲性能标准试验方法中提到，这些弯曲性能测试方法适合于刚性材料，也适合于半刚性材料。但未提到它适合于韧性材料，所以对于韧性很大的弹性体是不会去测试弯曲强度的。以上说的韧性和刚性与测试的力学性能关系是相对的，可能会出现意外，例如用玻璃纤维增强塑料后，它的刚性变大，但也可能出现拉伸强度和冲击强度都增加的可能。

在冲击、震动荷载作用下，材料可吸收较大的能量，产生一定的变形而不破坏的性质称为韧性或冲击韧性。建筑钢材（软钢）、木材、塑料等是较典型的韧性材料。路面、桥梁、吊车梁及有抗震要求的结构都要考虑材料的韧性。刚性和脆性一般是连在一起的。脆性是指当外力达到一定限度时，材料发生无先兆的突然破坏，且破坏时无明显塑性变形的性质。脆性材料力学性能的特点是抗压强度远大于抗拉强度，破坏时的极限应变值极小。砖、石材、陶瓷、玻璃、混凝土、铸铁等都是脆性材料。与韧性材料相比，它们对于抵抗冲击荷载和承受震动作用是相当不利的。对于工程塑料，我们希望它同时具有良好的韧性和刚性。在改善材料的韧性时，还应设法提高刚性。一般加入弹性体可增加韧性，加入无机填料可增加刚性。最有效的方法是将弹性体的增韧和填料的增强结合起来。

2. 工艺性能

通常，采用一定的加工工艺，先将材料制成零部件，然后将零部件组装成机器或结构，这就要求材料具有适应加工工艺的性能。一般通过工艺性能试验确定材料是否适应某加工工艺（即材料的工艺性能）。工艺性能试验方法通常是模拟生产实际工艺过程。

（1）切削加工性能 切削加工性能（或可切削性）是指金属接受切削加工的能力，也就是将金属切削加工成合乎要求的工件的难易程度。这不仅与金属本身的化学成分、力学性能等有关，而且与切削工艺（如刀具几何形状、耐用度、切削速度以及进刀量等）有关。影响切削加工性能的因素虽较多，但最主要的是金属本身的性质，特别是硬度，当金属硬度为 $150\sim230HB$ 时，切削加工性能最好。

（2）焊接性能 焊接性能（或可焊性）是指金属能否用通常的

焊接方法和工艺进行焊接。焊接性能好的金属能用通常的焊接方法和工艺进行焊接；焊接性能差的金属则不能用通常的焊接方法和工艺进行焊接，而必须用特定的焊接方法和工艺进行焊接。

焊接金属时，在焊接（缝）处附近形成热影响区，在热影响区内，由于焊接加热和冷却，使金属内部发生变化，冷却时可能使金属产生裂纹。从这个意义上讲，所谓焊接性能好坏是指金属焊接时是否容易产生裂纹。容易产生裂纹的，则焊接性能差。

钢的化学成分对焊接性能影响很大。钢的含碳量低时，焊接性能好，故焊接后使用的钢材，含碳量在 0.17% 以下；钢的含碳量高时，焊接冷却后易产生硬化，钢的脆性增加，会产生裂纹。钢中锰量 < 1.6% 时，焊接性能较好；锰量 > 1.6% 时，焊接性能较差。钢中磷、硫含量高时容易产生脆裂，影响焊接性能。

焊接方法及工艺的改进，为采用焊接方法制造金属结构开辟了许多的途径（用焊接方法优于铆接制造的金属结构）。同时，相应要求研究、生产出更多种类宜于焊接的金属材料。焊接性能是金属材料较重要的工艺性能，在某些场合，焊接性能的好坏往往是决定材料能否使用的关键，特别是对普通碳素结构钢和低合金结构钢更为重要。

（3）冷弯性能 金属材料（如钢板）使用时，往往先经过冷（常温下）弯，若冷弯时不产生裂纹，则材料冷弯性能好。因此，可用冷弯产生裂纹倾向的大小来衡量冷弯性能的好坏。

一般用 180°冷弯试验测试金属材料的冷弯性能。冷弯试验：试样呈矩形，其厚度为 a 毫米，弯曲用弯心压头的直径为 d 毫米。对不同化学成分、不同使用要求的金属材料，d 和 a 的关系可根据要求按 $d = 0$、$d = 0.50$、$d = a$、$d = 2a$、$d = 3a$ 进行弯曲。试样弯曲后，弯曲部位的外面、里面及侧面均无裂纹、断裂或起层，即认为冷弯合格。

（4）冲压性能 汽车、拖拉机某些部件以及日用搪瓷器皿等是冲压成的，所以，要求金属材料具有优良的冲压性能。

通常用杯突试验来鉴定金属材料冲压性能的好坏。在杯突（或称艾利克森）试验机上，冲头以 5～25mm/min 的速度（后期采用下限速度）顶压（冲压）板状试样，试样逐渐变形（从小浅坑至大深坑），直到在试验机上的反射镜中发现第一条裂纹时为止。仪器指示刻度数（mm）即是杯突（深度）数。杯突数（mm）愈大，材料的冲压性能愈好。

（5）冷顶锻性能 螺栓、螺钉以及铆钉等标准件，制造时其头部要冷镦成型，要求这些制件的材料有较好的冷顶锻性能。冷顶锻试验，就是金属材料在冷状态（常温）下，承受规定程度的顶锻变形能力，并检验有无缺陷的一种试验方法。

3. 化学性能

化学性能主要是指材料的耐腐蚀性、抗氧化性、耐酸碱性等。选择压力容器用钢时，特别要考虑耐腐蚀性。耐腐蚀性指材料在使用条件下抵抗工作介质腐蚀的能力。由于压力容器的使用条件大多比较恶劣，介质大多具有腐蚀性，加之受到温度、压力等因素的影响，可能造成腐蚀加剧，促使容器壁厚减薄，强度降低，甚至会发生事故。所以，要求压力容器的制造材料具有一定的耐腐蚀性。耐腐蚀性通常用腐蚀速率（mm/a）来表示。

4. 物理性能

（1）物理性能类别 密度（体密度、面密度、线密度）、黏度（黏度系数）、粒度、熔点、沸点、凝固点、燃点、闪点、热传导性能（比热容、热导率、线胀系数）、电传导性能（电阻率、电导率、电阻温度系数）、磁性能（磁感应强度、磁场强度、矫顽力、铁损）。

（2）弹性模量 成分和结构的变化，对在室温下确定的碳钢和低合金钢的弹性模量只有很小的影响。弹性模量 E 是 207×10^3 MPa，泊松比是 0.3，刚性模量是 77.2×10^3 MPa。温度升高对弹性模量和刚性模量有显著的影响。在高温状况下，弹性模量的情况是：200℃时，193×10^3 MPa；360℃时，179×10^3 MPa；445℃时，165×10^3 MPa；490℃时，152×10^3 MPa。在480℃以上时，弹性模量值下降很快。

（3）密度 铸钢的密度对于成分、结构和温度的变化是非常敏感的。中碳钢的密度范围是 $7.825 \sim 7.830 \mathrm{g/cm^3}$。铸钢件的重量是

90lb/ft（1lb ＝ 0.45359237kg，1ft＝ 0.3048m）或 0.283lb/in（1in＝0.0254m）。铸钢的密度也多少受断面尺寸或质量的影响。

（4）容积变化 从固相线至室温的固态收缩率在 6.9～7.4 之间变化，其变化为含碳量的函数。合金元素对这种收缩量没有重大的影响。刚刚凝固以后的金属，强度很低。铸模的刚度使得铸件的形状能很好地适应这种收缩状况，要成功地生产铸件，这是最为重要的因素。

基于收缩的原因，要生产出合格的铸件，在许多铸件设计时需要进行大量的研究。

二、对压力容器选材的要求

选择压力容器用钢应考虑容器的使用条件（如设计温度、设计压力、介质特性和操作特点等）、材料的焊接性能、容器的制造工艺以及经济合理性。一般情况下，按下述原则进行选材：

（1）所需钢板厚度小于 8mm 时，在碳素钢与低合金高强度钢之间选择，应尽量采用碳素钢钢板（多层容器用材除外）；

（2）在刚度或结构设计为主的场合，应尽量选用普通碳素钢。在强度设计为主的场合，应根据压力、温度、介质等使用限制，依次选用 Q235-A、Q235-B、Q235-C、20R、16MnR 等钢板；

（3）所需不锈钢厚度大于 12mm 时，应尽量采用衬里、复合、堆焊等结构形式；

（4）不锈钢应尽量不用作设计温度≤500℃的耐热用钢；

（5）珠光体耐热钢应尽量不用作设计温度≤350℃的耐热用钢，在必须使用珠光体耐热钢作耐热或抗氢用途时，应尽量减少、合并钢材的品种、规格；

（6）碳素钢用于介质腐蚀性不强的常压、低压容器，壁厚不大的中压容器，锻件、承压钢管、非受压元件以及其他由刚性或结构因素决定壁厚的场合；

（7）低合金高强度钢用于介质腐蚀性不强、壁厚较大（≥8mm）的受压容器；

（8）珠光体耐热钢用作抗高温氢或硫化氢腐蚀场合，设计温度为 350～650℃ 的压力容器用耐热钢；

（9）不锈钢用作介质腐蚀性较高（电化学腐蚀、化学腐蚀）、防铁离子污染、设计温度大于 500℃ 或设计温度小于 −100℃ 的耐热或低温用钢；

（10）不含稳定化学元素且含碳量大于 0.03% 的奥氏体不锈钢，需经焊接或 400℃ 以上热加工时，不应使用于可能引起不锈钢晶间腐蚀的环境。

三、压力容器的常用材料

用于压力容器的材料较多，大多数压力容器是由碳素钢、低合金钢、不锈钢制成的。

（1）压力容器用钢板选择时应考虑：

① 设计压力。

② 设计温度。

③ 介质特性。

④ 容器类别。

（2）从材料力学性能方面来说，升温等效于升压，降温将导致钢材的脆性增加。

（3）对同一种材料来说，随温度和板厚的增加，其许用应力则降低。因而当容器壳体的名义厚度处于钢板许用应力变化的临界值时，应考虑此问题。如处于 16mm 的 Q235-B、Q235-C 和 16mm、36mm 的 Q345R 都会发生许用应力跳挡现象。

（4）钢材的强度和塑性指标可通过拉伸试验和冷弯试验（室温下进行）获得。

（5）板材供货时薄板以热轧状态供货，厚板以正火状态供货（因强度和韧性下降）。

（6）压力容器用钢板达到一定的厚度时，应在正火状态下使用，即使用正火板。如用于壳体厚度＞30mm 的 Q345R 钢板，必须要求正火状态下供货和使用。需注意：正火仅对板材而言，而非整体设备（热轧板呈铁红色，正火板呈铁青色）。

（7）压力容器用钢与锅炉用钢类似，首先要保证足够的强度，还要有足够的塑性，质地均匀等。因此，必须选用杂质（S、P）和有害气体含量较低的碳素钢和低合金钢（均为镇静钢），且为保证受压元件材料的焊接性能，一般控制材料的含碳量≤0.25%。材料的含碳量升高，则其冲击韧性下降，脆性转变温度升高，在焊接时容易产生裂纹。

（8）低合金钢的力学性能、耐腐蚀性、耐热性、耐磨性等均比碳素钢有所提高，其中最常用的是Q345R。它不仅S、P含量控制较严，更重要的是要求保证足够的冲击韧性，在材料验收方面也比较严格。因此其使用压力不受限制，使用温度上限为475℃，下限为−20℃。其板厚为3～200mm，是应用很广的材料。

（9）按照GB 731—2014标准，代替原16MnR的使用说明：

① Q345R的使用压力不限，使用温度为−20～255℃。

② Q345R用作压力容器壳体的板厚＞30mm时，则容器需焊后做退火热处理，热处理的温度为600～650℃。若焊前预热至100℃，则板厚可提高至34mm。

③ Q345R钢板一般是以热轧状态供货。当板厚＞30mm时，为保证塑性和韧性，一般采用正火板，且逐张钢板应做超声波检测，Ⅲ级合格。

④ Q345R用作法兰、平盖、管板等时，厚度＞50mm，应在正火状态下使用。

⑤ Q345R属C-Mn钢，是屈服强度为350MPa级的普通低合金高强度钢，具有良好的低温冲击韧性。手工焊时，若为压力容器，则一般采用碱性焊条（如J507）；自动焊时，一般选用H08MnA或H10Mn2焊丝和HJ431焊剂。

⑥ Q345R钢板的最小厚度是3mm，钢板厚度负偏差为0.3mm。

（10）Q235-B适用条件：设计压力＜1.6MPa，钢板使用温度为20～300℃，用于容器壳体的钢板厚度≤16mm。用于其他受压元件的钢板厚度不大于30mm，不得用于毒性程度为极度或高度危害介质。

（11）Q235-C 适用条件：设计压力＜1.6MPa，钢板使用温度为 0～300℃，用于容器壳体的钢板厚度≤16mm。用于其他受压元件的钢板厚度不大于 40mm，不得用于毒性程度为极度或高度危害介质。Q235-B、Q235-C 钢的硫、磷含量应符合 P≤0.035％、S≤0.035％的要求。

（12）奥氏体不锈钢的适用条件：压力不限，使用温度为 −196～700℃。

介质条件为：

① 腐蚀性较强；

② 防铁离子污染；

③ T＞500℃的耐热钢或 T＜−100℃的低温用钢。

（13）奥氏体不锈钢既是耐酸钢，又是耐热钢。从耐腐蚀性来说，需降低含碳量；从耐高温性来说，需适当提高含碳量。

（14）为防止奥氏体不锈钢产生晶间腐蚀，一般需降低不锈钢的含碳量，可采用 00Cr 或 0Cr，而不采用 1Cr（含碳量低，晶间不会发生贫 Cr 现象）。

（15）奥氏体不锈钢在高温条件（＞525℃）下使用时，钢中含碳量应不小于 0.04％（即采用 1Cr 或 0Cr，而不采用 00Cr）。因为使用温度高于 525℃时，钢中含碳量太低，强度和抗氧化性会显著下降。因此，超低碳不锈钢和双相不锈钢都不可用作耐热钢。

（16）奥氏体不锈钢的焊接接头一般均采用射线进行检测，而不采用超声波检测。

（17）奥氏体不锈钢制压力容器一般无须进行焊后消除应力的热处理。

（18）奥氏体不锈钢在常温和低温下有很高的塑性和韧性，不具磁性，在许多介质中有很高的耐腐蚀性，其中铬是抗氧化性和耐腐蚀性的基本元素。合金中含碳量的增加将降低耐腐蚀性能，所以含碳量 0.08％～0.12％左右为高碳级不锈钢，钢号前以"1"表示；含碳量 0.03％～0.08％为低碳级不锈钢，钢号前以"0"表示；含碳量≤0.03％为超低碳级不锈钢，钢号前以"00"表示。

(19) 在不锈钢焊接过程中，其焊缝热影响区产生晶间腐蚀的倾向很大，因此不锈钢件焊接时，要求各连接件同时达到熔点。这对等厚板容易保证，而当两连接件厚度相差较多时，就要注意将厚板削薄。不锈钢的热导率是碳钢的1/3～1/4，而线胀系数却是碳钢的1.5倍。因此，在焊接时必须注意，否则会引起很大的残余应力和变形。

(20) 奥氏体不锈钢在427～870℃范围内缓慢冷却时，在晶界上有高铬的碳化物 Cr23C6 析出，造成碳化物邻近部分贫铬，引起晶间腐蚀倾向，这一温度范围称为敏化范围。

(21) 可能引起奥氏体不锈钢晶间腐蚀的电解质主要是酸性介质，如工业乙酸、甲酸、铬酸、乳酸、硝酸（常温稀硝酸除外）、草酸、磷酸、盐酸、硫酸、亚硫酸、尿素反应介质等。对于以防止铁离子污染为目的的奥氏体不锈钢设备，则不需要进行晶间腐蚀倾向性试验。

防止措施：

① 固溶化处理；

② 降低钢中的含碳量；

③ 添加稳定碳化物的元素。

(22) 应力腐蚀是指金属在应力（拉应力）和腐蚀介质的共同作用下（并有一定的温度条件）所引起的脆性开裂。可产生应力腐蚀破坏的环境组合主要有：

① 碳钢及低合金钢：碱液、硝酸盐溶液、无水液氨、湿硫化氢、乙酸等。

② 奥氏体不锈钢：氯离子、氯化物＋蒸汽、湿硫化氢、碱液等。

③ 含钼奥氏体不锈钢：碱液、氯化物水溶液、硫酸＋硫酸铜的水溶液等。

④ 黄铜：氨气及其溶液、氯化铁、湿二氧化硫等。

防止措施：焊后消除应力热处理。

(23) 氢在常温常压下不会对铁碳合金引起氢腐蚀。当温度在

200～300℃时会发生"氢脆"，金属在高温下与氢反应生成甲烷，甲烷在晶界空隙内引起裂纹，使材料的塑性降低。因此，使用温度＜220℃时，可不考虑氢腐蚀。而设计温度≥200℃，与氢气相接触的压力容器用钢应按纳尔逊曲线选材，并应留有 20℃以上的温度安全裕度，满足曲线的碳素钢和低合金钢在氢气中使用时需进行焊后消除应力热处理。当压力很高（≥30MPa）时，也可直接采用中温抗氢钢，如 15CrMoR、14Cr1MoR 等。奥氏体不锈钢在氢气中的使用是满意的，焊后无须进行消除应力热处理。

（24）所需不锈钢钢板厚度＞12mm 时，尽量采用衬里、复合、堆焊等结构形式。

（25）低温（设计温度 $T \leqslant -20℃$）情况下，塑性金属材料会产生脆性破坏，目前各国标准规范均以夏比 V 形缺口冲击试验来检验材料对脆性破坏的敏感性。

（26）具有体心立方结构的金属都有冷脆性，随着温度的降低，冲击韧性会有明显的降低，钢材由韧性状态转变为脆性状态，这一转变温度称为脆性转变温度，单位为℃。而面心立方金属，如奥氏体不锈钢，则无脆性转变温度。一般压力容器用钢的脆性转变温度大约在－20℃以下。

（27）碳素钢和低合金钢的冲击功应大于等于 20J。工程中一般规定，将夏比 V 形缺口冲击吸收功降至 20J 所对应的温度作为该材料的脆性转变温度。

（28）低温用钢的性能主要指标是低温韧性，包括低温冲击韧性和脆性转变温度。

（29）低温用钢的低温冲击韧性越高，即脆性转变温度越低，则其低温韧性越好。

（30）压力容器的破坏通常是由于内压产生的机械应力达到容器材料的强度极限而发生的。但是，当温度降低到某一范围后，容器壁内的应力在没有达到屈服极限，甚至低于许用应力的情况下也会发生破坏。相同材料、相同规格的容器，温度愈低，爆破压力也愈低，这种现象称为低应力脆性破坏。产生容器低应力破坏的主要原因之一是钢材在低温下的冲击功值明显下降。因此，低温用钢的质量在很大程度上取决于在使用温度下冲击功的大小。在低温容器中的受压元件材料均必须进行低温夏比（V形缺口）冲击试验，钢材应按批进行冲击试验复验。低温容器受压元件用钢必须是镇静钢。

（31）低温情况下常采用奥氏体不锈钢。

（32）常用压力容器用钢的金相组织为：

① Q235-B：铁素体。

② Q345R：铁素体加少量珠光体。

③ 0Cr18Ni9：奥氏体。

（33）锻件的级别有（从低到高）：Ⅰ、Ⅱ、Ⅲ、Ⅳ级。Ⅲ、Ⅳ级锻件需采用超声波探伤。压力容器上的锻件级别不低于Ⅱ级，压力容器锻件级别的确定要考虑截面尺寸和介质毒性程度两个因素。如介质为极度或高度危害时，使用的锻件级别不低于Ⅲ级；用作圆筒和封头的筒形和碗形锻件及公称厚度＞300mm的低合金钢锻件应选用Ⅲ级或Ⅳ级；非承压锻件可选用Ⅰ级。锻件的级别由设计单位确定，并应在图样上注明，如 16Mn Ⅱ。

（34）GB/T 8163 适用于 $p<10MPa$，$T<350℃$，管壁 $\delta_n \leqslant 10mm$，非高度危害介质。

（35）压力容器专用钢板制造单位应取得相应的特种设备制造许可证。对实施许可的压力容器专用钢板，压力容器制造单位应取得质量证明书原件。

（36）焊材选用时需考虑：

① 相同钢号相焊，碳素钢、碳锰低合金钢的焊缝金属不应超过母材标准规定的抗拉强度的上限值。高合金钢的焊缝金属应保证力学和耐腐蚀性能。

② 不同钢号相焊，碳素钢与低合金钢可采用与强度级别较低的母材相匹配的焊接材料。碳素钢、低合金钢与奥氏体不锈钢可采用铬镍含量较奥氏体不锈钢母材高的焊接材料。

（37）焊接二类、三类容器不宜用酸性焊条，应选用低氢碱性焊条。对焊后需热处理的容器，还要求焊条含钒量不得大于0.05%。

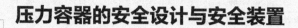

第二章

压力容器的安全设计与安全装置

第一节　典型容器的结构设计要点

一、球罐

球罐是一种钢制容器设备，在石油炼制工业和石油化工中，主要用于储存和运输液态或气态物料。其操作温度一般为$-50\sim$50℃，操作压力一般为 3MPa 以下。球罐与圆筒容器（即一般储罐）相比，在相同直径和压力下，壳壁厚度仅为圆筒容器的一半，钢材用量省，且占地较少，基础工程简单。但球罐的制造、焊接和组装的要求很严，检验工作量大，制造费用较高。

1. 分类

球罐的结构是多种多样的，根据不同的使用条件（介质、容量、压力、湿度）有不同的结构形式。通常按照外观形状、壳体构造和支承方式的不同来分类。

（1）按形状分为圆球形和椭球形。

（2）按壳体层数分为单层壳体和双层壳体。

① 单层壳体最常见，多用于常温高压和高温中压球罐。

② 双层壳体球罐由外球和内球组成，由于双层壳体间放置了优质的绝热材料，所以绝热保冷性能好，故能储存温度低的液化气。双层壳体球罐采用双金属复合板制造，适用于超高压气体或液化气的储存，目前使用不多。

（3）按球壳的组合方式分为纯橘瓣式、纯足球瓣式和足球橘瓣混合式。

① 纯橘瓣式球壳是按橘瓣结构形式（或称西瓜皮瓣）进行分割组合的。这种结构形式称为纯橘瓣球壳。这种球壳的特点是球壳拼装焊缝较规则，施工简单。纯橘瓣式球壳结构有赤道带，球罐支承大多数为赤道正切柱式支承。

② 纯足球瓣式球壳的优点是球瓣的尺寸相同或相近，制作开片简单、省料。其缺点是组装比较困难，有部分支柱搭在球壳的焊缝上，造成该处焊接应力较复杂。

③ 足球橘瓣混合式球壳的结构特点是赤道带采用橘瓣式，上下极板是足球瓣式。其优点是制造球皮工作量小，焊缝短，施工进度快。另处，可以避免支柱搭在球壳焊缝上带来的不足。其缺点是两种球瓣组装校正麻烦，球皮制造要求高。

(4) 按支承结构分为柱式支承、裙式支承、半埋入式支承、高架支承等。制造球罐的材料要求强度高，塑性（特别是冲击韧性）要好，可焊性及加工工艺性能优良。焊接、热处理及质量检验技术是保证质量的关键。

(5) 按储藏温度分类　球罐一般用于常温或低温，只有极个别场合使用温度高于常温，如造纸工业用的蒸煮球罐。此外，还有深冷球罐。

① 常温球罐　如液化石油气、氮气、煤气、氧气等球罐。一般来说，这类球罐的压力较高，其压力取决于液化气的饱和蒸气压或压缩机的出口压力。常温球罐的设计温度大于 $-20℃$。

② 低温球罐　这类球罐的设计温度低于或等于 $-20℃$，一般不低于 $-100℃$。

③ 深冷球罐　这类球罐设计温度为 $-100℃$ 以下，往往在介质液化点以下储存，压力不高，有时为常压。由于对保冷要求较高，常采用双层球壳。目前国内使用的球罐，设计温度一般在 $-40〜50℃$ 之间。

2. 特点

(1) 球罐为大容量、承压的球形储存容器，广泛应用于石油、化工、冶金等部门，它可以用来作为液化石油气、液化天然气、液氧、液氨、液氮及其他介质的储存容器，也可作为压缩气体（空气、氧气、氮气、城市煤气）的储罐。

（2）球罐与立式圆筒储罐相比，在相同容积和相同压力下，球罐的表面积小，故所需钢材面积少；在相同直径情况下，球罐壁内应力小，而且均匀，其承载能力比圆筒储罐大1倍，故球罐的板厚只需相应圆筒储罐壁板厚度的一半。

（3）采用球罐，可大幅度减少钢材的消耗，一般可节省钢材30%～45%。此外，球罐占地面积较小，基础工程量小，可节省土地面积。

3. 球罐设计中应考虑的安全因素

球罐的主体是球壳，它是储存物料和承受物料工作压力和液柱静压力的构件，由许多按一定尺寸预先压成的球面板装配组焊而成。球罐支座是球罐用以支承本体重量和储存物料重量的结构部件，可分为柱式支座和球式支座两大类，最普遍的是赤道正切柱式支承。球罐的结构并不复杂，但球罐的制造和安装较其他形式的储罐困难。而且，由于球罐大多数是压力或低温容器，它盛装的物料又大部分是易燃、易爆物，且装载量大，一旦发生事故，后果不堪设想。因此，球罐的设计和使用要保证安全可靠。球罐结构的合理设计必须考虑各种因素，如装载物料的性质、设计温度和压力、材质、制造技术水平和设备、安装方法、焊接与检验要求、操作方便和可靠、自然环境的影响等。要做到满足各项工艺要求，有足够的强度和稳定性，且结构尽可能简单，使其压制成型、安装组对、焊接和检验、操作、监测和检修容易实现。

4. 球罐结构设计应注意的问题

（1）球罐基础宜设计成环形基础，并能有效地控制基础的不均匀沉降。

（2）在综合考虑了钢厂生产板幅能力、制造厂压力机能力、组装运输中机具的起吊能力等因素后，按《钢制球形储罐型式与基本参数》GB/T 17261—2011的要求，应尽量采用大瓣片设计，对大中型球罐宜采用橘瓣式和混合式的分瓣设计形式。

（3）球壳应采用 T 形焊缝，球片不允许采用拼接板块，且支柱不应压在对接焊缝上。

（4）常温球罐宜设计整体支柱。低温球罐应设计成两段式结构支柱，上段支柱长度占总长度的 1/3，且为耐低温钢材，下段支柱为一般结构钢，上下支柱连接处应有良好的对中措施。同时，支柱应考虑防火隔热措施，每根支柱上应考虑设置良好的静电接地及因火灾使支柱内气体膨胀后能良好排气泄压的措施。支柱间应配置足够承受各种附加载荷的可调式拉杆。

（5）球罐上下极板上应设置人孔，人孔宜位于主轴线上。球罐容积不大于 1000m³ 时，选用公称直径为 500mm 的标准人孔，大于 1000m³ 时，选用公称直径为 600mm 的人孔。

（6）球罐的接管均应采用厚壁管结构，当球罐壁厚不小于 30mm 时，人孔及其他开孔应采用开孔补强一体化结构。

二、管壳式换热器

管壳式换热器（图 2-1）由壳体、传热管束、管板、折流板（挡板）和管箱等部件组成。壳体多为圆筒形，内部装有管束，管束两端固定在管板上。进行换热的冷热两种流体，一种在管内流动，称为管程流体；另一种在管外流动，称为壳程流体。为提高管外流体的传热分系数，通常在壳体内安装若干挡板。挡板可提高壳程流体速度，迫使流体按规定路线多次横向通过管束，增强流体湍流程度。换热管在管板上可按等边三角形或正方形排列。等边三角形排列较紧凑，管外流体湍流程度高，传热分系数大；正方形排列管外清洗方便，适用于易结垢的流体。

流体每通过管束一次，称为一个管程；每通过壳体一次，称为一个壳程。为提高管内流体速度，可在两端管箱内设置隔板，将全部管子均分成若干组。这样流体每次只通过部分管子，因而在管束中往返多次，这称为多管程。同样，为提高管外流速，也可在壳体内安装纵向挡板，迫使流体多次通过壳体空间，称为多壳程。多管程与多壳程可配合应用。

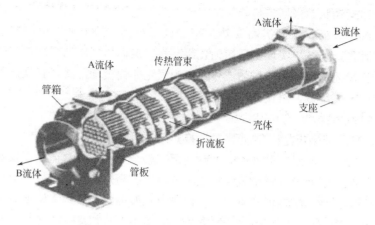

图 2-1　管壳式换热器

1. 类型

管壳式换热器由于管内外流体的温度不同，故换热器的壳体与管束的温度也不同。如果两温度相差很大，换热器内将产生很大的热应力，导致管子弯曲、断裂，或从管板上拉脱。因此，当管束与壳体温度差超过 50℃时，需采取适当补偿措施，以消除或减小热应力。根据所采用的补偿措施，管壳式换热器可分为以下几种主要类型。

① 固定管板式换热器管束两端的管板与壳体连成一体，结构简单，但只适用于冷热流体温度差不大，且壳程无须机械清洗时的换热操作。当温度差稍大而壳程压力又不太高时，可在壳体上安装有弹性的补偿圈，以减小热应力。

② 浮头式换热器管束一端的管板可自由浮动，完全消除了热应力，且整个管束可从壳体中抽出，便于机械清洗和检修。浮头式换热器的应用较广，但结构比较复杂，造价较高。

③ U 形管式换热器每根换热管皆弯成 U 形，两端分别固定在同一管板上下两区域，借助于管箱内的隔板分成进出口两室。此种换热器完全消除了热应力，结构比浮头式简单，但管程不易清洗。

④ 涡流热膜换热器采用最新的涡流热膜传热技术，通过改变

流体运动状态来增加传热效果，当介质经过涡流管表面时，强力冲刷管子表面，从而提高换热效率，最高可达 $10000W/(m^2 \cdot ℃)$。同时，这种结构实现了耐腐蚀、耐高温、耐高压、防结垢功能。

其他类型的换热器的流体通道为固定方向流动形式，在换热管表面形成绕流，对流换热系数低。

2. 特点

（1）传热迅捷，换热高效，换热效率可达 100%。

（2）冷凝水充分回收，循环利用，整个系统水自洁防垢，换热器、散热器及换热系统可保持长效、稳定、高效的热交换性能，最大限度减少系统结垢现象，不会因难以克服的结垢弊端而降低系统换热效率。

（3）换热器采用全不锈钢制作，产品结构设计科学，工艺制作精良，使用寿命长（可达 20 年以上）。

（4）关键部件采用先进工艺技术加工，因而主机不受蒸汽压力及系统压力影响，有效消除噪声、汽击现象，整机运行平稳。

（5）冷凝水被完全吸收和利用，没有特殊要求时，无须在系统中设置补水装置，大大节约了系统用水及运行费用。

（6）整套机组结构紧凑，占地面积小，大大节省土建投资。同时，由于换热效率极高，运行中系统又无须补水，整个机组节汽、节电、节水三位一体，为用户创造可观的节能效益。

（7）机组具备高智能自动化控制功能，可实现超压、超温保护，断电、蒸汽自动切断，以及室外温度自动补偿功能，并可实现远程监控，为用户提供高枕无忧的运行平台。

（8）应用领域广阔，可广泛用于热电、厂矿、食品、医疗、机械轻工、民用建筑等领域的采暖、热水洗浴及其他用途。

（9）应用条件宽，可用于较大压力、温度范围的热交换。

3. 选用要点

（1）根据已知冷、热流体的流量，初、终温度及流体的比热容决定所需的换热面积。初步估计换热面积，一般先假定传热系数，确定换热器构造，再校核传热系数 K 值。

（2）选用换热器时应注意压力等级、使用温度、接口的连接条件。在压力降、安装条件允许的前提下，管壳式换热器选用直径小的加长型，有利于提高换热量。

（3）换热器的压力降不宜过大，一般控制在 0.01～0.05MPa 之间。

（4）流速大小应考虑流体黏度，黏度大的流速应小于 0.5～1.0m/s；一般流体，管内的流速宜取 0.4～1.0m/s；易结垢的流体，宜取 0.8～1.2m/s。

（5）高温水进入换热器前宜设过滤器。

（6）热交换站中，热交换器的单台处理和配置台数组合结果应满足热交换站的总供热负荷及调节的要求。在满足用户热负荷调节要求的前提下，同一个供热系数的换热器台数不宜少于 2 台，不宜多于 5 台。

4. 结构设计要点

（1）管箱　包括管箱短节和分程隔板（多程换热器）两部分。

① 管箱短节结构设计要保证"最小内侧深度"的要求。

a. 轴向开口的单程管箱，最小内侧深度不得小于接管内直径的 1/3。

b. 多程管箱，应保证两程间最小流通面积不小于 1.3 倍每程管子的流通面积。此外，短节筒体厚度必须满足刚度的要求。

② 分程隔板结构设计要点如下：

a. 保证强度要求（承受两侧流体压差）和刚度要求。

b. 水平分程隔板应开设 $\phi6mm$ 的排净孔。

c. 当大直径和两侧流体温差很大时，宜设计为双层结构的分程隔板。

d. 分程隔板下缘应与管箱密封面齐平。

（2）圆筒　固定管板式换热器最小厚度应不小于 6mm（高合金钢筒体不小于 4.5mm），圆筒的最小厚度随公称直径增大而增厚。

必须指出，圆筒的长度是在以换热管长度为标准长度的前提下按结构计算确定的，否则会造成换热器的不标准而带来材料的严重浪费。

(3) 接管　其结构设计应符合有关规定。此外，接管应与壳体表面齐平；接管应尽量沿壳体的径向或轴向设置；接管与外部管线可采用焊接连接；设计温度不低于 300℃ 时，必须采用整体法兰；必要时可设置温度计接口、压力表接口及液面计接口；对于不能利用接管（或接口）进行放气或排液的换热器，应在管程和壳程的最高点设置放气口，在最低点设置排液口，其 $DN_{min}=20mm$；立式换热器在需要时设置溢流口。

(4) 换热管　U 形弯管段的弯曲半径不小于 2 倍管子外径。如果需要，允许换热器拼接，但拼接焊缝不得超过 1 条（直管）或 2 条（U 形管），且最小管长不得小于 300mm。

(5) 管板　结构设计时必须注意与螺栓、螺母、垫片、管箱的正确、合理、可靠结合，还要考虑为了强化传热而满足分程等方面的要求。

① 管板上管孔的布置必须符合换热器标准排列形式的要求，即正三角形排列、转角正三角形排列、正方形排列、转角正方形排列等形式。

② 管孔中心距一般不得小于 1.25 倍的换热器管外径，即 $t \geq 1.25d_0$。对于分程隔板槽，两侧相邻管孔中心距要求不小于 t 加上隔板槽宽度。

③ 布管区的最大直径必须小于布管限定圆的要求，以避免过分靠近壳壁而影响制造和安装。对于固定管板换热器或 U 形管换热器，设计时要限制管束最外层换热管外表面至壳体内壁的最短距离为 $0.25d_0$，且不小于 10mm。

④ 管板密封面的连接尺寸及制造、检验要求按照《压力容器法兰分类与技术条件》（NB/T 47020—2012）、《甲型平焊法兰》（NB 47021—2012）、《乙型平焊法兰》（NB 47022—2012）、《长颈对焊法兰》（NB 47023—2012）、《非金属软垫片》（NB 47024—2012）、《缠绕垫片》（NB 47025—2012）、《金属包垫片》（NB 47026—2012）、《压力容器法兰用紧固件》（NB 47027—2012）

执行。

⑤ 分程隔板槽一般槽深不小于 4mm。分程隔板槽的宽度，碳钢为 12mm，不锈钢为 11mm。分层隔板槽拐角处的倒角为 45°，倒角的宽度为分程垫片的圆角半径加 1～2mm。此项要求常被设计者所忽略，造成不能安装和泄漏。

⑥ 管板与圆筒、管箱短节的连接形式必须考虑壳程压力的大小、管板是否兼作法兰、介质的性质和有无间隙腐蚀存在。尤其要注意如下两点：

a. 当壳程压力＞4.0MPa 时，要采用"变角接为对接"的结构形式，以改善受力条件。

b. 当壳程介质可能存在间隙腐蚀时，则不可采用衬环进行焊接，因为焊接后的衬环恰好与壳壁形成间隙而造成腐蚀。

⑦ 多管程的管板前端与后端的结构绝不相同，有多种类型可供选择。管程分程应注意如下两点：

a. 应尽可能使各管程的管数大致相等。

b. 使分程隔板槽形状简单，密封长度较短。

（6）换热管与管板的连接　正确选定换热器与管板的连接方式，对设计者至关重要，为此必须严格区分其结构特点、适用范围与应用场所。下面按最常用的连接形式介绍其要点。

① 强度胀接　强度胀接为保证换热管与管板连接的密封性能和抗拉脱强度的胀接。其适用范围如下：

a. 设计压力≤4MPa。

b. 设计温度≤300℃。

c. 操作中应无剧烈的振动，无过大的温度变化及无严重的应力腐蚀。

最小胀接长度取以下三者的最小值：

a. 管板名义厚度减去 3mm；

b. 50mm；

c. 换热管外径的 2 倍。

具体的结构形式及尺寸见国家标准 GB 151—2014。

② 强度焊 强度焊为保证换热器与管板连接的密封性能和抗拉脱强度的焊接，适用于 GB 151—2014 标准规定的设计压力（$PN \leqslant 35MPa$）场合，但不适用于有较大振动及有间隙腐蚀的场合。其结构形式及尺寸依照 GB 151—2014 的规定。

③ 胀接作用 胀接作用适用于密封性能要求较高的场合，承受振动和疲劳载荷的场合，有间隙腐蚀的场合，采用复合管板的场合。

a. 强度胀接密封焊（保证换热管与管板连接密封性能的焊接）。这种连接形式是指管板与换热管连接处的抗拉脱强度由胀接来保证，而密封性能主要由胀接并辅以密封焊来保证。

b. 强度焊加贴胀（消除换热管与管孔之间缝隙的轻度胀接）。这种连接形式是指换热管与管板的密封性能主要由二者承担，而抗拉脱强度主要由焊接保证。贴胀的目的是用以消除或降低壳程产生间隙腐蚀，减弱振动对管板与换热器连接处的损害。贴胀与强度焊或强度胀配合使用，由设计者根据使用条件确定。

三、蒸压釜

1. 简介

蒸压釜（图 2-2）又称蒸养釜、压蒸釜，是一种体积庞大、较重的大型压力容器。蒸压釜用途十分广泛，大量应用于加气混凝土砌块、混凝土管桩、灰砂砖、煤灰砖、微孔硅酸钙板、新型轻质墙体材料、保温石棉板、高强度石膏等建筑材料的蒸压养护，在釜内完成 $CaO\text{-}SiO_2\text{-}H_2O$ 的水热反应。同时，还广泛适用于橡胶制品、木材干燥和防腐处理、重金属冶炼、复合玻璃蒸养、化纤产品高压处理、食品罐头高温高压处理、纸浆蒸煮、电缆硫化、渔网定型，以及化工、医药、航空航天、保温材料、纺工、军工等需压力蒸养生产工艺过程的地方。

2. 结构类别

蒸压釜容器类别：一类或二类。

主要受压元件材料：筒体釜盖采用 16MnR 钢板，钢板符合

图 2-2　蒸压釜

GB 6654 标准规定。釜体法兰、釜盖法兰采用 16Mn 整体锻造加工，锻件符合 JB 4726　蒸压釜标准Ⅱ级规定，并逐件进行超声波无损检测，其指标符合 JB/T 4730.3 的相应规定。

开门方式：贯通式或尽端式。贯通式指两端均装釜盖，尽端式指一端安装釜盖。

釜盖开启方式：齿式快开结构。驱动方式分手动、电动、气动及液压传动，并配有釜门开启关闭安全联锁装置。

蒸压釜的主体部分主要由釜体装置、釜盖装置、摆动装置、手摇减速器、安全装置、支座、保温层、密封装置、管道阀门、仪表等组成。附属部分包括排水装置和电控箱。

（1）釜体装置主要由筒体和釜体法兰焊接而成。釜体底部铺设轨道，可行走或停放蒸养小车。釜体上布置各种管座和接管，供进排蒸汽，排放冷凝水和安装各种阀门、仪表。

（2）釜盖装置主要由釜盖法兰、伞齿板、球冠封头焊接而成，釜盖法兰齿与釜体法兰齿吻合，起关闭蒸压釜的作用。

（3）摆动装置

① 侧开门由主轴、悬臂梁、支撑板、拉板、拉杆等组成，安装于釜端顶部，通过拉杆与釜盖吊柄相连，起悬吊和回转釜盖装置的作用。

② 上开门由配重箱、摆动臂、支撑板等组成，使釜盖上下摆动。

(4) 手摇减速器固定于釜体法兰侧面，通过齿轮啮合齿板，带动釜盖绕中心轴旋转，使釜体和釜盖法兰的齿能啮合或脱开。

(5) 安全装置固定于釜体法兰侧面，由安全手柄、套筒、接杆及球阀等组成。

(6) 支座用作支撑釜体，由中间支座、活动支座和端部支座等组成。除中间支座固定外，其余支座借助滚柱，在热胀冷缩时沿轴向移动。

(7) 保温层用以减少蒸压釜使用时的热量散失（用户根据保温材料性质确定厚度，釜体保温由用户自理）。

(8) 密封装置由橡胶密封圈、截止阀及进汽弯管等组成。橡胶密封圈镶嵌于釜体法兰密封槽中，运行时密封蒸汽进入密封槽，使密封圈紧贴釜盖端面，起到密封作用。

(9) 阀门、仪表包括压力表、安全阀、温度计、热电偶、球阀等，用于观察蒸压釜运行情况。

(10) 排水装置由排水管道连接器、疏水器、排污阀等组成。冷凝水在连接器内沉凝后经疏水器排出，避免固体堵塞疏水器。排污阀可定期或不定期排放冷凝水及泥渣。

(11) 电控箱包括控制柜、压力控制器（或电接点压力表）、釜门锁紧装置及压力报警装置等，满足《固定式压力容器安全技术监察规程》（TSG 21—2016）第 9.1.1～9.2.3 条要求，保证蒸压釜的安全使用。

3. 产品性能

(1) 蒸压釜为钢制卧式筒形装置，釜盖采用整块 16MnR 钢板压制而成，釜盖法兰、釜体法兰采用 16Mn 整体锻造加工而成。受压部件焊缝均按相关标准进行了热处理和严格的无损检测。

(2) 蒸压釜门为活动快开门结构，靠手摇减速器进行启闭，也可根据用户要求采用电动、气动、液动启闭。配备有完善的安全联锁保护装置，最大限度地避免了误操作隐患，确保了蒸压釜的安全运行和操作人员的安全生产。釜门开启形式有侧开和上开两种形式供用户选择。侧开式采用旋转臂式开门机构，转动灵活，低位操作，开启简单方便；上开式采用杠杆式开门机构，杠杆下端与釜门连接，上端装有配重装置，该形式开启轻便，釜侧占用空间小。

（3）蒸压釜门密封采用专业厂家生产的橡胶密封圈，安装简单，密封性好，使用寿命长。釜体支座针对不同部位设置有固定支座、活动支座、端部专用支座三种形式，较好地适应了釜体的热胀冷缩，保证了蒸压釜的正常工作和使用寿命。

（4）蒸压釜设有安全阀、压力表、测温元件、进排汽阀、密封球阀、疏水阀等必要的阀门和仪表，并备有除污罐供用户选配使用。

（5）蒸压釜内件除有常规的蒸汽分配管和导轨外，专门设置了密封汽防冲罩、疏水罩。

4. 主要部件

（1）釜体装置　釜体装置（图 2-3）主要由筒体和釜体法兰焊接而成，是主要受压元件，法兰内圆周上均布若干个与釜盖法兰相啮合的牙齿。釜体底部铺设供蒸养小车行走的轨道，外侧布置若干个用于进汽、排汽、排水，以及安装仪表、阀门的管座和接管。

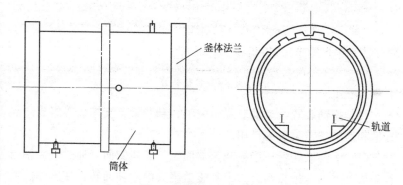

图 2-3　蒸压釜釜体装置

由于蒸压釜工作介质多采用饱和蒸汽，所以为了尽量减小釜体不均匀受热而产生的变形，对于较长的蒸压釜不宜采用集中进汽方式，而应该在釜内沿釜长度方向设置蒸汽分配管，蒸汽从进汽口进入后沿分配管分配到釜内各处，使整个釜体均匀受热。蒸压釜在升压时，釜体底部有冷凝水，底部温度比上部温度低。在不影响操作和小车行走等条件下，分配管尽量靠近釜体底部。

蒸压釜内蒸养小车用钢轨与釜体应采用活动连接方式。因为蒸压釜进汽加压受热后膨胀，排汽降压冷却后收缩，釜体与钢轨的膨胀率和收缩率均不相等，若采用直接焊接，将会在釜体与轨道焊接处产生较高应力，导致产生裂纹而发生事故。

(2) 釜盖装置　釜盖装置（图2-4）主要由釜盖法兰和封头焊接而成，是主要受压元件，通过吊柄和销轴悬吊于摆动装置的拉杆上。釜盖既能随摆动装置一起摆动，又可绕自身中心轴自由转动。釜盖法兰外圆周上的牙齿与釜体法兰上的牙齿相啮合，起到开、关蒸压釜的作用。

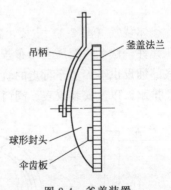

图 2-4　釜盖装置

(3) 摆动装置　摆动装置由主轴、悬臂梁、支撑板等组成，起悬吊和摆动釜盖装置的作用。

(4) 手摇减速器　手摇减速器固定于釜体侧面，通过伞齿轴与釜盖法兰上的伞齿板啮合，带动釜盖绕其中心轴回转，使釜体法兰和釜盖法兰上牙齿啮合或脱开。

(5) 支座　支座用于支承釜体。每个蒸压釜有一个固定支座和若干个活动支座。一般蒸压釜筒体比较长，固定支座设在筒体中部，其余两边均为活动支座。这是因为蒸压釜受热后，釜体在长度方向膨胀量较大，为了保证蒸压釜的自由膨胀，减小附加应力，只允许有一个固定支座，其余均为活动支座，可随釜体在膨胀方向移动。

如果蒸压釜只有两个支座，一般采用靠近釜门的一个支座固定，另一个为活动支座。固定支座直接用地脚螺栓固定在基础上。活动支座的支座架与地脚螺栓固定在基础上的底板间有 2～3 个滚柱，使支座架能随釜体移动自如。支撑釜体法兰的活动支撑圆弧板应与釜体法兰间断焊接。

5. 设计要点

工业生产环境条件下，低温是造成高温设备橡胶密封件失效的一个主要因素。蒸压釜在较低温度下，分子热运动减弱，分子链段及分子链被冻结，会逐渐失去弹性。蒸压釜的动力系统橡胶密封材料在低温条件下，出现微裂纹的概率增加，密封腻子变硬，降低密封能力，长期在低温下储存，会造成密封失效。

蒸压釜有保温效果好，施工快，造价低，外观美观，防火防水，使用寿命长，运行经济，安全可靠等优点，深受各地施工单位的好评。蒸压釜清理是使用中不可缺少的一项操作工序，清理蒸压釜只把蒸压釜两条轨道间的残渣块从釜中清理出来，使养护车畅通无阻。

蒸压釜在生产设计时，应严格把握生产工艺，选择耐高温、耐寒性最好的硅橡胶，一般的高温硫化硅橡胶，脆性温度为 $-60\,^{\circ}\mathrm{C}$，可在 $-50\sim200\,^{\circ}\mathrm{C}$ 长期工作。随着温度的降低，拉伸伸长率和回弹性降低，这是硅橡胶在低温条件下结晶引起的，一般情况下，结晶温度远高于玻璃化温度。因此，结晶温度对橡胶密封件的影响更明显。蒸压釜在高原荒漠地区夜晚温度较低时，结晶温度的影响极为明显。

应用环境中的温度交变也是不可忽视的一个重要因素，蒸压釜在温度交变情况下使用的密封件，通常其密封度下降，蒸压釜使用寿命减少。温度的改变会加速密封件的老化，蒸压釜的密封系统元件的温差使密封可靠性下降，间隙增大，导致接触压力重新分布。

高原荒漠地区昼夜温差很大，因此温度交变是橡胶失效的一个重要原因。

（1）蒸压釜采用饱和蒸汽养护制品，在生产过程中会有大量的冷凝水产生，若不及时清釜，会使大量的冷凝水沉积在釜内，积水会使蒸养小车砖坯被水淹没，造成生砖、酥头砖，严重时导致釜内砖坯倒塌。

（2）冷凝水不能及时排出往往使出釜操作人员发生意外的烫伤事故。蒸压釜清釜要经常进行，不要等釜底的污垢足够多了再清理，这样会有损釜底部的筒体，造成筒体的机械损坏，缩短釜的使用寿命。

（3）定期清理蒸压釜法兰可以使蒸压釜密封圈密封效果更好，延长蒸压釜使用寿命。

（4）根据容器的使用条件，如设计温度、设计压力、介质特性、操作特点选择材质，要有足够的强度，这是蒸压釜承受各种载荷所必需的。

（5）韧性要求好。材料韧性不好，直接影响按低周期疲劳应力考虑的蒸压釜的使用寿命，材料韧性不好是蒸压釜脆性破坏的主要原因之一。

（6）工艺性好，主要要求可焊性好。为了改善可焊性，应严格遵照有关规定使用含碳量低于 0.25% 及低硫磷的优质钢材，需要其具有较好的冷热加工性。

（7）要有较好的耐腐蚀性。

（8）材料价格合理及货源比较充足。

由于蒸压釜属于低周期疲劳压力容器，因此其主要受压元件材质的正确选择尤为重要，我们要遵循上面的这几点来设计蒸压釜。

第二节　强度计算与校核

进行压力容器设计时，主要任务是对压力容器各个部分进行应力分析，确定最大应力值并将其限制在许用范围内。在任一台压力容器中，压力容器的应力主要有一次应力、二次应力、峰值应力和局部应力等。

一、应力与应力分析

1. 一次应力

一次应力是由外载引起的正应力和切应力，又称为基本应力。外载包括容器及其附件的自重、内压和外压、外力（风载荷、地震载荷等）和外加力矩（接管力矩）等。

一次应力的特征是能满足外力、内力和弯矩的平衡要求，即容器在载荷作用下，为保持各部分平衡所需的力。一次应力不能靠本身达到的屈服极限来限制其大小，具有非自限性。若一次应力超过材料的屈服极限，则其破坏的阻止完全由应变硬化性能所决定。

属于这种应力的有薄壁圆筒体或球壳等由于压力产生的总体薄膜应力，平端盖中央部分由于压力产生的弯曲应力。薄膜应力是指沿截面厚度均匀分布的应力成分，它等于沿所考虑截面厚度的应力平均值。由无力矩理论求解的壳体应力均为薄膜应力，且属于一次薄膜应力。根据有力矩理论计算，不连续应力中也含有薄膜应力分量，但属于二次应力。由于薄膜应力存在于整个壁厚，一旦发生屈服就会出现整个壁厚的塑性变形。在压力容器中，其危害性大于同等数值的弯曲应力（弯曲应力沿壁厚呈线性或非线性分布）。

一次应力又可分为一次薄膜应力 σ_m、局部薄膜应力 σ_L 和一次弯曲应力 σ_u。

（1）一次薄膜应力 σ_m 指沿壁厚均匀分布的一次应力。它是由外载荷（介质压力等）引起的，且与外载荷相平衡的应力平均值。

属于一次薄膜应力的有圆筒体、球壳、成型封头壁厚平均的环向应力、纵向应力（经向应力）及径向应力。

一次薄膜应力对容器的危害性最大。当它达到极限值（如屈服极限）时，整个容器发生屈服或大面积塑性变形而导致破坏。因此，在设计计算时对这类应力必须用基本计算公式严格控制。

(2) 局部薄膜应力 σ_L 指由压力和其他机械载荷引起的薄膜应力，以及边缘效应中环向应力等所引起的薄膜应力。它和一次薄膜应力的相同之处是沿壁厚方向均匀分布，不同之处是具有局部性质，因此具有二次应力特征。但是从保守角度考虑，还是把它划在一次应力范围内。如果受局部应力作用的区域太大，或者这个区域离其他高应力区域距离很近，而其周围金属起不到约束作用时，则不应按薄膜应力考虑，而应当称作一般薄膜应力。只有满足下述条件时，才能按局部薄膜应力处理：

① 应力强度超过 $1.1[\sigma]$ 的局部应力区域，在经线方向的长度不大于 $0.35\sqrt{D_i s}$ （其中，$[\sigma]$ 为材料作用应力；D_i 为容器的内直径；s 为容器的壁厚）。

② 与应力强度超过 $[\sigma]$ 的相邻高应力区域的距离在经线方向大于 $\sqrt{D_i s}$。

属于局部薄膜应力的有支座或接管与容器壳体连接部位沿壳体壁厚平均的环向应力及纵向应力。

(3) 一次弯曲应力 σ_u 指由外载引起的与外载平衡的弯曲应力，或者说扣除一次薄膜应力后，在厚度方向成线性分布的一次应力。

属于这种应力的有平端盖或盖顶中央部分在内压作用下产生的应力，以及圆筒壳因自重产生的弯曲应力。

2. 二次应力

二次应力是指由于相邻部件的约束和结构本身约束引起的应力，具体地说，是指容器在外载作用下不同变形部分连接处未满足位移连续条件而引起的局部附加薄膜应力和弯曲应力。

二次应力的特征：它是为了满足变形协调条件所产生的应力，组成了自相平衡的力素；它分布的区域比一次应力小，具有局部性质。由于具有这两个特征，二次应力的应力强度达到屈服极限，即发生塑性变形时，只会引起容器局部区域屈服，与此相邻的区域仍处于弹性状态，容器不至于因此而立即破坏。二次应力是由于变形受到某种限制而引起的，因此当应力达到屈服极限而发生屈服时，变形变得比较自由，所受的限制也就大大减小，屈服后，不仅不会继续增加，还会有一定程度的缓和。

3. 峰值应力

扣除薄膜应力和弯曲应力（包括一次应力和二次应力）后，沿壁厚成非线性分布的应力称为峰值应力。峰值应力是发生在小半径过渡圆角、局部未焊透等处的应力增量。

峰值应力的特性是分布区域很小，没有明显变形，可能成为疲劳破坏（低循环疲劳）和脆性变形的起源。

属于峰值应力的有壳体与接管连接处（内过渡圆角或过渡圆角）应力集中区最大应力减去沿壁厚均匀分布和呈现新分布部分的应力。

4. 局部应力

压力容器的壁厚是根据它所承受的内压力或外压力值确定的。当容器接管和其他配件受局部外力作用时，在容器壳体上必然产生局部应力。容器支座是靠与它接触的壳体支撑着整个容器的，容器本身重量及内存介质的重量通过支座反作用于容器壳体上，于是就产生很大的局部应力。因此，在设计大型容器，特别是大型储罐时，必须考虑这种局部应力的影响。

5. 应力强度极限

对于不同种类的应力，根据它对结构元件强度影响的不同，其应力强度极限（应力强度允许值）也不相同。

对于一次薄膜应力，应力强度 σ_m 应满足下述条件：

$$\sigma_m \leqslant [\sigma]$$

对于局部弯曲应力，应力强度 σ_{rL} 应满足下述条件：

$$\sigma_{rL} \leqslant [\sigma]$$

对于一次薄膜应力（或局部薄膜应力）与一次弯曲应力之和（即 $\sigma_m + \sigma_u$），其应力强度应满足下述条件：

$$\sigma_m(\sigma_L) + \sigma_u \leqslant 1.5[\sigma]$$

对于一次薄膜应力（或局部薄膜应力）、一次弯曲应力和二次应力三者之和，应满足下述条件：

$$\sigma_m(\sigma_L) + \sigma_u + \sigma_F \leqslant 3[\sigma]$$

对于一次薄膜应力（或局部薄膜应力）、一次弯曲应力、二次应力和峰值应力四者之和，应满足下述条件：

$$\sigma_m(\sigma_L)+\sigma_u+\sigma_F+\sigma_p \leqslant \sigma_a$$

式中，σ_a 为疲劳许用应力，对于整个波动范围的许用应力强度为 $2\sigma_a$。

实际计算时，应当了解上述规定的各类应力符号的意义，计算某一点的应力强度时，首先确定这一类应力的各个应力分量，然后求出三个主应力 σ_1、σ_2、σ_3，并按下式计算应力差：

$$\sigma_{12}=\sigma_1-\sigma_2 \qquad \sigma_{23}=\sigma_2-\sigma_3 \qquad \sigma_{31}=\sigma_3-\sigma_1$$

最后计算应力强度，即 σ_{12}、σ_{23}、σ_{31} 中绝对值的最大者。

6. 基本设计准则

由上述应力强度极限计算，可以得出四个基本设计准则：

（1）在可能引起塑性破坏的情况下，必须可靠地防止塑性破坏。

（2）由任何一种载荷作用产生的塑性应变必须加以限制。

（3）除了局部应力集中和局部热效应外，任何其他应力引起的塑性应变循环都是不允许的。

（4）将要发生塑性应变循环的各个部位，应通过疲劳分析限制疲劳破坏的产生。

二、设计参数

压力容器的设计参数主要有设计压力、设计温度、腐蚀裕量、材料厚度负偏差、安全系数与许用应力等。

1. 设计压力

设计压力指设定的容器顶部的最高压力，与相应的设计温度一起作为设计载荷条件，其值不低于工作压力。容器安装安全阀时，容器的设计压力等于或稍大于安全阀的开启压力；使用爆破片作为安全装置时，设计压力等于爆破片的设计爆破压力加上所选爆破片制造范围的上限。

最大工作压力又称最高工作压力，是指容器在使用过程中可能出现的最大表压。

若容器内盛装的是易爆介质，它的设计压力应根据介质特性、爆炸时的瞬时压力、爆破片的破坏压力以及爆破片的排放面积与容器中气相容积之比等因素做特殊考虑。爆破片的实际爆破压力与额定爆破压力之差应在±5%之内。

盛装液化气体的容器，设计压力是根据容器的充装系数和可能达到的最高金属温度来确定的，一般取与最高温度相应的饱和蒸气压力。装有液体的内压容器，需要考虑液体静压力的影响。如果液体静压力超过介质最大工作压力的 5%时，则设计压力为：

$$p = p_i + \gamma H$$

式中　p_i——工作压力，MPa；

　　γ——介质密度，kg/cm^3；

　　H——介质静液柱高度，cm。

如果介质静压力小于最大工作压力的 5%，则此液体静压力可不予考虑。

上述情况主要讨论工作压力作为设计用的外载荷。然而，在实际情况下，还需考虑自身重量、风载、地震、温差及附件引起的局部应力的影响。确定设计压力时，应结合具体情况进行仔细分析。

2. 设计温度

设计温度为压力容器设计载荷条件之一，它是指容器在正常情况下，设定元件的金属温度（沿元件金属截面的温度平均值）。当容器的各个部件在工作过程中可能产生不同的温度时，可取预计的不同温度作为各相应部分的设计温度，确定方法如下。

① 当元件金属温度不低于0℃时，设计温度不得低于元件金属可能达到的最高温度；当元件金属温度低于 0℃时，其值不得高于元件金属可能达到的最低温度。元件的金属温度可利用传热计算求得，或在已使用的同类容器上测定，或按内部介质温度测定。

② 当金属温度不可能通过传热计算或者测定方法确定时，采用以下方法：

a. 容器内壁与介质直接接触且有保温或者保冷设施时，设计温度可按表 2-1 确定。

表 2-1　容器内壁与介质直接接触的设计温度

最高或最低工作温度 t_w	设计温度 t
$t_w \leqslant -20℃$	$t_w - 10℃$
$-20℃ < t_w \leqslant 15℃$	$t_w - 5℃$（最低 $-20℃$）
$15℃ < t_w \leqslant 350℃$	$t_w + 20℃$
$t_w > 350℃$	$t_w + (5\sim15)℃$

注：当工作温度位于 0℃ 以下时考虑最低工作温度，位于 0℃ 以上时考虑最高工作温度。

b. 容器内介质被热载体或冷载体间接加热或冷却时，设计温度按表 2-2 确定。

表 2-2　容器内介质被热载体或冷载体间接加热或冷却时的设计温度

传热方式	设计温度
外加热	热载体的最高工作温度
外冷却	冷载体的最低工作温度
内加热	被加热介质的最高工作温度
内冷却	被冷却介质的最低工作温度

c. 容器内介质用蒸汽加热或被内置加热元件间接加热时，其设计温度取被加热介质的最高工作温度。

d. 对于液化气用压力容器，当设计压力确定后，其设计温度就是与其对应的饱和蒸气压的温度。

e. 安装在室外无保温设施的容器，最低设计温度（0℃ 以下）受地方历年月平均最低气温的控制时：对于盛装压缩气体的储罐，最低设计温度取月平均最低气温减 3℃；对于盛装液体体积占容器容积 1/4 以上的储罐，最低设计温度取月平均最低温度。

3. 腐蚀裕量

腐蚀裕量是指考虑材料在使用期内受到接触介质（包括大气）腐蚀，而预先增加的壁厚裕量，又称"腐蚀裕度"。其值大小由介质对材料的腐蚀速度与零部件的设计寿命所决定。对于钢制压力容器，有关规范规定：碳素钢和低合金钢材料的腐蚀裕量值不小于1mm；用不锈钢材料且介质的腐蚀性极微时，腐蚀裕量值可为零。

腐蚀裕量取决于介质的腐蚀性能、材料的化学稳定性和容器的使用时间。对于均匀腐蚀，当腐蚀速度 $K_a > 0.1$ mm/a 时，腐蚀裕量 C_1 可用下式表示：

$$C_1 = K_a t$$

式中　K_a——腐蚀速度，mm/a；

　　　　t——容器使用时间，a。

对于碳钢和低合金钢容器，如果 $K_a < 0.1$ mm/a 时，单面腐蚀裕量取 $C_1 = 2$ mm，双面腐蚀裕量取 $C_1 = 4$ mm。如果 $K_a \leqslant 0.05$ mm/a（包括大气腐蚀）时，单面腐蚀裕量取 $C_1 = 1$ mm，双面腐蚀裕量取 $C_1 = 2$ mm。

对于不锈钢容器，当介质的腐蚀性能极弱时，$C_1 = 0$。

对于非均匀腐蚀，不能用增加壁厚的办法来解决。除了正确地进行结构设计外，还应尽最大可能降低残余应力来减少应力腐蚀的影响。

4. 材料厚度负偏差

材料厚度负偏差一般是根据我国常用钢板或钢管厚度及有关的规定选取，详见 GB 150 及有关资料。

对于铝板，当厚度小于 10mm 时，材料负偏差 $C_2 = 0.5$ mm。

5. 最小壁厚

受低压或常压作用的容器，如果按强度公式计算所得的壁厚很小而不能满足制造、运输和安装等要求时，则必须适当地加大壁厚，因此通常应规定最小壁厚。

对于碳钢和低合金钢制的容器，若内径 $D_i \leqslant 3800$ mm 时，$\delta_{min} \geqslant 2D_i/1000$ mm，但不得小于 3mm，腐蚀裕量不包括在内。若容器内径 $D_i > 3800$ mm 时，δ_{min} 按运输和现场制造及安装条件确定。

对于奥氏体不锈钢制的容器，$\delta_{min} \geqslant 2$ mm。

对于铝制无加强措施的容器，$\delta_{min} \geqslant 3$ mm，若采取加强措施，

$\delta_{\min} \geqslant 2\text{mm}$。

对于铸造容器，$\delta_{\min}$ 由其铸造工艺决定。

6. 安全系数与许用应力

正确选择许用应力是保证压力容器安全运行的一个非常重要的因素，许用应力值取决于材料的力学性能（即强度、塑性或脆性）、载荷特征（静载荷或交变载荷）、温度和设计计算方法。

目前，计算常温下容器材料许用应力的方法是以材料的强度极限 σ_b 或屈服极限 σ_s 为基础，并选用相应的强度极限安全系数 n_b 或屈服极限安全系数 n_s 取得的，即

$$[\sigma] = \sigma_b / n_b \qquad [\sigma] = \sigma_s / n_s$$

要保证构件的强度，就必须保证它在载荷作用下所产生的应力不会达到材料的强度指标，而且要留有适当的安全裕量。安全系数是指材料在工作温度下的强度性能指标与构件工作时允许产生的最大应力之比值。安全系数选定后，即可根据材料的强度指标（σ_b、σ_s、σ_D、σ_n）除以相应的安全系数（n_b、n_s、n_D、n_n）来确定构件的许用应力。

安全系数的确定比较复杂，压力容器承压部件安全系数的大小应该考虑以下因素：

① 材料性能的稳定性可能存在的偏差；

② 估算载荷状态及数值的偏差；

③ 计算方法的精确程度；

④ 制造工艺及其允许偏差；

⑤ 检验手段及其要求严格程度；

⑥ 使用操作经验。

根据有关规定，钢制压力容器承压部件的安全系数 $n_b \geqslant 3.0$，$n_s \geqslant 1.6$，$n_D \geqslant 1.5$。对于铸铁压力容器，其承压部件的安全系数为灰铸铁 $n_b = 1.0$，可锻铸铁、球墨铸铁 $n_b = 8.0$。铸钢压力容器承压部件的安全系数为 4.0，有色金属压力容器承压部件的安全系数为：钛 $n_b \geqslant 4.0$，$n_s \geqslant 1.5$；铝 $n_b \geqslant 4.0$，$n_s \geqslant 1.5$；铜 $n_b \geqslant 4.0$，$n_s \geqslant 1.5$。

　　在各国制定的规范中，大多数仍将容器壁简化为均匀受力的薄膜进行处理，以薄膜应力来描述整个容器的应力水平。然而，容器各部位的实际应力状态是很复杂的，所以设计时多采用较大的安全系数。为了避免容器发生脆性破坏，除对材料要求具有足够的强度外，还要考虑冲击值等要求。在设计过程中，经常引出屈服极限与强度极限之比，即 σ_s/σ_b 这一概念对压力容器选材是特别重要的，钢制压力容器的屈强比不得大于 0.8。

　　温度对许用应力的影响是通过对材料力学性能的影响表现出来的。温度升高对金属材料的所有力学性能都有影响。如碳钢，温度升高时，强度极限开始增加，在 250～300℃ 时最高，超过此温度范围时，强度极限很快下降。屈服极限随温度升高一直下降，因此应当根据设计壁温下材料的强度极限或屈服极限确定许用应力。如果温度高于 400℃，即在高温情况下，容器失效不是因为强度不足，而是蠕变造成的。蠕变是材料在一定温度下受不变应力作用后，随时间增长而缓慢产生永久的塑性变形的过程。蠕变不仅使材料产生永久塑性变形，而且能使材料性能发生变化，一般是变脆。碳钢和普通低合金钢容器在壁温高于 450℃、不锈钢容器壁温高于 550℃ 时，须根据蠕变极限确定许用应力。蠕变极限是指在给定温度下和规定的时间内使试样产生一定量蠕变总变形的应力，或者是在给定温度下，引起某蠕变速度时的应力。用这两种蠕变极限所确定的变形量之间差值很小，可以忽略不计。

　　对于化工设备，常以在一定温度下，经过 10 万小时（相当于 11 年）产生 1% 变形，即蠕变速度为 $1\%/10^5$［即 $10^{-7}\,\mathrm{mm}/(\mathrm{mm \cdot h})$］的应力为材料在该温度下的蠕变极限。

　　此外，还可以用持久限来确定许用应力。持久限的定义是在给定温度下，材料经过规定的时间（一般为 10 万小时）产生断裂破坏的应力。有些容器，如核反应堆容器，必须保证在使用期内不发生破坏，它的设计依据就是持久限。

　　总之，高温下材料的许用应力应取下述中的最小值：

$$[\sigma]=\sigma_b^t/n_b \qquad [\sigma]=\sigma_s^t/n_s \qquad [\sigma]=\sigma_D^t/n_D \qquad [\sigma]=\sigma_n^t/n_n$$

式中 σ_b^t——材料在设计温度下的强度极限，MPa；

      σ_s^t——材料在设计温度下的屈服极限，MPa；

      σ_D^t——材料在设计温度下经过 10 万小时断裂的持久限，MPa；

      σ_n^t——材料在设计温度下蠕变速度为 10^{-7} mm/(mm·h) 时的蠕变极限，MPa；

      n_b——强度极限的安全系数；

      n_s——屈服极限的安全系数；

      n_D——持久限的安全系数；

      n_n——蠕变极限的安全系数。

设计温度低于 0℃时，取常温时的许用应力。

7. 焊缝系数

焊缝系数的大小取决于焊缝结构、检验方法和检验程度。

钢制压力容器的焊缝系数 φ 值取法如下：

① 双面焊的对接焊缝：

      100%无损检验 $\varphi = 1.00$

      局部无损检验 $\varphi = 0.85$

② 单面焊的对接焊缝（焊接时沿焊缝根部全长有紧贴基体金属的垫板）：

      100%无损检验 $\varphi = 0.90$

      局部无损检验 $\varphi = 0.80$

焊缝系数不能作为选用容器无损检测百分比的依据，它只是在计算焊缝强度时使用。

三、常用的设计计算公式

1. 内压圆筒

内压圆筒的强度计算是以薄膜理论为基础的。设计计算的目的是确定圆筒的薄厚，对现有容器进行强度校核。

（1）计算厚度   设计温度下圆筒的计算厚度按下式计算（适用范围 $p_c \leqslant 0.4[\sigma]^t \varphi$）。

$$\delta = \frac{p_c D_i}{2[\sigma]^t \varphi - p_c}$$

式中　δ——计算厚度，mm；

p_c——计算压力，MPa；

D_i——圆筒的内直径，mm；

$[\sigma]^t$——设计温度下材料的许用应力，MPa；

φ——焊缝系数。

（2）计算应力　设计温度下圆筒的计算应力按下式计算。

$$\sigma^t = \frac{p_c(D_i + \delta_e)}{2\delta_e}$$

式中　σ^t——设计温度下的计算应力，MPa；

δ_e——有效厚度，mm。

计算所得 $\sigma^t \leqslant [\sigma]^t \varphi$。

（3）最大允许工作压力　设计温度下圆筒的最大允许工作压力按下式计算。

$$[p_w] = \frac{2\delta_e[\sigma]^t \varphi}{D_i + \delta_e}$$

式中　$[p_w]$——最大允许工作压力，MPa。

2. 内压球壳

（1）计算厚度　设计温度下球壳的计算厚度按下式计算（适用范围 $p_c \leqslant 0.6[\sigma]^t \varphi$）。

$$\delta = \frac{p_c D_i}{4[\sigma]^t \varphi - p_c}$$

（2）计算应力

$$\sigma^t = \frac{p_c(D_i + \delta_e)}{4\delta_e}$$

计算所得 $\sigma^t \leqslant [\sigma]^t \varphi$。

（3）最大允许工作压力

$$[p_w] = \frac{4\delta_e[\sigma]^t \varphi}{D_i + \delta_e}$$

3. 内压容器封头

(1) 半球形封头　其计算厚度的公式与球壳计算厚度的公式是一致的。

(2) 椭圆形封头

① 计算厚度

$$\delta = \frac{Kp_cD_i}{2[\sigma]^t\varphi - 0.5p_c}$$

式中　K——椭圆形封头形状系数。

$$K = \frac{1}{6}\left[2 + \left(\frac{D_i}{2h_i}\right)^2\right]$$

对于标准椭圆形封头，$K=1$。

② 最大允许工作压力

$$[p_w] = \frac{2[\sigma]^t\varphi\delta}{KD_i + 0.5\delta_e}$$

(3) 碟形封头

① 计算厚度

$$\delta = \frac{Mp_cR_i}{2[\sigma]^t\varphi - 0.5p_c}$$

式中　M——碟形封头形状系数。

$$M = \frac{1}{4}\left(3 + \sqrt{\frac{R_i}{r}}\right)$$

② 最大允许工作压力

$$[p_w] = \frac{2[\sigma]^t\varphi\delta}{MR_i + 0.5\delta_e}$$

(4) 球冠形封头　其厚度按下式计算：

$$\delta = \frac{Qp_cD_i}{2[\sigma]^t\varphi - p_c}$$

式中　Q——系数，由 GB 150 查取。

四、压力试验

压力试验的目的是检验压力容器承压部件的强度和严密性。在试验过程中，通过观察承压部件有无明显变形或破裂，来验证压力容器是否具有设计压力下安全运行所必需的承压能力。同时，通过观察焊缝、法兰等连接处有无渗漏，检验压力容器的严密性。

由于压力试验的试验压力要比最高工作压力高，所以应该考虑到压力容器在压力试验时有破裂的可能性。由于相同体积、相同压力的气体爆炸时所释放出的能量要比液体大得多，为减轻锅炉、压力容器在压力试验时破裂所造成的危害，所以通常情况下试验介质选用液体。因为水的来源和使用都比较方便，又具有做压力试验所需的各种性能，所以常用水作为耐压试验的介质，故压力试验也称为水压试验。

1. 水压试验

压力容器的水压试验应以能考核承压部件的强度，暴露其缺陷，但又不损害承压部件为佳。通常规定，承压部件在水压试验压力下的薄膜应力不得超过材料在试验温度下屈服极限的90%。具体水压试验的压力规定如下：

① 内压容器

$$p_T = \frac{1.25p[\sigma]}{[\sigma]^t}$$

② 外压容器

$$p_T = 1.25p$$

2. 气压试验

一般情况下，压力容器不允许用气体作为压力试验的介质，但对结构或支承原因，而不能向压力容器内安全充灌液体，以及运行条件不允许残留试验液体的压力容器，可按设计图样规定采用气压试验。如容器体积过大，无法承受水的重量；壳体不适于含氯离子的介质，而水压试验的水中含较多的氯离子；在严寒下，容器内液体可能结冰胀破容器等。可以看出，气压试验是有条件的，其主要原因是气压试验比水压试验危险性大。

压力容器的气压试验压力 p_T 如下：

① 内压容器

$$p_T = 1.15p[\sigma]/[\sigma]^t$$

② 外压容器

$$p_T = 1.15p$$

压力容器的压力试验应在无损探伤合格和热处理以后进行，有关内容将在本书后面章节介绍。

3. 压力试验前的应力校核

压力试验前，应按下式进行试验压力的应力校核。

$$\sigma_T = \frac{p_T(D_i + \delta_e)}{2\delta_e}$$

式中 　σ_T——试验压力下的圆筒应力，MPa；

　　　δ_e——有效厚度，mm。

σ_T 应满足下列条件：

① 液压试验

$$\sigma_T \leqslant 0.9\varphi\sigma_s(\sigma_{0.2})$$

② 气压试验

$$\sigma_T \leqslant 0.8\varphi\sigma_s(\sigma_{0.2})$$

式中 　$\sigma_s(\sigma_{0.2})$——圆筒材料在试验温度下的屈服点（或 0.2％屈服强度），MPa。

第三节　压力容器安全装置

一、安全泄压装置概述

锅炉、压力容器的安全装置是专指为了承压容器能够安全运行而装在设备上的一种附属装置，又常称为安全附件。锅炉、压力容器的安全装置，按其使用性能或用途可以分为以下四大类型：

（1）联锁装置　指为了防止操作失误而设的控制机构，如联锁开关、联动阀等。

（2）报警装置　指设备在运行过程中出现不安全因素致使其处于危险状态时，能自动发出音响或其他明显报警信号的仪器，如压力报警器、温度监测仪等。

（3）计量装置　指能自动显示设备运行中与安全有关的工艺参数的器具，如压力表、水位计、温度计等。

（4）泄压装置　指设备超压时能自动排放压力的装置，如安全阀、爆破片等。锅炉、压力容器应根据其结构、大小和用途分别装设相应的泄压装置。泄压装置是防止锅炉、压力容器超压的一种器具。它的功能是：当锅炉、压力容器内的压力超过正常工作压力时，能自动开启，将容器内的介质排出去，使锅炉、压力容器内的压力始终保持在最高允许压力范围之内。

泄压装置按其结构分为四种类型：

① 阀型　阀型泄压装置就是常用的安全阀。它是通过阀的开启，排出内部介质来降低设备内的压力。这类泄压装置的特点是：仅仅排泄器内高于规定的部分压力，而当器内压力降至正常工作压力时，即自动关闭，设备可继续运行。装置本身能重复使用多次，安装调整也比较容易，但它的密封性能较差，泄压反应较慢，且阀口有被堵塞或阀瓣有被粘住的可能。阀型泄压装置适用于介质比较纯净的设备，不宜用于介质具有剧毒性的设备和器内压力有可能急剧升高的设备。

② 断裂型　断裂型泄压装置常见的有爆破片。它是通过爆破片的断裂来排放气体的。这种装置的特点是：密封性能较好，泄压反应较快，但卸压后，爆破片不能继续使用，容器也得停止运行。断裂型泄压装置宜用于介质有剧毒的容器和器内因化学反应使压力急剧升高的容器，不宜用于液化气体储罐。

③ 熔化型　熔化型泄压装置就是常用的易熔塞。它是利用装置内低熔点合金在较高的温度下熔化，打开通道而泄压的。这种装置的特点是：结构简单，更换容易，但泄压后不能继续使用，排放面积小。它只能用于器内压力完全取决于温度的小型容器，如气瓶等。

④ 组合型　常见的组合型泄压装置是阀型与断裂型的串联组合，它同时具有阀型和断裂型的特点。其一般用于介质有剧毒性或

稀有气体的容器，不能用于升压速度极快的反应容器。

二、安全阀

安全阀是启闭件，受外力作用处于常闭状态，当设备或管道内的介质压力升高超过规定值时，通过向系统外排放介质来防止管道或设备内介质压力超过规定数值。安全阀属于自动阀类，主要用于锅炉、压力容器和管道上，控制压力不超过规定值，对人身安全和设备运行起重要保护作用。安全阀必须经过压力试验才能使用。

1. 安全阀名词术语

（1）公称压力　表示安全阀在常温状态下的最高许用压力，高温设备用的安全阀不应考虑高温下材料许用应力的降低。安全阀是按公称压力标准进行设计制造的。

（2）开启压力　也叫额定压力或整定压力，是指安全阀阀瓣在运行条件下开始升起时的进口压力，在该压力下，开始有可测量的开启高度，介质呈可由视觉或听觉感知的连续排放状态。

（3）排放压力　阀瓣达到规定开启高度时的进口压力。排放压力的上限需服从国家有关标准或规范的要求。

（4）超过压力　排放压力与开启压力之差，通常用开启压力的百分数来表示。

（5）回座压力　排放压力后阀瓣重新与阀座接触，回座压力即开启高度变为零时的进口压力。

（6）启闭压差　开启压力与回座压力之差，通常用回座压力与开启压力的百分比表示，只有当开启压力很低时采用二者的压力差来表示。

（7）背压力　安全阀出口处的压力。

（8）额定排放压力　标准规定的排放压力的上限值。

（9）密封试验压力　进行密封试验的进口压力，在该压力下测量通过关闭件密封面的泄漏率。

（10）开启高度　阀瓣离开关闭位置的实际升程。

（11）流道面积　指阀瓣进口端到关闭件密封面间流道的最小

截面积，用来计算无任何阻力影响时的理论排量。

（12）流道直径　对应于流道面积的直径。

（13）帘面积　当阀瓣在阀座上方时，在其密封面之间形成的圆柱面形或圆锥面形的通道面积。

（14）排放面积　阀门排放时，流体通道的最小截面积。对于全启式安全阀，排放面积等于流道面积；对于微启式安全阀，排放面积等于帘面积。

（15）理论排量　流道截面积与安全阀流道面积相等的理想喷管的计算排量。

（16）排量系数　实际排量与理论排量的比值。

（17）额定排量系数　排量系数与减低系数（取0.9）的乘积。

（18）额定排量　指实际排量中允许作为安全阀适用基准的那一部分排量。

（19）当量计算排量　指压力、温度、介质性质等条件与额定排量的适用条件相同时，安全阀的计算排量。

（20）频跳　安全阀阀瓣迅速异常地来回运动，在运动中阀瓣接触阀座。

（21）颤振　安全阀阀瓣迅速异常地来回运动，在运动中阀瓣不接触阀座。

2. 安全阀分类

根据结构安全阀主要分为两大类：弹簧式和杠杆式。弹簧式是指阀瓣与阀座的密封靠弹簧的作用力，而杠杆式是靠杠杆和重锤的作用力。随着大容量的需要，又出现一种脉冲式安全阀，也称为先导式安全阀，由主安全阀和辅助阀组成。当管道内介质压力超过规定压力值时，辅助阀先开启，介质沿着导管进入主安全阀，并将主安全阀打开，使增高的介质压力降低。

安全阀的排放量取决于阀座的口径与阀瓣的开启高度，根据开启高度也可分为两种：微启式，开启高度是阀座内径的 $1/20 \sim 1/40$；全启式，开启高度是阀座内径的 $1/3 \sim 1/4$。

此外，根据使用要求的不同，安全阀有封闭式和不封闭式。封闭式即排出的介质不外泄，全部沿着规定的出口排出，一般用于有毒和有腐蚀性的介质。不封闭式一般用于无毒或无腐蚀性的介质。

（1）按结构分

① 重锤杠杆式安全阀　重锤杠杆式安全阀是利用重锤和杠杆来平衡作用在阀瓣上的力。根据杠杆原理，它可以使用质量较小的重锤通过杠杆的作用获得较大的作用力，并通过移动重锤的位置（或变换重锤的质量）来调整安全阀的开启压力。

重锤杠杆式安全阀（图2-5）结构简单，调整容易而又比较准确，所加的载荷不会因阀瓣的升高而有较大的增加，适用于温度较高的场合，过去用得比较普遍，特别是用在锅炉和温度较高的压力容器上。但重锤杠杆式安全阀结构比较笨重，加载机构容易振动，并常因振动而产生泄漏。其回座压力较低，开启后不易关闭及保持严密。

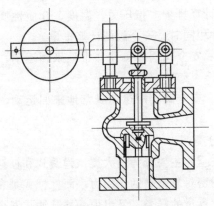

图2-5　重锤杠杆式安全阀

② 弹簧微启式安全阀　弹簧微启式安全阀（图2-6）是利用压缩弹簧的力来平衡作用在阀瓣上的力。螺旋圈形弹簧的压缩量可以通过转动弹簧微启式安全阀上面的调整螺母来调节，利用这种结构就可以根据需要校正安全阀的开启（整定）压力。弹簧微启式安全阀结构轻便紧凑，灵敏度也比较高，安装位置不受限制，而且因为对振动的敏感性小，所以可用于移动式的压力容器上。这种安全阀

的缺点是所加的载荷会随着阀的开启而发生变化，即随着阀瓣的升高，弹簧的压缩量增大，作用在阀瓣上的力也跟着增加，这对安全阀的迅速开启是不利的。另外，阀上的弹簧会由于长期受高温的影响而使弹力减小。该阀用于温度较高的容器上时，常常要考虑弹簧的隔热或散热问题，从而使结构变得复杂起来。

③ 脉冲式安全阀 脉冲式安全阀由主阀和辅阀构成，通过辅阀的脉冲作用带动主阀动作，其结构复杂，通常只适用于安全泄放量很大的锅炉和压力容器。

上述三种形式的安全阀中，用得比较普遍的是弹簧微启式安全阀。

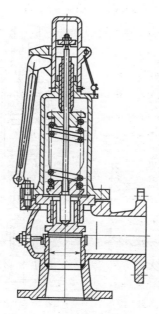

图 2-6 弹簧微启式安全阀

（2）按介质分

① 全封闭式安全阀 全封闭式安全阀排气时，气体全部通过排气管排放，介质不能向外泄漏，主要用于介质为有毒、易燃气体的容器。

② 半封闭式安全阀 半封闭式安全阀所排出的气体一部分通过排气管，也有一部分从阀盖与阀杆的间隙中漏出，多用于介质为不会污染环境的气体的容器。

③ 开放式安全阀 开放式安全阀的阀盖是敞开的，使弹簧腔室与大气相通，这样有利于降低弹簧的温度，主要适用于介质为蒸汽，以及对大气不产生污染的高温气体的容器。

(3) 按阀瓣开启分 按照阀瓣开启的最大高度与安全阀流道直径之比来划分，安全阀又可分为弹簧微启封闭式高压安全阀和弹簧全启式安全阀（图 2-7），以及开启高度介于二者之间的中启式安全阀。

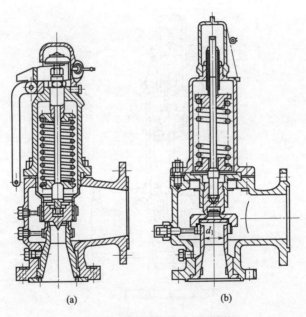

(a)   (b)

图 2-7 弹簧全启式安全阀结构

① 弹簧微启封闭式高压安全阀 该安全阀的开启高度小于流道直径的 1/4，通常为流道直径的 1/20～1/40。该安全阀的动作过程是比例作用式的，主要用于液体场合，有时也用于排放量很小的气体场合。

② 弹簧全启式安全阀　弹簧全启式安全阀的开启高度大于或等于流道直径的1/4。其排放面积是阀座喉部的最小截面积。其动作过程属于两段作用式，必须借助于一个升力机构才能达到全开启。弹簧全启式安全阀主要用于气体介质的场合。

③ 中启式安全阀　该阀开启高度介于微启式与全启式之间，既可以做成两段作用式，也可以做成比例作用式。

（4）按作用原理分　按作用原理分类，安全阀可以分为直接作用式安全阀和非直接作用式安全阀。

① 直接作用式安全阀　直接作用式安全阀是在工作介质的直接作用下开启的，即依靠工作介质压力的作用克服加载机构加于阀瓣的机械载荷，使阀门开启。这种安全阀具有结构简单、动作迅速、可靠性好等优点。但因为依靠机构加载，其载荷大小受到限制，不能用于高压、大口径的场合。

② 非直接作用式安全阀　这类安全阀可以分为先导式安全阀、带动力辅助装置的安全阀。

先导式安全阀是依靠从导阀排出的介质来驱动或控制的。而导阀本身是一个直接作用式安全阀，有时也采用其他形式的阀门。先导式安全阀适用于高压、大口径的场合。先导式安全阀的主阀还可以设计成依靠工作介质来密封的形式，或者可以对阀瓣施加比直接作用式安全阀大得多的机械载荷，因而具有良好的密封性能。同时，它的动作很少受背压的影响。这种安全阀的缺点在于它的可靠性同主阀和导阀有关，动作不如直接作用式安全阀那样迅速、可靠，而且结构较复杂。

带动力辅助装置的安全阀是借助于一个动力辅助装置，在低于正常开启压力的情况下强制开启安全阀。这种安全阀适用于开启压力很接近于工作压力的场合，或需定期开启安全阀以进行检查或吹除黏着、冻结介质的场合。同时，也提供了一种在紧急情况下强制开启安全阀的手段。

（5）按压力调节分　按压力是否能调节分类，安全阀可分为固定不可调安全阀和可调安全阀。

① 固定不可调安全阀　固定不可调安全阀压力值出厂已设定好，使用时不能变动，常用在中央空调、壁挂炉、太阳能等系统中。

② 可调安全阀　可调安全阀起跳压力可随用户的不同需求在一定范围内任意设置，常用于系统保护压力需经常变动的场合，但价格一般也比较高。

（6）按工作温度分

① 常温安全阀　常温安全阀一般是只安装在暖通、空调或者水系统上的耐温110℃的安全阀，如0480安全阀。

② 高温安全阀　高温安全阀是指专门用在太阳能系统和模温机系统的耐温180℃的安全阀，如1831系列安全阀。

3. 安全阀的工作原理

安全阀在系统中起安全保护作用。当系统压力超过规定值时，安全阀打开，将系统中的一部分气体排入大气，使系统压力不超过允许值，从而保证系统不因压力过高而发生事故。安全阀又称溢流阀，图2-8为活塞式安全阀，阀芯是一平板。气源压力作用在活塞A上，当压力超过由弹簧力确定的安全值时，活塞A被顶开，一部分压缩空气即从阀口排入大气。当气源压力低于安全值时，弹簧驱动活塞下移，关闭阀口。

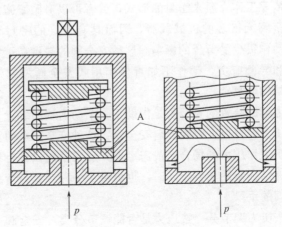

图2-8　活塞式安全阀

图 2-9 和图 2-10 分别为球式和膜式安全阀，二者工作原理与活塞式完全相同。这三种安全阀都是由弹簧提供控制力，调节弹簧预紧力，即可改变安全值大小，故称为直动式安全阀。

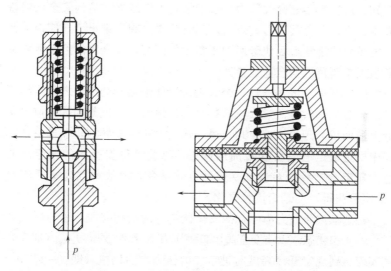

图 2-9　球式安全阀 　　　　　　　　图 2-10　膜式安全阀

图 2-11 为先导式安全阀，以小型直动阀提供控制压力作用于膜片上，膜片上硬芯就是阀芯，压在阀座上。当气源压力大于安全压力时，阀芯开启，压缩空气从左侧输出孔排入大气。膜式安全阀和先导式安全阀压力特性较好、动作灵敏，但最大开启力比较小，即流量特性较差。实际应用时，应根据实际需要选择安全阀的类

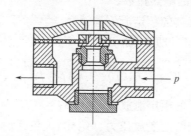

图 2-11　先导式安全阀

型，并根据最大排气量选择其通径。

4. 安全阀的额定泄放量

额定泄放量是指实际泄放量中允许作为泄放装置使用基准的该部分的量。当容器内的压力超过正常的工作压力，达到安全阀的排放压力时，安全阀开启，容器内的气体通过阀座排出。要使内压经过短时间的排气后很快降回到正常工作压力，安全阀的额定泄放量必须大于容器的安全泄放量。

安全阀理论流量的计算公式是由流体绝热流动理论方程推导而得的。考虑到气体流过安全阀的最小通道时，气流的实际流速、实际流通面积与理论流速、理论最小流通面积的差异等，在理论计算式中引进额定泄放系数 k 加以修正，以此计算安全阀的额定泄放量。额定泄放系数 k 取 0.9 倍的泄放系数，泄放系数为实际流量（由实验测得）与理论流量之比。

额定泄放量的大小不仅与安全阀本身的结构有关，还与排放介质的性质和状态，以及安全阀出口侧压力 p_0 和泄放压力 p_r（即安全阀阀瓣达到规定开启高度时进口侧的压力）的比值（即 $\beta = p_0 / p_r$）有关。β 越小，排出量越大。当 β 小于或等于临界压力比 β_{kp} 时，排出量并不随 β 的减小而增大，而等于 β_{kp} 时的值。因此，安全阀的额定泄放量应视上述不同情况分别计算。

临界压力比 β_{kp} 可按下式计算：

$$\beta_{kp} = \left(\frac{2}{R+1}\right)^{\frac{R}{k-1}}$$

式中　R——气体的绝热指数。

（1）介质为气体的额定泄放量

① 临界条件下（即 $\beta \leqslant \beta_{kp}$ 时）

$$W = 7.6 \times 10^{-2} CkAp_r \sqrt{\frac{M}{ZT}}$$

式中　W——气体的额定泄放量，kg/h；

　　　p_r——安全阀的泄放压力（绝热），包括设计压力和超压允许值；

k——额定泄放系数，由安全阀制造厂根据实际试验得出；

M——气体分子量；

Z——在泄放压力及相应温度下气体的压缩系数，对于空气，$Z=1.0$；

T——阀门进口处的气体热力学温度，K；

A——阀瓣全程时的实际排放面积，对于全启式安全阀，即 $h \geqslant 1/4d_t$ 时，$A=1/4\pi dt^2$，对于微启式安全阀，即 $h \geqslant (1/20 \sim 1/40)d_v$ 时，平面形密封面 $A = \pi d_v h$，锥面形密封面 $A = \pi d_t h \sin\phi$，mm^2；

h——阀瓣的开启高度，mm；

d_t——阀座喉部直径；

d_v——阀座口径；

ϕ——锥形密封面的半锥角度；

C——气体特性系数，是气体绝热指数 R 的函数，可查表 2-3。

表 2-3　气体特性系数 C

R	1.00	1.02	1.04	1.06	1.08	1.10	1.12	1.14	1.16	1.18	1.20
C	315	318	320	322	324	327	329	331	333	335	337
R	1.22	1.24	1.26	1.28	1.30	1.32	1.34	1.36	1.38	1.40	1.42
C	339	341	343	345	347	349	351	352	354	356	358
R	1.44	1.46	1.48	1.50	1.52	1.54	1.56	1.58	1.60	1.62	1.64
C	359	361	363	364	365	368	369	371	372	374	376
R	1.66	1.68	1.70	2.00	2.20						
C	377	379	380	400	402						

气体特性系数的计算公式为：

$$C = 520\sqrt{k\left(\frac{2}{k+1}\right)^{\frac{R+1}{R-1}}}$$

对空气，$C=365$。

常用气体的分子量、绝热指数、临界压力和临界温度见表2-4。对于混合气体的分子量，可根据它的组成百分比取平均值，临界压

力 p_c 和临界温度 T_c 则按下式计算：

表 2-4　常用气体 M、R、p_c、T_c 值

名称	分子量(M)	绝热指数(R)	临界压力 p_c/MPa	临界温度 T_c/K
空气	28.98	1.4	3.78	132.42
氮气	28.016	1.4	3.28	126.05
氧气	32.00	1.4	5.04	154.32
氦气	4.00	1.66	0.23	5.25
氩气	39.944	1.67	4.86	150.75
氢气	2.0156	1.41	1.29	33.26
氯气	70.914	1.36	7.70	417.15
氖气	20.183	1.675	2.73	44.46
氪气	83.70	1.68	5.49	209.35
氟气	38.00		5.39	172.15
氧化氮	30.01	1.40	6.47	179.15
一氧化碳	28.01	1.40	3.49	132.95
二氧化碳	44.0	1.31	7.36	304.15
二氧化硫	64.06	1.25	7.88	430.45
二氧化氮	46.01	1.31	9.81	431.2
水蒸气	18.016	1.31(过热)	22.10	647
		1.135(饱和)		
氨气	17.03	1.29	10.93	405.55
硫化氢	34.08	1.3	9.02	373.55
氯化氢	36.47	1.41	8.43	324.55
氙气	131.30	1.667	5.89	289.75
氯甲烷	50.49	1.28	6.68	416.25
氟利昂-12	120.92	1.14	4.01	384.65
甲烷	16.04	1.3	4.63	190.65
乙烷	30.07	1.193	4.98	308.15
乙烯	28.05	1.243	5.14	282.65
丙烷	44.09	1.133	4.25	369.95
丙烯	42.08	1.154	4.69	365.15
正丁烷	58.12	1.094	3.65	426.35
异丁烷	58.12	1.097	3.70	406.85
异丁烯	56.108	1.106	3.87	128.3
正戊烷	72.15	1.074	3.27	76.38
异戊烷	72.15	1.076	3.22	85.2

$$p_c = \sum_{i=1}^{n} r_i p_{ci} = r_1 p_{c1} + r_2 p_{c2} + \cdots + r_n p_{cn}$$

$$T_c = \sum_{i=1}^{n} r_i T_{ci} = r_1 T_{c1} + r_2 T_{c2} + \cdots + r_n T_{cn}$$

式中　r_1，r_2，$\cdots$，r_n——混合气体中各组分气体的体积分数；

p_{c1}，p_{c2}，$\cdots$，p_{cn}——混合气体中各组分气体的临界压力（绝热），MPa；

T_{c1}，T_{c2}，$\cdots$，T_{cn}——混合气体中各组分气体的临界温度，K。

② 亚临界条件下（即 $\beta > \beta_{kp}$ 时）

$$W = 55.85 k A p_r \sqrt{\frac{M}{ZT} \times \frac{k}{k-1} \left[\left(\frac{p_0}{p_c}\right)^{\frac{2}{R}} - \left(\frac{p_0}{p_r}\right)^{\frac{k+1}{k}} \right]}$$

（2）介质为饱和蒸汽（临界条件下）时的额定泄放量

① 当 $p_r \leqslant 10.3$MPa 时：

$$W = 5.25 k A p_r$$

式中　W——蒸汽额定泄放量。

其余符号意义同前。

② 当 10.3MPa$< p_r < 22$MPa 时，按上式计算的 W 乘以校正系数：

$$\frac{190.6 p_r - 6895}{229.2 p_r - 7315}$$

饱和蒸汽必须达到蒸汽含量不少于 98%，且过热度不小于 11℃。

（3）介质为液体的额定泄放量

$$W = 3.6 \times 10^6 k A \sqrt{2\Delta p \rho}$$

式中　W——液体额定泄放量，kg/h；

Δp——阀门前后压力降，MPa；

ρ——阀门入口侧温度下的液体密度，kg/m³。

其余符号意义同前。

在安全阀的设计计算和校核计算中，其额定泄放量 W 应大于或至少等于压力容器安全泄放量 W'。

$$对比温度 = \frac{泄放介质的温度(K)}{介质的临界温度(K)}$$

$$对比压力 = \frac{泄放介质的压力(MPa, 绝对)}{介质的临界压力(MPa, 绝对)}$$

5. 安全阀的使用

(1) 安全阀的选用　安全阀的选用，主要取决于容器的工艺条件及工作介质的特性，一般应考虑以下三个方面的问题。

① 形式　按安全阀加载机构的形式来选，工作压力不高、温度较高的容器大多选用杠杆式，高压容器大多选用弹簧式。按安全阀气体排放方式来选用时，如果容器的工作介质为有毒、易燃、易爆的气体或者是制冷剂、其他会污染大气的气体，应选用封闭式，空气及其他不会污染环境的气体可选用半封闭式和敞开式。按安全阀封闭机构的形式来选用，高压容器以及安全泄放量较大而强度裕度不多的中、低压容器应选用开式安全阀，以减少容器的开孔面积，避免器壁强度减弱较多。

② 压力范围　安全阀的开启压力可通过加载机构来调节，但必须注意到每种安全阀都有一定的工作压力范围。选用安全阀时，不应把工作压力较低的安全阀强行加载用在压力较高的容器上，同时也不应把工作压力较高的安全阀过分卸载用在压力较低的容器上。

③ 额定泄放量　不论选用何种结构形式的安全阀，都必须具有足够的额定泄放量，并不得小于压力容器的安全泄放量。只有这样，才能保证超压时将容器内的介质及时排出，以及把内压降至正常的工作压力。

安全阀上一般都附有铭牌，注明阀门型号、阀门进口管公称直径、开启压力、额定泄放量等。但如果所用的工作介质及其工作压力、温度与铭牌不同，或安全阀的额定泄放量未知时，则应选用相应的计算公式进行换算，并要求其额定泄放量不小于容器的安全泄放量。

在某些场合下还要注意安全阀的保护。对于开启压力大于 3.0MPa 的蒸汽用安全阀或介质温度超过 235℃ 的气体用安全阀，应采取能防止泄放介质直接充蚀弹簧的措施，如采用带散热器的安全阀等。当安全阀有可能承受附加背压时，则应选用带波纹管的安全阀。

（2）安全阀的装设　安全阀能否正常工作与它安装是否正确有很大的关系。装设时应满足直接相连、垂直安装，保持畅通、稳固可靠，防止腐蚀、安全排放等要求，以保证安全阀可靠操作。

① 直接相连、垂直安装　安全阀应与容器本体直接相连，并装在容器的最高位置，液化气体储槽上的安全阀还必须装设在它的气相部位。用于液体的安全阀应安装在正常液面以下，安全阀的口径最小为公称直径 15mm（管径）。基于特殊原因，安全阀确实难以装在容器本体上时，可考虑装在出口管路上，但安全阀装设处与容器之间的管路上，应避免突然拐弯及截面局部收缩等结构，以免增加管路阻力，引起污物积聚发生堵塞等。

一般情况下，禁止在泄放装置与容器之间或泄放装置与泄放口之间装设其他任何阀门或引出管。对于处理和储存易燃、有毒或黏性大介质的压力容器，为便于泄放装置清扫、更换，可以在容器和安全阀之间装上截止阀，但必须符合如下条件之一。

a. 中间阀的结构应采用机械联锁控制式，致使在任何时候都只能关闭有限个阀，而那些开着的阀则应具有适当的大小，使未受影响的排放装置能按容器所要求的泄放量进行排放。

b. 专供检查和修理的截止阀应具备锁住机构。容器正常操作时，阀门座在全开的位置上被锁住。当需要关闭阀门时，必须指定专人负责。在阀门关闭期间工作人员必须留在现场，并在离开操作岗位之前必须恢复截止阀到全开位置并锁住。

c. 安装杠杆式安全阀时，必须严格保持阀杆的铅垂位置。弹簧式安全阀也应垂直于地平面安装，以免其动作受到影响。

② 保持畅通、稳固可靠　为了减少安全阀排放时的阻力，其进口和封闭式安全阀的泄放管等在安装时应保持畅通，泄放管应尽

量避免曲折急转弯，尽可能采用短而垂直的排出管。安全阀与容器本体的连接短管的流通截面积、特殊情况下装设的截止阀以及安全泄放管的流通截面积都不得小于安全阀流通截面积，从而当管线内存在或产生泄放背压力时，不会使泄放装置的泄放量低于为保护容器的安全所需的泄放量。阀进口管道中的压力降应不大于开启压力的 3%，阀排出管线的阻力应不大于阀门开启压力的 10%，如果整个安全阀装在与容器本体相连的同一个管道上时，则管道的流通截面积应不大于所有安全阀流通截面积之和的 1.25 倍。泄放管原则上应一阀一根，并禁止在泄放管上安设任何阀门。当两只以上的安全阀共同使用一根泄放管时，泄放总管的截面积不应小于所有安全阀出口截面积的总和，并适当地考虑泄放管段的压力降，不使安全阀产生明显的背压。氧气等可燃气体或其他能相互产生化学反应的气体不能共同用一根泄放管。

安装时安全阀与它连接管路上的连接螺栓应均匀上紧，以免阀体内产生附加应力，破坏安全阀零件的同心度，影响其正常工作。泄放管应有可靠的支撑和稳定措施，以使安全阀承受由管道重量、风雪及振动等载荷引起的附加应力。安全阀的安装位置还应考虑便于日常的检查、维护和修理。

③ 防止腐蚀、安全排放　安全阀的泄放管内如有可能积聚冷凝液体或遇水侵入时，则应在能将其全部排净的地方设置敞口的排污口，以防积液对安全阀和泄放管的腐蚀。若积液为有毒、易燃、易爆等介质时，还应用泄漏管接至安全的地方，并应有相应的措施以防冬季冻结堵塞，泄漏管上也不得装设任何阀门。安全阀和泄漏管要尽量避免雨、雪、尘埃等的侵入和积聚，对装设在室外的安全阀，应有可靠的防冻措施。

根据泄漏介质的不同性质，应采用相应的措施，做到安全排放。有毒介质要引入封闭系统；易燃易爆介质可以排入大气中，最好引入火炬排放。当排入大气时，应引至远离明火和存放易燃物且通风良好的场所排放。泄漏管必须逐段用导线可靠接地，以消除静电的作用，排放时的温度高于可燃气体自燃点时，则应考虑排放后的防火措施，或者将气体冷却至自燃点以下再排入大气；气液混合物只允许气体排放，排放前必须先经气液分离；当介质为腐蚀性的可燃气体等时，与其直接接触的泄漏管必须有相应的防腐蚀措施。

（3）安全阀的调试　安全阀在安装前以及在容器做定期检验时应进行调试，其内容主要为耐压试验、气密性试验和校正调整等。

① 耐压试验　耐压试验检验安全阀是否具有足够的强度，一般以阀体密封面为界，上、下两部分分别进行。阀体下部的试验压力为工作压力的 1.5 倍，压力从阀进口处引入。阀体上部和阀盖部分的试验压力应小于或等于工作压力，压力从阀出口处引入。在试验压力下，安全阀没有变形和阀体无渗漏等现象即认为耐压试验合格，耐压试验应在安全阀研磨和装设之前进行，介质为水，保压时间不得少于 5min。

② 气密性试验　安全阀经研磨后还应进行气密性试验，其目的是检验安全阀密封机构的严密程度。试验压力为它的工作压力的 1.05～1.1 倍。试验介质根据安全阀用于何种压力容器来决定，用于蒸汽系统的安全阀用饱和蒸汽，用于其他压缩气体的用空气或惰性气体，用于液体的用水。在气密性试验压力下，安全阀若无泄漏现象即认为试验合格。

③ 校正调整　为保证安全阀能正常工作，还应进行校正调整。安全阀的校正调整系统包括阀加载校正和调节圈调整。加载校正是通过加载机构调节施加在阀瓣上的载荷来校正安全阀的开启压力；调整圈调整是通过调整阀上的调整圈来调整安全阀的泄放压力和回座压力。

安全阀的开启压力不得超过容器的设计压力，并应考虑到静压头和恒定的背压的影响。安全阀的额定泄放压力不得超过开启压力的 1.1 倍。开启压力的允许偏差：当泄放压力≤0.48MPa 时，为 ±0.013MPa；当泄放压力≥0.48MPa 时，为±3%。

锅炉用安全阀的容量规格规定的额定泄放压力为开启压力的103%，若用于压力容器，可不再做试验。此外，由于容器的泄放压力为开启压力的110%，故阀门的容量规定应再乘以以下比值：

$$\frac{1.10p_r+0.101}{1.03p_r+0.101}$$

泄放装置的动作压力（指安全阀的开启压力或爆破片的爆破压力），还应符合以下要求：当使用单个泄放装置时，则该装置动作压力应调定至不大于容器的最大允许压力；当泄放容器是由多个泄放装置提供时，只需调整其中一个到不大于容器的最大允许压力，其他装置可调整到较高压力下泄放，但不得超过容器最大允许压力的 105%；当安装辅助泄放装置时，为防止爆炸起火或其他外来热源所引起的超压，动作压力调整至不大于容器最大允许压力的 1.08 倍。

经试验合格的安全阀，检验人员和监督人员应当场填写检验记录和签字，并应注意使调整加载的装置和调整圈可靠固定，不致发生意外的变动。如：杠杆式安全阀应通过防止重锤自动移动的装置将重锤予以固定；弹簧式安全阀应予以铅封，以防随便拧动调整螺钉。

安全阀调整时所用压力表的精度不得低于 1 级，表盘直径一般应不小于 150mm。

(4) 安全阀的维护与定期检验

① 日常维护　安全阀在使用过程中应加强日常的维护保养，经常保持清洁，防止腐蚀及防止泄放管和釜体弹簧等被油污、脏物堵塞；经常检查铅封是否完好，防止杠杆式安全阀的重锤松动或被移动，防止弹簧式安全阀的调节螺钉被随意拧动；发现泄漏应及时更换和维修，禁止用加大载荷（如过分拧紧弹簧式安全阀的调节螺钉或在杠杆式安全阀的杠杆上外加重物等）的方法来消除泄漏；为防止阀瓣和阀座被气体中的油垢等脏物粘住，致使安全阀不能正常开启，对用于空气、蒸汽或随带有黏滞性脏物而不会造成环境污染的其他气体安全阀，可根据气体的具体情况进行定期人工手提排气。

② 定期检验　为保证安全阀灵敏、可靠，每年至少应做一次定期检验。定期检验的内容一般包括动态检查和解体检查，动态检

查主要是检查安全阀的开启压力、回座压力、密封程度以及在额定泄放压力下阀的开启高度等，其要求与安全阀调试时相同。

当安全阀动态检查不合格，或在运行中已发现有泄漏等异常情况时，则应做解体检查。解体后仔细检查安全阀的所有零件有无裂纹、伤痕、磨损、腐蚀、变形等情况，并根据缺陷的大小和损坏程度予以修复和更换，最后组装进行动态检查。

6. 操作方法

（1）开启压力的调整

① 安全阀出厂前，应逐只调整其开启压力到用户要求的整定值。若用户提出弹簧工作压力级，则按一般压力级的下限值调整出厂。

② 使用者在将安全阀安装到被保护设备上之前或者在安装之前，必须在安装现场重新进行调整，以确保安全阀的整定压力值符合要求。

③ 在铭牌注明的弹簧工作压力级范围内，通过旋转调整螺钉改变弹簧压缩量，即可对开启压力进行调节。

④ 在旋转调整螺钉之前，应使阀进口压力降低到开启压力的90%以下，以防止旋转调整螺钉时阀瓣被带动旋转，以致损伤密封面。

⑤ 为保证开启压力值准确，应使调整时的介质条件，如介质种类、温度等尽可能接近实际运行条件。介质种类改变，特别是当介质聚集态不同时（例如从液相变为气相），开启压力常有所变化。工作温度升高时，开启压力一般有所降低。故在常温下调整而用于高温时，常温下的整定压力值应略高于要求的开启压力值。高到什么程度与阀门结构和材质选用都有关系，应以制造厂的说明为根据。

⑥ 常规安全阀用于固定附加背压的场合，当在检验后调整开启压力时（此时背压为大气压），其整定值应为要求的开启压力值减去附加背压值。

（2）排放和回座压力的调整

① 调整阀门排放压力和回座压力，必须进行阀门达到全开启高度的动作试验。因此，只有在大容量的试验装置上或者在安全阀安装到被保护设备上之后才可能进行。其调整方法依阀门结构不同而不同。

② 对于带反冲盘和阀座调节圈的结构，是利用阀座调节圈来进行调节。拧下调节圈固定螺钉，从露出的螺孔伸入一根细铁棍之类的工具，即可拨动调节圈上的轮齿，使调节圈左右转动。当使调节圈向左做逆时针方向旋转时，其位置升高，排放压力和回座压力都将有所降低。反之，当使调节圈向右做顺时针方向旋转时，其位置降低，排放压力和回座压力都将有所升高。每一次调整时，调节圈转动的幅度不宜过大（一般转动数齿即可）。每次调整后都应将固定螺钉拧上，使其端部位于调节圈两齿之间的凹槽内，既能防止调节圈转动，又不对调节圈产生径向压力。为了安全起见，在拨动调节圈之前，应使安全阀进口压力适当降低（一般应低于开启压力的 90%），以防止在调整时阀门突然开启，造成事故。

③ 对于具有上、下调节圈（导向套和阀座上各有一个调节圈）的结构，其调整要复杂一些。阀座调节圈用来改变阀瓣与调节圈之间通道的大小，从而改变阀门初始开启时压力在阀瓣与调节圈之间腔室内积聚程度的大小。当升高阀座调节圈时，压力积聚的程度增大，从而使阀门比例开启的阶段减小而较快地达到突然的急速开启。因此，升高阀座调节圈能使排放压力有所降低。应当注意的是，阀座调节圈亦不可升高到过分接近阀瓣。那样，密封面处的泄漏就可能导致阀门过早地突然开启，但由于此时介质压力还不足以将阀瓣保持在开启位置，阀瓣随即又关闭，于是阀门发生频跳。阀座调节圈主要用来缩小阀门比例开启的阶段和调节排放压力，同时也对回座压力有所影响。

上调节圈用来改变流动介质在阀瓣下侧反射后折转的角度，从而改变流体作用力的大小，以此来调节回座压力。升高上调节圈时，折转角减小，流体作用力随之减小，从而使回座压力升高。反之，当降低上调节圈时，回座压力降低。当然，上调节圈在改变回座压力的同时，也影响到排放压力，即升高上调节圈使排放压力有所升高，降低上调节圈使排放压力有所降低，但其影响程度不如回座压力那样明显。

（3）安全阀铅封　安全阀调整完毕，应加以铅封，以防止随便改变已调整好的状况。当对安全阀进行整修时，在拆卸阀门之前应记下调整螺钉和调节圈的位置，以便于修整后的调整工作。重新调整后应再次加以铅封。

（4）常见故障

① 排放后阀瓣不回座　这主要是弹簧弯曲阀杆、阀瓣安装位置不正或被卡住造成的。应重新装配。

② 泄漏　在设备正常工作压力下，阀瓣与阀座密封面之间发生超过允许程度的渗漏。其原因及处理为：阀瓣与阀座密封面之间有脏物，可使用提升扳手将阀开启几次，把脏物冲去；密封面损伤，应根据损伤程度，采用研磨或车削后研磨的方法加以修复；阀杆弯曲、倾斜或杠杆与支点偏斜，使阀芯与阀瓣错位，应重新装配或更换；弹簧弹性降低或失去弹性，应采取更换弹簧、重新调整开启压力等措施。

③ 到规定压力时不开启　造成这种情况的原因及处理为：定压不准，应重新调整弹簧的压缩量或重锤的位置；阀瓣与阀座粘住，应定期对安全阀做手动放气或放水试验；杠杆式安全阀的杠杆被卡住或重锤被移动，应重新调整重锤位置并使杠杆运动自如。

④ 排气后压力继续上升　其主要原因及处理为：选用的安全阀排量小于设备的安全泄放量，应重新选用合适的安全阀；阀杆中线不正或弹簧生锈，使阀瓣不能开到应有的高度，应重新装配阀杆或更换弹簧；排气管截面积不够，应采取符合安全排放面积的排气管。

⑤ 阀瓣频跳或振动　其主要原因及处理为：弹簧刚度太大，应改用刚度适当的弹簧；调节圈调整不当，使回座压力过高，应重新调整调节圈位置；排放管道阻力过大，造成过大的排放背压，应

减小排放管道阻力。

⑥ 不到规定压力开启 这主要是因为定压不准，弹簧老化而弹力下降，应适当旋紧调整螺钉或更换弹簧。

三、爆破片

1. 爆破片简介

爆破片能在规定的温度和压力下爆破，泄放压力。爆破片装置由爆破片和夹持器两部分组成。爆破片是在标定爆破压力及温度下爆破泄压的元件，夹持器则是在容器的适当部位装接夹持爆破片的辅助元件。爆破片安全装置具有结构简单、灵敏、准确、无泄漏、泄放能力强等优点，能够在黏稠、高温、低温、腐蚀的环境下可靠地工作，并且还是超高压容器的理想安全装置。爆破片是防止压力设备发生超压破坏的重要安全装置，广泛应用于化工、石油、轻工、冶金、核电、除尘、消防、航空等领域。

2. 工作原理

爆破片装置是不能重复闭合的泄压装置，由入口处的静压力启动，通过受压膜片的破裂来泄放压力。简单来说，就是一次性的泄压装置，在设定的爆破温度下，爆破片两侧压力差达到预定值时，爆破片即可动作（破裂或脱落），并泄放出流体。

3. 爆破片特点

（1）适用于浆状、有黏性、腐蚀性工艺介质，这种情况下安全阀不起作用。

（2）惯性小，可对急剧升高的压力迅速做出反应。

（3）在发生火灾或其他意外时，主泄压装置打开后，可用爆破片作为附加泄压装置。

（4）严密无泄漏，适用于盛装昂贵或有毒介质的压力容器。

（5）规格型号多，可用各种材料制造，适应性强。

（6）便于维护、更换。

4. 爆破片分类

（1）按照形式来分

① 正拱形爆破片　系统压力作用于爆破片的凹面，见图 2-12。

图 2-12　正拱形爆破片

a. 正拱普通。

b. 正拱开缝。

c. 正拱带槽。

② 反拱形爆破片　系统压力作用于爆破片的凸面，见图 2-13。

图 2-13　反拱形爆破片

a. 反拱刀架。

b. 反拱鳄齿。

c. 反拱带槽。

d. 反拱开缝。

③ 平板型　该类爆破片系统压力作用于爆破片的平面。

a. 平板普通。

b. 平板开缝。

c. 平板带槽。

(2) 按照材料来分

① 金属　不锈钢、纯镍、哈氏合金、蒙耐尔、因科涅、钛、

图 2-14　非金属材料爆破片

钽、锆等。

②非金属　石墨、氟塑料、有机玻璃，非金属材料爆破片见图 2-14。

③金属复合非金属。

5. 爆破片的设计计算

爆破片的设计计算包括结构选型、材料选用、额定泄放面积计算、容器设计压力确定和爆破片厚度的计算等。

（1）结构选型　爆破片的形式选择主要是根据容器内的压力、介质温度和腐蚀性以及载荷的稳定性等工况进行。

平板型爆破片一般用于操作压力较稳定以及压力不高的场合，拱形爆破片可用于高压或超高压场合，常用的爆破压力范围为 0.1～35MPa（表压）。

当爆破片的材质不能耐介质腐蚀时，宜采用开缝正拱形爆破片，或在普通正拱形爆破片接触介质的一侧加保护膜。

由于正拱形爆破片在泄放侧承受背压，有可能失稳时，应加装真空托架。

承受脉动载荷（如反应釜操作）的中、低压爆破片，可优先考虑采用反拱形爆破片。

（2）材料选用　制造爆破片、夹持器等的材料质量均应符合国家标准，必须有质量证明书，入库前应进行复验。

爆破片装置所用的材料不允许被介质腐蚀，必要时，可在与腐蚀介质的接触面上覆盖金属或非金属的防护膜。

制造爆破元件的材料，分为塑性材料和脆性材料两大类。拉伸和剪切破坏型大多采用经适当热处理、塑性较好的耐腐蚀金属材料，如铝、银、铜、镍、奥氏体不锈钢、铜镍合金和铬镍合金等；弯曲破坏型则采用脆性材料，如铸铁和硬质塑料等。

为了防止爆破元件金属在高温下产生蠕变，导致爆破片在低于设计爆破压力的情况下爆破，以及为防止当需要时设置在爆破片表面的非金属防护膜在高温下失效，引起爆破片的腐蚀，对于爆破片的各种塑性金属材料和非金属材料应限制在一定的温度范围内使用，见表 2-5。

表 2-5　爆破片的最高使用温度

爆破元件			爆破片保护层	
材料名称	材料牌号	最高使用温度/℃	聚四氟乙烯/℃	氧化乙丙烯/℃
铝	L2、L3、L4	100	100	100
银	—	120	120	120
铜	T2、T4	200	200	200
镍	N4、N6、N7	400	260	200
奥氏体不锈钢	—	400	260	200
铜镍合金(蒙耐尔)	—	430	260	200
铬镍合金(因科涅)	—	480	260	200

脆性材料一般用于压力较低的场合，根据不同脆性材料的特性，也应限制其使用范围。例如：用铸铁制造的爆破元件，不能用于处理剧毒介质的容器上。用灰口铸铁制造的爆破元件，不能用于内部气体或液体温度在 0℃ 以下或在 250℃ 以上，以及压力超过 1.6MPa 的场合。用铁素体可锻铸铁或加有其他元素的特殊高强度铸铁制造的爆破元件，不能用于内部气体温度在 0℃ 以下或在 350℃ 以上，以及压力超过 2.4MPa 的场合。

此外，为了避免爆破元件破裂时产生火花，引起可燃气体的燃烧爆炸，用铸铁和低碳钢制造的爆破元件，不能用于液化石油气等可燃气体的容器上。

（3）额定泄放面积计算　为保证爆破片爆破时能及时将容器内的压力迅速泄放，以免容器继续升压发生爆炸，爆破片应具有不小于按下列各公式计算所得的额定泄放面积。

① 介质为气体时的额定泄放面积（临界条件下）

$$A = \frac{W}{7.6 \times 10^{-2} C k p_b \sqrt{\dfrac{M}{ZT}}}$$

式中　A——爆破片的额定泄放面积，mm^2；

　　　　W——气体的额定泄放量，必须满足 $W \geqslant W'$ 的条件，kg/h；

　　　　p_b——设计爆破压力（绝压），包括设计压力和超压允许值，MPa；

　　　　k——额定泄放系数，取 $k = 0.63$。

其余符号意义同前。

② 介质为液体时的额定泄放面积

$$A \geqslant \frac{W}{3.6 \times 10^6 k \sqrt{2\Delta p \rho}}$$

式中　A——爆破片的额定泄放面积，mm^2；

　　　　W——液体的额定泄放量，kg/h；

　　　　Δp——阀门前后的压力降，MPa；

　　　　ρ——阀门入口侧温度下的液体密度，kg/m^3；

　　　　k——额定泄放系数，由安全阀制造厂根据实际试验得出。

③ 介质为饱和蒸汽时的额定泄放面积（临界条件下）

$$A \geqslant \frac{W}{5.25 k p_b}$$

式中　A——爆破片的额定泄放面积，mm^2；

　　　　W——饱和蒸汽的额定泄放量，kg/h；

　　　　k——额定泄放系数，取 $k = 0.62$；

　　　　p_b——设计爆破压力（绝压），包括设计压力和超压允许值。

饱和蒸汽的质量必须达到蒸汽含量不少于 98%，且过热度不大于 11℃。

（4）容器设计压力确定 每一个爆破片装置在设计爆破温度下应有一标定的爆破压力。爆破片标定的爆破压力，是在同一批次的爆破片中按规定取若干片，在设计爆破温度下进行爆破试验，取其实际爆破压力的算术平均值而得出，标定爆破压力应打印在每片爆破片的标志牌上，以作为该批次产品能够达到设计爆破压力的标定值。

标定爆破压力不得超过容器的设计压力，其允许值见表 2-6，或按设计要求的规定。

表 2-6 爆破片的标定爆破压力允许值

爆破片形式	标定爆破压力/MPa	允差
正拱形	<0.2	± 0.01MPa
	$\geqslant 0.2$	$\pm 5\%$
反拱形	<0.3	± 0.015MPa
	$\geqslant 0.3$	$\pm 5\%$

爆破片的最低标定爆破压力 p_{bmin} 可根据容器最大工作压力 p_w 按表 2-7 选取，或由设计者根据经验或可靠数据确定。

表 2-7 爆破片的最低标定爆破压力 p_{bmin}

爆破片形式	p_{bmin}/MPa
普通正拱形	$1.43p_w$
开缝正拱形	$1.25p_w$
反拱形	$1.1p_w$
正拱形受脉动载荷	$1.7p_w$

爆破片的设计爆破压力是指在设计爆破温度下设计所要求的爆破压力。而设计爆破温度则是对应于设计爆破压力的爆破片的设计温度，该温度是指爆破元件的金属壁温度。爆破片的设计爆破压力应考虑到静压头和背压的影响。

为了方便制造，爆破片的爆破压力根据其设计爆破压力的大小允许有一定的变动范围。使用者可根据爆破片制造厂规定的制造范围选用，也可与制造厂协商解决。

当爆破片的制造范围选定后，即可计算出爆破片的设计爆破压力 p_b，并最后确定容器的设计压力 p。爆破片的设计爆破压力 p_b 为最低标定爆破压力 p_{bmin} 与制造范围负偏差之和；容器的设计压力 p 为设计爆破压力 p_b 与制造范围正偏差之和。

(5) 爆破片厚度计算　由于影响爆破片压力的因素很多，所以实际爆破压力与计算所得的爆破压力往往存在不同程度的差别。但爆破片的爆破压力主要取决于爆破元件的厚度。因此，要获得在准确的压力下爆破的爆破片，必须对爆破元件的厚度进行精确计算。然而爆破片的厚度计算迄今尚无一个理想的精确公式，一般是根据压力、温度和爆破片的材料等选用经验或半经验计算公式。

爆破片的厚度计算应根据不同的破坏形式选用相应的公式进行。对于常用的拉伸破坏型的爆破元件的厚度，可以在以下公式中任选一个进行计算。

① $p_b = 0 \sim 35\text{MPa}$，平板型或正拱形爆破片：

$$S = \frac{p_b D}{3.5\sigma_b^t}$$

式中　S——爆破片厚度，mm；

　　　p_b——爆破片设计决定的爆破压力，MPa；

　　　σ_b^t——材料在工作温度下的强度极限，MPa；

　　　D——爆破片夹紧直径，mm。

② $p_b = 0 \sim 35\text{MPa}$，平板型或正拱形爆破片：

$$S = \frac{p_b D}{k}$$

式中　p_b——室温下的爆破压力，对于操作温度下的爆破压力 p_b^t 还应乘上温度校正系数，校正系数按图 2-15 查取，MPa；

　　　D——爆破片夹紧直径，mm；

　　　S——爆破片厚度，mm。

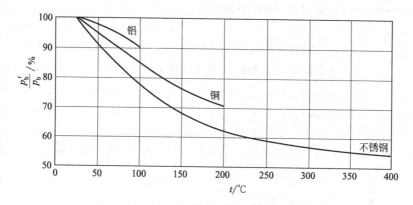

图 2-15 爆破片爆破压力、温度校正关系

k 根据爆破片的材料按下述范围选用：

对不锈钢（1Cr18Ni9Ti）：$k=2.45\times10^3\sim2.82\times10^3$（温度 $<400℃$）。

对铝：$k=2.4\times10^2\sim2.0\times10^2$（温度 $<100℃$）。

对铜：$k=7.7\times10^2\sim8.8\times10^2$（温度 $<200℃$）。

当材料经完全退火后，片厚较薄时，k 取上述范围中的较小值。

③ $p_b=0\sim35$MPa，常温下正拱形爆破片：

$$S=\frac{p_b D}{2C'\sigma_b}$$

式中 p_b——爆破片由设计决定的爆破压力，MPa；

　　S——爆破片厚度，mm；

　　D——爆破片夹紧直径，mm；

　　C'——材料实验系数，查表 2-8 得；

　　σ_b——材料强度极限实测值，查表 2-8 得，MPa。

④ 材料为 1Cr18Ni9Ti 的正拱形爆破片：

$$S=\frac{p_b^t D'}{k'C}$$

$$D' = D + 1.2R$$

式中　S——爆破片厚度，mm；

　　　p_b^t——设计温度下爆破片的爆破压力，MPa；

　　　D——爆破口径，mm；

　　　R——夹持周边的圆角半径，mm；

　　　C——随温度变化的材料强度系数，查图 2-16 得，强度极限

　　　　　下降系数；

　　　k'——爆破压力系数，根据材料常温抗拉强度由图 2-17 查得。

表 2-8　材料实验系数 C' 和强度极限实测值 σ_b

材料	宽度/mm	厚度/mm	σ_b(三个平均值)/MPa	C'
1Cr18Ni9Ti	14.02～14.06	0.368～0.373	720.1	1.767(1.819)
T₂	14.02～14.06	0.286～0.289	233.5	1.659(1.822)
铝 L₂	14.02～14.6	0.201～0.206	85.2	1.456(1.544)
镍 N₄	19.5	1.420～1.425	36.5	1.831(1.91)

注：括号内数字为考虑圆角影响时的 C' 值。

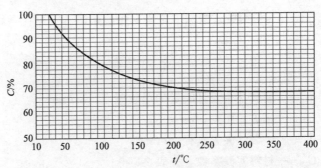

图 2-16　1Cr18Ni9Ti 爆破元件材料（固溶＋稳定化热处理）
随温度变化的材料强度系数

6. 爆破片的质量要求

爆破片的实际爆破压力，由于受材料的力学性能及其均匀性、

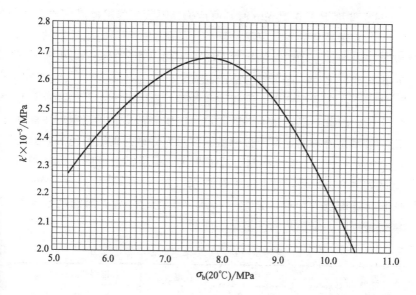

图 2-17　1Cr18Ni9Ti 爆破元件 20℃时的爆破压力系数
k' 与材料抗拉强度极限的关系

温度、热处理条件、加工精度等影响，与设计爆破压力往往有一定出入。但爆破片实际爆破压力与设计爆破压力之间误差的大小，在很大程度上取决于爆破元件的制造质量，因此，必须严格按照要求保证质量。

（1）爆破元件的材料和厚度要求　用以制造爆破元件的材料应尽量选用组织比较均匀的纯金属，同批爆破元件的材料必须严格保持相同的成分和相同的热处理条件，使其具有均匀稳定的力学性能和冶金性能，并具有良好的碾轧质量。材料可以是带材或薄板材，在投入制造前应该是软态。

爆破元件的制造厚度与爆破压力密切相关，为减小爆破片实际爆破压力与设计爆破压力之间的误差，必须测定坯片的实际厚度。制作爆破元件的材料及其每一坯片，在每一测点处的厚度偏差应符合以下要求：

① 厚度为 0.06～0.10mm 时，厚度偏差不大于±0.003mm；

② 厚度大于 0.10mm 时，厚度偏差不大于材料厚度的±3％。

（2）爆破片的制造范围　爆破片的制造范围是对设计爆破压力在制造时允许变动的范围，当在制造范围内确定的设计爆破压力满足规定允许之后，即可按合格产品发货。

由于在工业生产中，受压设备的操作压力并不都严格要求只有一个值，因此，制定出不同的制造范围供制造厂和用户双方协商确定，显然是合理的。对于拉伸型（拱形）爆破片的制造范围，分为标准制造范围、1/2 标准制造范围和 1/4 标准制造范围，标准制造范围如表 2-9 所示。对于压缩致破型（拱形）爆破片的制造范围，按设计爆破压力计算，分为 -10％、-5％ 和 0％。当选用不同的制造范围时，爆破片的价格是不同的。

表 2-9　拉伸型（拱形）爆破片的标准制造范围

设计爆破压力 /MPa	标准制造范围/MPa		设计爆破压力 /MPa	标准制造范围/MPa	
	正	负		正	负
0.07～0.11	0.021	0.014	0.72～1.05	0.085	0.042
0.12～0.18	0.028	0.014	1.06～1.40	0.112	0.063
0.19～0.28	0.035	0.021	1.41～2.50	0.160	0.085
0.29～0.45	0.042	0.028	2.51～3.50	0.210	0.105
0.46～0.71	0.063	0.035	≥3.51	6％	3％

（3）爆破片的产品质量　爆破片的产品质量包括外观质量和爆破性能两个方面。

① 外观质量　爆破片的外观质量应严格控制，具体要求为：

a. 爆破片的外观形状与尺寸应与设计图纸相符，加工表面应该光洁，组合式爆破片的各元件应当装配正确。

b. 爆破元件内表面均应无裂纹、锈蚀、微孔、气泡和夹渣纹，不应有影响性能的划痕及严重的"橘皮"状花纹等缺陷。

c. 托架的钻孔或开缝，其边缘均应无毛刺或易损爆破元件的缺陷。

d. 密封膜必须完好致密，厚度均匀。

② 爆破性能　为了保证爆破片使用时的可靠性，在同一生产

批次（即用同一材料，采用同一炉号热处理和同一制造工艺，加工出同一规格尺寸的爆破片）产品中，抽取一定数量的样品进行爆破试验，以检验实际爆破压力与设计爆破压力之间的误差。

爆破压力的试验数为同一生产批次爆破片的 5%，且不少于3片。

常温爆破试验时，爆破片每个试样的实际爆破压力与设计爆破压力之间的允许偏差应符合表 2-10 中的规定。

表 2-10　爆破片爆破压力的允许偏差

设计爆破压力/MPa	允许偏差/%　不大于
$0.1 \leqslant p_b \leqslant 0.4$	±8
$0.4 \leqslant p_b \leqslant 1.4$	±6
$1.4 \leqslant p_b \leqslant 35$	±4

设计温度下的爆破试验通常是在常温爆破试验后进行，其实际爆破压力应作为质量验收依据，而常温下的实际爆破压力则作为参考。设计温度是指爆破元件的设计爆破温度，即金属壁温度，若无法预测或推算，允许协商规定。

当爆破片的设计爆破温度低于 200℃ 时，在这一设计温度下的实际爆破压力与设计爆破压力之间的允许偏差可取表 2-10 规定值的两倍。

当爆破片的设计爆破温度低于 200℃，但又高于室温，或者低于 0℃ 时，实际爆破压力允许偏差协商规定。

爆破片实际爆破压力的算术平均值即为其标定爆破压力。在设计温度下的实际爆破压力的误差范围必须在相同温度下标定爆破压力的 ±5% 以内。

无论是在常温下还是在设计温度下进行爆破试验，只要有一个爆破片试样的实际爆破压力值不符合以上规定的允许偏差，该批次爆破片应取两倍数量的试样进行复试（以国内爆破片标准直接判为不合格）。若首次试验有两个试样不符合规定或者复试仍有一个试样不符合规定，则该批爆破片应判定为不合格，不得出厂使用。

7. 爆破片的使用

（1）爆破片的装设

① 对于有腐蚀性介质和盛装易燃或有毒、剧毒介质的容器，当设置爆破片时，设计人员必须在图样上注明爆破片的材料和设计时所确定的爆破压力，以免错用爆破片而发生事故。

② 爆破片与容器的连接管线应为支管，阻力要小。管线通道横截面积不得小于爆破元件的泄放面积。

③ 爆破片的泄放管线应尽可能垂直安装，该管线应避开邻近的设备和一般为操作人员所能接近的空间。若流体为易燃、有毒或剧毒介质时，则应引至安全地点做妥善处理。

④ 爆破片排放管线的内径不小于爆破元件的泄放口径。若爆破片破裂，有碎片产生时，则应装设拦网或采用其他不使碎片堵塞管道的措施。

⑤ 爆破片应与容器液面以上的气相空间相连。对普通正拱形爆破片，允许安装在液位以下。

⑥ 爆破片的安装要可靠，夹紧装置和密封垫圈表面不得有油污，夹紧螺栓要上紧，以防爆破元件受压后滑脱。

⑦ 运行中注意观察，经常检查法兰连接处有无泄漏，一旦发现应及时做出处理。

⑧ 由于特殊要求，在爆破片与容器之间必须装设切断闸时，则要检查阀的开闭状态，并应有具体的措施确保使阀门处于全开位置。

⑨ 爆破片或安全阀装置的结构、所在部位及安装都应便于检查和修理，且不应失灵。

（2）爆破片和安全阀装置组合使用　爆破片和安全阀装置组合使用是一种组合型的安全泄放装置。当安全阀和爆破片装置并联组合时，对受压设备起到双重保护的作用，能进一步提高安全性。当串联组合时，它兼有阀型和破裂型的优点，既可防止安全阀的泄漏，又可避免爆破片爆破后使容器不能继续运行。

① 爆破片和安全阀装置并联组合　并联组合时，爆破片破裂

后的泄放面积仍应满足前述要求。并且，爆破片的额定爆破压力不得超过容器的最大允许压力，而安全阀的开启压力则取略低于爆破片的额定爆破压力。

②爆破片和安全阀装置串联组合　常见的串联组合型安全泄放装置为弹簧式安全阀和爆破片的组合使用，爆破片可设在安全阀入口侧，也可设在出口侧，见图 2-18。

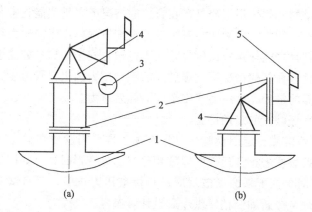

图 2-18　串联组合型安全泄放装置结构示意图

1—容器；2—爆破片；3—压力表；4—安全阀；5—排空或接至回收系统

a. 爆破片设在安全阀入口侧 [图 2-18(a)]。为了防止容器内介质腐蚀或堵塞安全阀，利用爆破片将安全阀与介质隔开，并且当容器内部压力不超过最高工作压力的 10％～15％时，爆破片爆破，安全阀自行开启或关闭，容器可继续运行。这种结构要求安全阀和爆破片具有与单独使用时同样的性能，即爆破片的破裂对安全阀的正常动作没有任何妨碍，所以在任何情况下爆破片破坏后的开口面积必须大于（至少等于）安全阀进口面积的 86％，并且在中间要装设压力表、旋塞、放空管或报警装置，以便能及时发现爆破片的泄漏或破裂。

b. 爆破片设在安全阀出口侧 [图 2-18(b)]。对于介质是比较洁净的昂贵气体或剧毒气体，可采用在安全阀出口侧装设爆破片的结构，既可利用爆破片来防止安全阀的泄漏，又可使爆破片免受载荷交变作用而产生疲劳失效。为使安全阀在容器超压时能及时开启排气，在安全阀和爆破片之间必须设有引出导线，将爆破片出现意外，由安全阀泄漏出的气体及时、安全地排出或回收。

对安全阀和爆破片都应保证有足够的泄放能力，爆破片破坏后的开口，其流量也不得小于相连的安全阀的泄漏流量。爆破片以外的管道，不被爆破后的碎片堵塞。

安全阀必须采用即使是存在背压的情况下，仍然能正常开启压力下动作的结构。爆破片在对应设计温度下的额定爆破压力和安全阀与爆破片之间连接管道压力之和不得超过安全阀出口处的设计压力。并且，在任何情况下，爆破片的额定压力加出口管道压力不得超过容器的最大允许压力或安全阀的开启压力。

（3）爆破片的定期检验

① 爆破片要定期检验，每年至少一次。当发现容器超压时爆破片未破裂或者正常运行中爆破片已有明显变形时，应立即更换。

② 对更换下来的爆破片应进行爆破压力试验，并将试验数据进行整理，分析和归档以供今后设计时参考。

③ 为了减小误差，爆破元件的爆破压力试验或复验应尽可能在与使用情况相同条件下进行，包括试验温度、试验用介质以及爆破元件的夹紧装置等，试验用的压力表精度应不低于 1 级，有关结果应填写记录。当使用弹簧管压力表时，表盘直径不小于 150mm，被测爆破压力应在表盘量程的 1/3～2/3 范围内。

对于压缩性爆破片，试验用的介质必须是气体。爆破片的试验方法按有关标准进行。

四、压力表

压力表是指以弹性元件为敏感元件，测量并指示高于环境压力的仪表。其应用极为普遍，几乎遍及所有的工业流程和科研领域，在热力管网、油气传输、供水供气系统、车辆维修保养等领域随处可见。尤其在工业过程控制与技术测量过程中，由于机械式压力表的弹性敏感元件具有很高的机械强度以及具有生产方便等特性，使得机械式压力表得到越来越广泛的应用。

1. 主要构造

最典型的压力容器用压力表是单弹簧压力表和波纹膜式压力表，见图 2-19 和图 2-20。

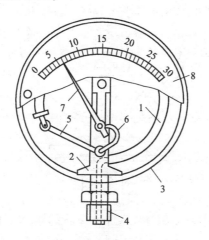

图 2-19 单弹簧压力表
1—弹簧软管；2—支座；3—表壳；
4—接头；5—拉杆；6—弯曲杠杆；
7—指针；8—刻度盘

（1）溢流孔 若发生波登管爆裂的紧急情况的时候，内部压力将通过溢流孔向外界释放，防止玻璃面板的爆裂。注意：为了保持溢流孔的正常性能，需在表后面留出至少 10mm 的空间，不能改造或塞住溢流孔。

（2）指针 除标准指针外，其他指针也是可选的。

（3）玻璃面板 除标准玻璃外，其他特殊材质玻璃，如强化玻璃、无反射玻璃也是可选的。

（4）性能分类 普通型（标准）、蒸汽用普通型（M）、耐热型（H）、耐振型（V）、蒸汽用耐振型（MV）、耐热耐振型（HV）。

（5）处理方式 禁油或禁水处理，在制造时除去残留在接液部的水或油。

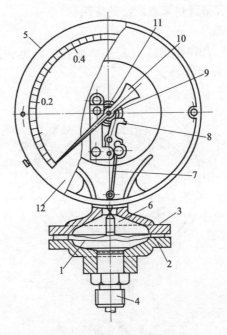

图 2-20　波纹膜式压力表

1—平面薄膜；2—下法兰；3—上法兰；4—接头；

5—表壳；6—销柱；7—拉杆；8—扇形齿轮；

9—小齿轮；10—指针；11—游丝；12—刻度盘

（6）外装指定　壳体颜色除标准色以外，需特别注明。

（7）节流阀（可选）　为了减小脉动压力，节流阀安装在压力表入口处。

2. 主要分类

压力表种类很多，它不仅有一般（普通）指针指示型，还有数字型；不仅有常规型，还有特种型；不仅有接点型，还有远传型；不仅有耐振型，还有抗震型；不仅有隔膜型，还有耐腐蚀型等。压力表系列完整，不仅有常规系列，还有数字系列；不仅有普通介质应用系列，还有特殊介质应用系列；不仅有开关信号系列，还有远传信号系列等。它们都源于实践需求，先后构成了完整的系列。

压力表的规格型号齐全，结构形式完善。从公称直径看，有 $\phi40mm$、$\phi50mm$、$\phi60mm$、$\phi75mm$、$\phi100mm$、$\phi150mm$、$\phi200mm$、$\phi250mm$ 等。从安装结构形式看，有直接安装式、嵌装式和凸装式，嵌装式又分为径向嵌装式和轴向嵌装式。凸装式也有径向凸装式和轴向凸装式之分。直接安装式又分为径向直接安装式和轴向直接安装式。其中，径向直接安装式是基本的安装形式，一般在未指明安装结构形式时，均指径向直接安装式。轴向直接安装式考虑其自身支撑的稳定性，一般只在公称直径小于 $150mm$ 的压力表上才选用。所谓嵌装式和凸装式压力表，就是我们常说的带边（安装环）压力表。轴向嵌装式是指轴向前带边，径向嵌装式是指径向前带边。径向凸装式（也叫墙装式）是指径向后带边压力表。

从量域和量程区段看，在正压量域分为微压量程区段、低压量程区段、中压量程区段、高压量程区段、超高压量程区段，每个量程区段内又细分出若干种测量范围（仪表量程）。在负压量域（真空）又有 3 种负压（真空表），正压与负压量程的压力表是一种跨量域的压力表，其规范名称为压力真空表，又称为真空压力表。它不但可测量正压压力，也可测量负压压力。

压力表的精度等级分类十分明晰。常见精度等级有 4 级、2.5 级、1.6 级、1 级、0.4 级、0.25 级、0.16 级、0.1 级等。精度等级一般应在其刻度盘上进行标识，其标识也有相应规定，如"①"表示其精度等级是 1 级。对于一些精度等级很低的压力表（如 4 级以下的），还有一些并不需要测量准确的压力值，只需要指示出压力范围的（如灭火器上的压力表），则可以不标识精度等级。

压力表按其测量精度可分为精密压力表、一般压力表。精密压力表的测量精度等级分别为 0.1 级、0.16 级、0.25 级、0.4 级、0.05 级，一般压力表的测量精度等级分别为 1.0 级、1.6 级、2.5 级、4.0 级。

压力表按其指示压力的基准不同，分为一般压力表、绝对压力（绝压）表、不锈钢压力表、差压表。一般压力表以大气压力为基准，绝压表以绝对压力零位为基准，差压表测量两个被测压力之差。

压力表按其测量范围分为真空表、压力真空表、微压表、低压表、中压表及高压表。真空表用于测量小于大气压力的压力值，压力真空表用于测量小于和大于大气压力的压力值，微压表用于测量小于 60000Pa 的压力值，低压表用于测量 0～6MPa 的压力值，中压表用于测量 10～60MPa 的压力值。

压力表按其显示方式分为指针压力表、数字压力表。

压力表按其使用功能分为就地指示型压力表和带电信号控制型压力表。一般压力表、真空压力表、耐振压力表、不锈钢压力表等都属于就地指示型压力表，除指示压力外无其他控制功能。

带电信号控制型压力表输出信号主要有：

a. 开关信号（如电接点压力表）。

b. 电阻信号（如电阻远传压力表）。

c. 电流信号（如电感压力变送器、远传压力表、压力变送器等）。

压力表按测量介质特性不同可分为：

① 一般型压力表　一般型压力表用于测量无爆炸、不结晶、不凝固及对铜和铜合金无腐蚀作用的液体、气体或蒸气的压力。

② 耐腐蚀型压力表　耐腐蚀型压力表用于测量腐蚀性介质的压力，常用的有不锈钢压力表、隔膜型压力表等。

③ 防爆型压力表　防爆型压力表用在环境有爆炸性混合物的危险场所，如防爆电接点压力表、防爆变送器等。

④ 专用型压力表　按照压力表的用途可分为普通压力表、氨压力表、氧气压力表、电接点压力表、远传压力表、耐振压力表、带检验指针压力表、双针双管或双针单管压力表、数显压力表、数字精密压力表等。

3. 选用原则

压力表的选用应根据使用工艺生产要求，针对具体情况做具体分析。在满足工艺要求的前提下，应本着节约的原则全面综合地考虑，一般应考虑以下几个方面的问题。

（1）类型的选用　仪表类型的选用必须满足工艺生产的要求。

例如是否需要远传、自动记录或报警，被测介质的性质（如被测介质的温度高低、黏度大小、腐蚀性、脏污程度、是否易燃易爆等）是否对仪表提出特殊要求，现场环境条件（如湿度、温度、磁场强度、振动等）对仪表类型的要求等。因此，根据工艺要求正确地选用仪表类型是保证仪表正常工作及安全生产的重要前提。

例如普通压力表的弹簧管多采用铜合金（高压的采用合金钢），而氨压力表弹簧管的材料却都采用碳钢（或者不锈钢），不允许采用铜合金。因为氨与铜产生化学反应会爆炸，所以普通压力表不能用于氨压力测量。

氧气压力表与普通压力表在结构和材质方面可以完全一样，只是氧气压力表必须禁油，因为油进入氧气系统易引起爆炸。所用氧气压力表在校验时，不能像普通压力表那样采用油作为工作介质，并且氧气压力表在存放中要严格避免接触油污。如果必须采用现有的带油污的压力表测量氧气压力时，使用前必须用四氯化碳反复清洗，认真检查直到无油污时为止。

（2）测量范围的确定　为了保证弹性元件能在弹性变形的安全范围内可靠地工作，在选择压力表量程时，必须根据被测压力的大小和压力变化的快慢，留有足够的余地。因此，压力表的上限值应该高于工艺生产中可能的最大压力值。根据"化工自控设计技术规定"，在测量稳定压力时，最大工作压力不应超过测量上限值的 $2/3$；测量脉动压力时，最大工作压力不应超过测量上限值的 $1/2$；测量高压时，最大工作压力不应超过测量上限值的 $3/5$。一般被测压力的最小值应不低于仪表测量上限值的 $1/3$，从而保证仪表的输出量与输入量之间的线性关系。

（3）精度等级的选取　根据工艺生产允许的最大绝对误差和选定的仪表量程，计算出仪表允许的最大引用误差，在国家规定的精度等级中确定仪表的精度。一般来说，所选用的仪表越精密，则测量结果越精确、可靠。但不能认为选用的仪表精度越高越好，因为越精密的仪表一般价格越贵，操作和维护越耗时。

（4）选用举例

① 用于测量黏稠或酸碱等特殊介质时，应选用隔膜型压力表、不锈钢弹簧管、不锈钢机芯、不锈钢外壳或胶木外壳。

按其所测介质不同，在压力表上应有规定的色标，并注明特殊介质的名称，氧气压力表必须标以红色"禁油"字样，氢气压力表用深绿色下横线色标，氨气压力表用黄色下横线色标等。

② 靠墙安装时，应选用有边缘的压力表；直接安装于管道上时，应选用无边缘的压力表；用于直接测量气体时，应选用表壳后面有安全孔的压力表。出于测压位置和便于观察管理的考虑，应选择适当的表壳直径。

4. 使用注意

(1) 仪表必须垂直，安装时应使用 17mm 扳手旋紧，不应强扭表壳，运输时应避免碰撞。

(2) 仪表使用的周围环境温度为 $-25 \sim 55℃$。

(3) 使用工作环境振动频率 $<25 Hz$，振幅不大于 1mm。

(4) 使用中因环境温度过高，仪表指示值不回零位或出现示值超差时，可将表壳上部密封橡胶塞剪开，使仪表内腔与大气相通即可。

(5) 仪表使用范围应在上限值的 $1/3 \sim 2/3$ 之间。

(6) 在测量腐蚀性介质、可能结晶的介质、黏度较大的介质时应加隔离装置。

(7) 仪表应经常进行检定（至少每三个月一次），如发现故障应及时修理。

(8) 仪表自出厂之日起，半年内若在正常保管使用条件下发现因制造质量不良失效或损坏时，由生产厂家负责修理或调换。

(9) 需用于测量腐蚀性介质的仪表，在订货时应注明要求条件。

五、温度计

温度计是测温仪器的总称，可以准确地判断和测量温度。可利用固体、液体、气体受温度的影响而热胀冷缩等的现象作为温度计设计的依据。有煤油温度计、酒精温度计、水银温度计、气体温度计、电阻温度计、温差电偶温度计、辐射温度计、光测温度计、双金属温度计等多种温度计供选择，但要注意正确的使用方法，了解温度计的相关特点，便于更好地使用。

1. 各种温度计的工作原理

根据使用目的的不同，已设计制造出多种温度计。其设计的依据有：利用固体、液体、气体受温度的影响而热胀冷缩的现象；在定容条件下，气体（或蒸气）的压力因温度不同而变化；热电效应的作用；电阻随温度的变化而变化；热辐射的影响等。

一般来说，一切物质的任一物理属性，只要它随温度的改变而发生单调的、显著的变化，都可用来标志温度而制成温度计。

（1）气体温度计多用氢气或氦气作测温物质，因为氢气和氦气的液化温度很低，接近于绝对零度，故它的测温范围很广。这种温度计精确度很高，多用于精密测量。

（2）电阻温度计分为金属电阻温度计和半导体电阻温度计，都是根据电阻值随温度的变化这一特性制成的。金属电阻温度计主要用铂、金、铜、镍等纯金属及铑铁、磷青铜合金；半导体电阻温度计主要用碳、锗等。电阻温度计的使用方便可靠，已广泛应用。它的测量范围为 $-260\sim600℃$ 左右。

（3）温差电偶温度计是一种工业上广泛应用的测温仪器，利用温差电现象制成。两种不同的金属丝焊接在一起形成工作端，另两端与测量仪表连接，形成电路。把工作端放在被测温度处，工作端与自由端温度不同时，就会出现电动势，因而有电流通过回路。通过电学量的测量，利用已知处的温度，就可以测定另一处的温度。它适用于温差较大的两种物质之间，多用于高温和低温测量。有的温差电偶能测量高达 $3000℃$ 的高温，有的能测接近绝对零度的低温。

（4）高温温度计是指专门用来测量 $500℃$ 以上温度的温度计，有光测温度计、比色温度计和辐射温度计。高温温度计的原理和构造都比较复杂，这里不再讨论。其测量范围为 $500\sim3000℃$ 以上，不适用于测量低温。

（5）指针式温度计是形如仪表盘的温度计，也称寒暑表，用来测室温，是利用金属的热胀冷缩原理制成的。它是以双金属片作为感温元件，用来控制指针。双金属片通常是用铜片和铁片铆在一起，且铜片在左，铁片在右。由于铜的热胀冷缩现象要比铁明显得多，因此当温度升高时，铜片牵拉铁片向右弯曲，指针在双金属片的带动下就向右偏转（指向高温）。反之，温度变低，指针在双金属片的带动下就向左偏转（指向低温）。

（6）玻璃管温度计是利用热胀冷缩的原理来实现温度的测量的。由于测温介质的膨胀系数与沸点及凝固点的不同，所以我们常见的玻璃管温度计主要有：煤油温度计、水银温度计、红钢笔水温度计。其优点是结构简单，使用方便，测量精度相对较高，价格低廉。其缺点是测量上下限和精度受玻璃质量与测温介质的性质限制，且不能远传，易碎。

（7）压力式温度计是利用封闭容器内的液体、气体或饱和蒸气受热后产生体积膨胀或压力变化作为测定信号。它是由温包、毛细管和指示表三部分基本结构组成。压力式温度计的优点是：结构简单，机械强度高，不怕震动，价格低廉，不需要外部能源。其缺点是：测温范围有限制，一般在−80～400℃，热损失大，响应时间较长。

（8）水银温度计是膨胀式温度计的一种，水银的凝固点是−38.87℃，沸点是356.7℃，用来测量−39～357℃的温度，它只能作为就地监督的仪表。用它来测量温度，不仅比较简单直观，而且还可以避免外部远传温度计的误差。

2. 仪器种类

随着科学技术的发展和现代工业技术的需要，测温技术也不断地改进和提高。由于测温范围越来越广，根据不同的要求，又制造出不同需要的测温仪器，下面介绍几种。

（1）转动式温度计　转动式温度计是由一个卷曲的双金属片制成。双金属片一端固定，另一端连接着指针。两金属片因膨胀程度不同，在不同温度下，双金属片卷曲程度不同，指针则随之指在刻度盘上的不同位置，从刻度盘上的读数，便可知道温度。

（2）半导体温度计　半导体的电阻变化和金属不同，温度升高时，其电阻反而减小，并且变化幅度较大。因此，轻微的温度变化也可使电阻产生明显的变化，所制成的温度计有较高的精密度，常被称为感温器。

（3）热电偶温度计　热电偶温度计是由两条不同金属连接着一个灵敏的电压计所组成。金属接点在不同的温度下，会在金属的两端产生不同的电位差。电位差非常微小，故需灵敏的电压计才能测得。由电压计的读数，便可知道温度。

（4）光测温度计　物体温度若高到会发出大量的可见光时，便可利用测量其热辐射的多少以确定其温度，此种温度计即为光测温度计。此种温度计主要是由装有红色滤光镜的望远镜及一组带有灯泡、电流计与可变电阻的电路制成。使用前，先建立灯丝不同亮度所对应温度与电流计上的读数的关系。使用时，将望远镜对准待测物，调整电阻，使灯泡的亮度与待测物相同，这时从电流计上便可读出待测物的温度。

（5）液晶温度计　用不同配方制成的液晶，其相变温度不同，当其相变时，其光学性质也会改变，使液晶看起来变了色。如果将不同相变温度的液晶涂在一张纸上，则由液晶颜色的变化，便可知道温度。此温度计的优点是读数容易，而缺点是精度不足，常用于观赏鱼缸中，以指示水温。

（6）数字温度计　数字温度计是利用温度传感器将温度转换成数字信号，然后通过显示器（如液晶、数码管、LED 矩阵显示器等）显示以数字形式的温度，能快速准确地测量人体温度的最高值。与传统的水银温度计相比，具有读数方便，测量时间短，测量精度高，能记忆并有提示音等优点，尤其是数字温度计不含水银，对人体及周围环境无害，特别适合于医院、家庭使用。数字温度计见图 2-21。

（7）水银温度计　使用水银温度计时，若不慎将其中水银洒出，则洒落出来的水银必须立即用滴管、毛刷收集起来，并用水覆盖（最好用甘油），然后在污染处撒上硫黄粉，无液体后（一般约一周时间）方可清扫。此温度计的读数没有估读值，或者说读数的最后一位是准确值，不需再估读分度值后面的数字。水银温度计见图 2-22。

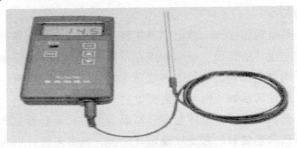

图 2-21　数字温度计

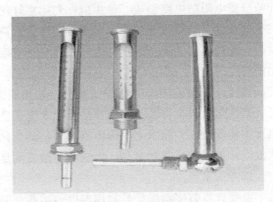

图 2-22　水银温度计

水银温度计的使用：使用水银温度计时，首先要明确它的量程（测量范围），然后明确它的最小分度值，也就是每一小格所表示的值，选择适当的温度计测量被测物体的温度。测量时，温度计的液泡应与被测物体充分接触，且液泡不能碰到被测物体的侧壁或底部。读数时，温度计不要离开被测物体，且视线应与温度计内的液面相平。

① 使用前应进行校验（可以采用标准液温度比较法进行校验，或采用精度更高级的温度计校验）。

② 不允许使用温度超过该种温度计的最大刻度值。

③ 温度计有热惯性，应在温度计达到稳定状态后读数。读数时，应在温度凸形弯月面的最高切线方向读取，目光直视。

④ 切不可将温度计用作搅拌棒。

⑤ 水银温度计应与被测工质流动方向相垂直或呈倾斜状。

⑥ 水银温度计常常发生水银柱断裂的情况，消除方法有：

a. 冷修法。将温度计的测温包插入干冰和乙醇混合液中（温度不得超过−38℃）进行冷缩，使毛细管中的水银全部收缩到测温包中为止。

b. 热修法。将温度计缓慢插入温度略高于测量上限的恒温槽中，使水银断裂部分与整个水银柱连接起来，再缓慢取出温度计，在空气中逐渐冷至室温。

3. 日常使用要求

（1）双金属温度计

① 为了使热电阻的测量端与被测介质之间有充分的热交换，应合理选择测点位置，尽量避免在阀门、弯头及管道和设备的死角附近装设热电阻。

a. 带有保护套管的热电阻有传热和散热损失，为了减小测量误差，热电偶和热电阻应该有足够的插入深度。

b. 对于测量管道中心流体温度的热电阻，一般都应将其测量端插入管道中心处（垂直安装或倾斜安装）。如被测流体的管道直径是200mm，那热电阻插入深度应选择100mm。

c. 对于高温高压和高速流体的温度测量（如主蒸汽温度），为了减小保护套对流体的阻力和防止保护套在流体作用下发生断裂，可采取插式或热套式热电阻。浅插式的热电阻保护套管，其插入主蒸汽管道的深度应不小于75mm；热套式的热电阻标准插入深度为100mm。

d. 假如需要测量的是烟道内烟气的温度，若烟道直径为4m，热电阻插入深度为 1m 即可。

e. 当测量元件插入深度超过 1m 时，应尽可能垂直安装，或加装支撑架和保护套管。

② 使用维护

a. WSS 系列双金属温度计在保管、安装、使用及运输过程中，应尽量避免碰撞保护管，切勿使保护管弯曲、变形。安装时，严禁扭动仪表外壳。

b. 仪表应在 −30～80℃ 的环境温度内正常工作。

c. 仪表经常工作的温度最好能在刻度范围的 1/2～3/4 处。

d. 双金属温度计保护管浸入被测介质中的长度必须大于感温元件的长度，一般浸入长度大于 100mm，0～50℃ 量程的浸入长度大于 150mm，以保证测量的准确性。

e. 各类双金属温度计不宜用于测量敞开容器内介质的温度，带电接点温度计不宜在工作振动较大的场合的控制回路中使用，以免影响接点的可靠性。

f. 双金属温度计在保管、使用、安装及运输中，应避免碰撞保护管，切勿使保护管弯曲变形及将温度计当扳手使用。

g. 温度计在正常使用的情况下应予以定期校验，一般以每隔六个月为宜。

（2）实验室温度计

① 在使用温度计测量液体的温度时，正确的方法如下：

a. 手拿着温度计的上端，温度计的玻璃泡全部浸入被测的液体中，不要碰到容器底部或容器壁。

b. 温度计玻璃泡浸入被测液体后要稍等一会，待温度计的示数稳定后再读数。

c. 读数时，温度计的玻璃泡要继续留在液体中，视线要与温度计中液柱的上表面相平（用手拿温度计的一端，可以避免手的温度影响温度计内液体的胀缩。如果温度计的玻璃泡碰到容器的底部或壁，测定的便不是液体的温度；如果不等温度计内液柱停止升降就读数，或读数时拿出液面，所读的都不是液体的真正温度）。

② 临时测定室内外的温度

a. 用手拿温度计的上端，待温度计内的液柱停止升降时，再读数。

b. 读数时，视线也要与温度计的液柱顶端相平。

c. 如果长期测定室外的温度，要把温度计挂在背阴通风的地方。

（3）通用要求

① 防止强烈撞击或震动。

② 若水银柱内有气泡或分散断裂，可以用下列方法修复：

a. 用手握住温度计的顶部稍抬高，然后轻轻甩下，水银柱则会重新聚合。

b. 将温度计伸于 50～60℃左右的热水中，经一段时间后，气泡会因加热后上升而消失。

③ 应选择合适的测温点，使测温点的情况有代表性，并尽可能减少外界因素（如辐射、散热等）的影响。其安装要便于操作人员观察，并配备防爆照明。

④ 温度计的温包应尽量深入压力容器或紧贴于容器器壁上，同时露出容器的部分应尽可能短些，确保能测准容器内介质的温度。用于测量蒸汽和物料为液体的温度时，温包的插入深度不应小于 150mm，用于测量空气或液化气体的温度时，插入深度不应小于 250mm。

⑤ 对于压力容器内介质的温度变化剧烈的情况，进行温度测量时应考虑到滞后效应，即温度计的读数来不及反映容器内温度变化的真实情况。为此，除选择合适的温度计形式外，还应注意安装的要求。如用导热性强的材料做温度计保护套管，在水银温度计套管中注油，在电阻式温度计套管中充填金属屑等，以减小传热的阻力。

⑥ 温度计应安装在便于工作、不受碰撞、较少振动的地方。安装内标式玻璃温度计时，应有金属保护套，保护套的连接要求端正。对于充液体的压力式温度计，安装时其温包与指示部位应在同

一水平面上，以减小由于液体静压力引起的误差。

⑦ 新安装的温度计应经国家计量部门鉴定合格。使用中的温度计应定期进行校验，误差应在允许的范围内。在测量温度时，不宜突然将其置于高温介质中。

六、液面计

液面计是指用以指示和观察容器内介质液位变化的装置，又称为液位计，按工作原理分为直接用透光元件指示液面变化的液面计（如玻璃管液面计或玻璃板液面计），以及借助机械、磁性、压差等间接反映液面变化的液面计（如浮子液面计、磁性浮标液面计和自动液面计等）。压力容器使用的液面计属安全附件，应定期检查。

1. 液面计形式

液面计有玻璃板液面计、玻璃管液面计、浮子式液面计等类型，尤其以玻璃管液面计最为常用。液面计结构有多种形式，其中部分已经标准化，最常用的是玻璃管液面计、玻璃板液面计等。以下介绍常见的几种液面计以及其特点。

（1）玻璃板液面计　玻璃板液面计采用"透光式""反射式""视镜式"三种类型。经改进，液面计进出口两端可以不再加装其他阀门，即可不停炉拆下中间指示器进行清洗、维修和更换玻璃板，既简化了安装，又节省了费用，给生产和维修带来极大方便。根据用户需要，可在液面计下部增设排污阀，以便能及时冲洗和排污。旋塞玻璃管液面计见图 2-23。

工作原理和结构特点：根据连通器原理，将容器内介质液位引至外部玻璃板液面计；透过透明玻璃板读得容器内液位的实际高度。

该液面计也可制成无光源双色显示，就是利用自然光源折、反射特性，经滤色玻璃，形成气红液黑显示。

阀杆密封填料采用柔性石墨压环，该填料密封性能好，耐高温、耐腐蚀。在仪表上、下阀内装有钢球，当玻璃板意外损坏时，钢球在容器内介质的压力作用下，自动关闭阀流通道，防止介质大量外溢。

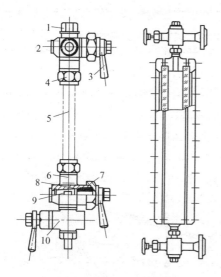

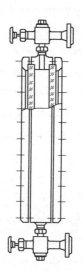

图 2-23　旋塞玻璃管液面计　　　　图 2-24　双面玻璃液位计

1—玻璃管盖；2—上阀体；3—手柄；

4—玻璃螺母；5—玻璃管；6—下阀体；

7—封口螺母；8—填料；9—塞子；

10—防水阀

（2）玻璃管液面计　玻璃管液面计主要用来指示各种容器中介质液位和高度。仪表的上、下阀上均装有外螺纹 G3/4″（或 M27×1.5）接头或法兰，与焊接在容器上相对应的地方连接，和容器构成连通器，透过玻璃管就可以直接读得容器内介质液位高度。两端阀内装有钢球，当玻璃管因故损坏时，钢球在容器内介质的压力作用下，自动关闭流液通道，阻止介质继续外流。偏心针形阀可在不停炉的情况下，进行清洗、维修和更换玻璃管，安装简便，费用节约，极大地方便了生产和维修。仪表的下端装有螺塞或放液阀，可供取样或检修时放出玻璃管中的剩余液体及清洗内部。双面玻璃液位计见图 2-24。

（3）浮子式液面计　浮子式液面计安装于桶槽外侧延伸管上，桶槽内部的液位能由翻板指示器清楚得知。旁路管外侧亦可加装磁性开关,作为电气接点信号输出,或装置液位传送器做远距离液位信号传送及液位控制。浮球磁力式液面计见图2-25。

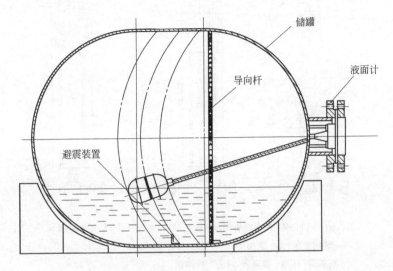

图 2-25 浮球磁力式液面计

由于具有磁性耦合隔离器密闭结构,尤其适用于易燃、易爆、腐蚀、有毒液位的检测,从而使原复杂环境的液位检测手段变得简单、可靠、安全。液位计具有就地显示的直读式特性,不需多组液位计组合,有着单体进行全量程测量,设备少开孔,显示清晰,标志醒目,读数直观等优点。当液位计直接配带显示仪时,可省去该系统信号检测的中间变送,从而提高其传输精度。

(4)旋转管式液面计 旋转管式液面计(见图2-26)主要由旋转管、刻度盘、指针、阀芯等组成,一般用于液化石油气汽车槽车和活动罐上。

(5)滑管式液面计 滑管式液面计如图2-27所示,主要由套管、阀门和护罩等组成,一般用于液化石油气汽车槽车、火车槽车和地下储罐。测量液位时,将带刻度的滑管拔出,当有液态液化石

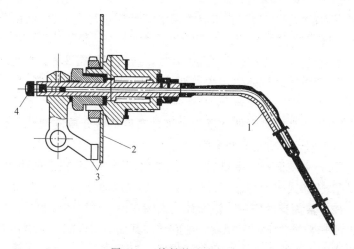

图 2-26　旋转管式液面计

1—旋转管；2—刻度盘；3—指针；4—阀芯

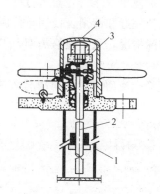

图 2-27　滑管式液面计

1—套管；2—带刻度的滑管；3—阀门；4—护罩

油气流出时，即知道液位高度。

2. 对液面计的安全要求

（1）各种情况下对液面计的选用

① 应根据压力容器的介质、最高工作压力和温度正确选用。

② 在安装使用前，低、中压容器用液面计应进行 1.5 倍液面公称压力的液压试验；高压容器用液面计应进行 1.25 倍液面公称压力的液压试验。

③ 盛装 0℃ 以下介质的压力容器，应选用防霜液面计。

④ 寒冷地区室外使用的液面计，应选用夹套保温型结构的液面计。

⑤ 用于易燃、毒性程度为极度、高度危害介质的液化气体压力容器上时，应有防止泄漏保护装置。

⑥ 要求液面指示平稳的，不应采用浮子（标）式液面计。

⑦ 移动式压力容器不得使用玻璃板式液面计。

（2）液面计的安装 液面计应安装在便于观察的位置，如果液面计的安装位置不便于观察，则应增加其他辅助设施。大型压力容器还应有集中控制的设施和报警装置。液面计上最高和最低安全液位，应作出明显的标志。

（3）液面计的维护使用 压力容器运行操作人员，应加强对液面计的维护管理，保持完好和清晰。使用单位应对液面计实行定期检修制度，可根据实际情况，规定检修周期，但不应超过压力容器内外部检修周期。

（4）液面计的更换 液面计有下列情况之一时，应停止使用并更换：

① 超过检修周期。

② 玻璃板（管）有裂纹、破碎。

③ 阀件固死。

④ 出现假液位。

⑤ 液面计指示模糊不清。

第三章

压力容器的破坏形式

压力容器常会由于结构设计不合理，制造质量差，使用维护不当或其他原因而发生破裂，并且破裂事故的形式多样，且很多是在规定的使用期限（寿命期）内发生。这些压力容器的破裂事故发生时严重危及人身安全，因此必须加以预防。要防止压力容器在运行过程中的破裂，就必须了解、掌握压力容器各种破坏形式的破裂机理、产生的原因、主要特征等，掌握压力容器发生破裂的规律，以便找出正确的防止破裂的措施和避免发生事故的办法。

压力容器的破坏因素：一是人为因素，生产过程操作上的失误导致压力容器所承受的载荷超出压力容器本身所能承受的应力范围而造成破坏，这种破坏的主要特点是突发性与不可预见性；二是非人为因素，压力容器外界环境中的温度与周围环境及介质相互作用导致破坏，这种破坏具有可预见性、潜伏性的特点。

首先，环境交替循环变化具有温度特征，特别是压力容器处于温差波动较大的情况下，金属会产生热应力，应力分布不再均匀，当热应力达到金属材料的屈服极限时，金属材料内部的晶格就会发生扭曲变形，甚至微小破裂导致裂纹的产生。即使内应力很小，长期的应力循环也会造成金属疲劳破坏。其次，环境介质的腐蚀作用对压力容器的破坏作用也是巨大的。压力容器的腐蚀主要分为化学腐蚀、生化腐蚀和电化学腐蚀三大类，以电化学腐蚀作用于焊缝区为主。发生电化学腐蚀的条件是腐蚀金属与其他物质存在电极电位差与电解质溶液，焊缝区金属是合金，而且焊缝区金属的晶体偏析比较严重，组成相复杂，所以各种金属或金属与非金属之间形成电

143

极，且电极电位差大，在与环境介质的相互作用下，产生微电流，活泼金属作为阳极被氧化而腐蚀。焊缝区是压力容器最为薄弱的区域之一，对于压力容器的此类破坏，应在压力容器的制造时保证金属选材的合理性，避免破坏条件的形成。本书主要列举了使用时焊接处的维护措施。

要明确结构会影响压力容器的应力状态。拉应力是金属产生破坏的重要原因之一，不合理的结构设计还可能造成残余应力，残余应力与热应力、负载应力、安装时的约束力叠加超过金属的强度时，使压力容器产生破坏。所以，在结构设计时，尽量采用光滑过渡和对称结构。同时，在制造结束后，应采取金属热处理、自然时效、人工时效措施，消除或减小残余应力。

设备的破坏往往发源于部分零件和结构的损坏和老化，特别对于工作环境较差，承受拉应力较大，材质不均匀的部分最容易受到破坏，所以应对压力容器做定期的无损检测。环焊缝是重点检测的最薄弱环节之一，检测的项目包括压力容器壁厚检测、裂纹检测等。一旦检测到存在缺陷，分析缺陷产生的原因，立即采用更换、修复或减缓破坏的措施。

对于环境温度造成的破坏，在一定情况下是完全可以避免的。压力容器的内外温差过大，会加大其承受载荷，所以可以加盖保温层，以减少环境温度的影响。

压力容器表面渗碳、渗氮处理，会提高金属的耐腐蚀性。这样处理主要是改变了金属成分的组成，使发生电化学腐蚀的电极电势降低，或在表面形成了金属化合物，防止氧化产生。

第一节　压力容器延性断裂

压力容器的延性断裂是容器壁的应力达到材料的强度极限，受到高压的作用，而导致容器壁出现裂纹。器壁上产生的应力达到器壁材料的强度极限，从而发生断裂破坏的一种形式。这种形式的破坏属韧性断裂，因此该形式的破坏也称为韧性破坏。

一、机理

压力容器的金属材料的延性断裂是微空洞形成和长大的过程。对常用来制造压力容器的碳钢及合金钢，这种断裂首先是在塑性变形严重的地方形成显微空洞（微孔）。夹杂物是显微空洞成核的位置。在拉力的作用下，大量的塑性变形使脆性夹杂物断裂，或使夹杂物与基体界面脱开而形成空洞。空洞一旦形成即开始长大和聚集，聚集的结果是形成裂纹，最后导致断裂。所以，金属材料，特别是塑性较好的碳钢及低合金钢在发生韧性断裂时，总是先发生大量的塑性变形。对很多设备来说，防止其发生断裂事故是有利的，因为在金属材料断裂以前，设备即会由于过量的塑性变形而失效。在压力容器中，由于器壁材料延性断裂而发生的容器事故并不多见。

压力容器发生延性断裂的机理：

（1）低压力高周疲劳　材料循环次数在 103 次以上，而相应的应力值在材料的弹性范围以内，可以承受周次的交变载荷作用而不会产生疲劳破坏。但外载荷超过这个弹性范围内的应力极限后，材料就容易发生断裂。

当容器内的压力升高致使容器上的平均应力达到材料的屈服强度时，由于器壁产生明显的塑性变形，容器的容积将迅速增大，往往在压力不再增高，甚至稍微下降的情况下，容器的容积变形仍在继续增加。这种现象与金属材料拉伸图中的屈服现象相同，也可以说是容器处于全面屈服状态。压力容器的这种全面屈服现象，在做水压试验时经常出现。当容器内的压力升至一定值时，尽管加压水泵仍在不断地运行，加水计量管也表明容器在继续进水，但指示器内压力的压力表指针却突然停止不动，有时还可能有轻微下降的现象。这是因为容器的整个截面上的材料已达到屈服状态。这时的压力被认为是容器的实际屈服压力。

容器压力在超过屈服压力以后，如果压力继续升高，容积增量将迅速增大，至器壁上的应力达到材料的断裂强度时，容器即发生延性断裂。

图 3-1 是一个直径 600mm，壁厚 10mm，两端具有椭圆形封头，用 20 号钢板焊接的容器，在进行水压爆破试验实际测得的压力-容积增量曲线图。容器的容积增量是根据容器试压进水量扣除水的压缩量计算得出的。从图中可以明显看出，压力较低时，容器增量与器内的压力成正比例关系。当然，容器器壁由开始塑性变形到明显塑性变形这一阶段的变化在这样的曲线图中一般是不容易反映出来的，但容器的屈服阶段还是比较明显的。

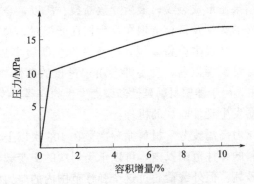

图 3-1　容器的压力-容积增量曲线

（2）高应力低周疲劳　材料承受的应力水平较高，交变应力幅度较大，但交变周期较短，当容器材料在较高应力水平下承受交变次数超过了 $10^2 \sim 10^5$ 次后，材料容易发生断裂。

二、特征

（1）容器破坏时没有明显的塑性变形　这是由于容器的疲劳破坏是在局部应力较高的部位，或在材料缺陷处开始产生微裂纹，然后在交变应力作用下微裂纹逐渐扩展为疲劳裂纹，最终突然断裂。在这个过程中器壁的总体应力水平较低，器壁整体截面上处于弹性范围内，所以疲劳断裂时容器不会有明显的变形。与脆性破裂相似，断裂后的压力容器直径没有明显变大，大部分器壁也无变薄。

（2）疲劳断裂与脆性破裂的断口形貌不同　疲劳断口存在两个明显的区域，一个是疲劳裂纹产生及扩展区，另一个是最终断裂区。大多数压力容器的变化周期较长，裂纹扩展较为缓慢，所以有时仍能见到裂纹扩展的弧形纹路。如果断口上的疲劳线比较清晰，还可以根据它找到疲劳裂纹的策源点。这个策源点和断口的其他地方的形貌不同，策源点往往产生在应力集中的地方，特别是容器的接管处。

（3）容器的疲劳断裂一般是疲劳裂纹穿透器壁而泄漏失效　不像韧性断裂时形成撕裂，也不像脆性破裂时产生碎片，延性断裂的容器因为材料具有较好的塑性和韧性，所以断裂方式一般不是碎裂，即不产生碎片，而只是裂开一个口。壁厚比较均匀的圆筒形容器，常常是在中部裂开一个形状为"X"的口。至于裂口的大小，则与容器爆破时所释放的能量有关。储装一般液体（如水）时，因液体膨胀能量较小，容器断裂的缝口也较窄，最大的开裂宽度一般也不会超过容器的半径。储装气体时，则因压缩气体的膨胀能量较大，裂口也较宽。特别是储装液化气体的容器，断裂以后由于器内压力瞬时下降，液化气体迅速蒸发，产生大量蒸气，使容器的裂口不断扩大。

（4）断口呈暗灰色纤维状　碳钢或低合金钢延性断裂时，由于显微空洞的形成、长大和聚集，所以最后成为锯齿形的纤维状断口。这种断裂形式多数属于穿晶断裂，即裂纹发展所取的途径是穿过晶粒的。因此，断口没有闪烁的金属光泽而呈暗灰色。由于这种断裂是先滑移而后断裂，所以它的断裂方式一般是切断，即断裂的宏观表面平行于最大切应力方向而与拉应力成 45°角。压力容器延性断裂时，它的断口往往也具有一些金属延性断裂的特征，即断口是暗灰色纤维状，没有金属光泽，断口不齐平，而与主应力方向成45°角。圆筒形容器纵向裂开时，其断裂面常与半径方向成一角度，即裂口是斜断的。

（5）疲劳断裂总是在经过多次的反复加压和泄压以后发生　因为压力容器开停车一次可视为一个循环周次，在运行过程中容器内介质压力的波动也是载荷，若交变载荷变化较大，开停车次数较多，容器就容易发生疲劳断裂。

三、原因

（1）内部因素　压力容器延性断裂伴随着容器显著的塑性变形，这种变形只有在其受力的整个截面上的材料都处于屈服状态时才能发生。因此，压力容器的延性断裂是由于壳壁上的薄膜应力超过材料的屈服点而产生的。根据压力容器的设计原理和制造技术要求，只要合理使用和严格管理，压力容器的延性断裂是完全可以避免的。然而，压力容器的延性断裂也时有发生。这种破坏事故通常有以下几种情况：

① 盛装液化气体的受压容器过量充装　在存放、运输或使用过程中，如果受压容器的温度上升（充满液化石油气的钢瓶受太阳暴晒），则液化气体的饱和蒸气压上升，特别是液体的体积膨胀，造成容器内的压力急剧上升，有可能导致超压爆破。据计算，充满液化石油气的钢瓶温度升高 $3 \sim 5$℃，由于液化气体膨胀所产生的压力就可以使钢瓶超压爆破。

② 受压容器在使用中超压　由于违反操作规程产生失误，或指示仪表、安全附件失灵等，致使压力超过容器许用压力而破裂。

③ 受压容器管理不善　长期不检验、不维修，由于腐蚀等原因致使壁厚严重减薄，结果在正常工作压力下受压容器即因壁厚不够而发生塑性变形，甚至发生破裂。

（2）外部因素　压力容器存在着反复交变载荷，这种交变载荷的形式不是对称循环型，而是变化幅度大的非对称循环载荷。例如：间歇式操作的容器，器内压力、温度波动较大；周围环境对压力容器造成的强迫振动；外界风、雨、雪、地震对容器造成的周期性外载荷等，都会导致疲劳断裂。

① 相对湿度的影响　空气中的相对湿度越高，金属表面水膜越厚，空气中的氧透过水膜到金属表面作用。相对湿度达到一定数

值时，腐蚀速度大幅上升，这个数值称为临界相对湿度，钢的临界相对湿度约为 70％。

② 温度的影响　环境温度与相对湿度关联，干燥的环境（如沙漠）下，气温即使再高，金属也不容易锈蚀。当相对湿度达到临界值时，温度的影响明显加剧，温度每升高 10℃，锈蚀速度提高两倍。因此，在湿热带或雨季，气温越高，锈蚀越严重。

③ 氧气的影响　没有水和氧气，金属就不会生锈，空气中 20％（体积分数）是氧气，它是无孔不入的。

④ 大气中其他物质的影响　大气中含有盐雾、二氧化硫、硫化氢和灰尘时，会加速腐蚀。因此，不同环境下腐蚀速度的大小差别是明显的，如城市高于农村，工业区高于生活区，沿海地区高于内陆地区，高粉尘地区高于低粉尘地区。

四、事故预防

要防止压力容器发生延性断裂事故，最根本的措施是保证任何情况下由内压作用在器壁上的应力低于材料的屈服强度，并留有适当的安全裕度。因此，必须做到以下几点。

（1）设计时，承压部件必须经过强度核算，使用前也应进行强度校核。

（2）容器应按规定装设安全装置，并经常保持其处于灵敏可靠状态。

（3）定期检验，及时发现因腐蚀而导致壁厚减薄的在用设备。

（4）加强维护保养，经常保持防腐措施处于良好状态。

（5）严格遵守操作规程，注意运行中的监督调节，防止超压运行。运行中要注意操作的正确性，尽量减少外压、泄压的次数，操作中要防止温度及压力波动过大。

（6）压力容器的制造质量应符合要求，避免产生先天性缺陷，以减少过高的局部压力。

（7）对无法避免外来载荷及无法减少开停车次数的压力容器，

制造前应做疲劳设计，以保证压力容器不致发生疲劳断裂。

第二节 压力容器的腐蚀破裂

腐蚀破裂是指压力容器材料在腐蚀性介质作用下，引起容器壁由厚变薄、材料组织结构改变、力学性能降低，使压力容器承受能力不够而发生的破坏形式。

压力容器的金属腐蚀情况比较复杂，同一种材料在不同的介质中有不同的腐蚀规律，不同材料在同一种介质中的腐蚀规律也各不相同。即使是同一种材料在同一种介质中，因其内部和外部条件（如材料金相组织，介质的温度、浓度、压力等）的变化，往往也表现出不同的腐蚀规律。因此，只有了解腐蚀规律，才能正确判断各种腐蚀的危害程度，以便采取有效的防止措施。

一、分类

金属腐蚀的分类方法很多，详见图 3-2。

二、腐蚀的形态

1. 均匀腐蚀

金属的均匀腐蚀是指在金属整个暴露表面上，或者是大部分面积上产生程度基本相同的化学或电化学腐蚀，如图 3-3（a）所示。或者说，均匀腐蚀是腐蚀均匀作用在整个金属表面，并将整体逐步腐蚀，因此其带来的危害不算太严重，至少是渐进式的。均匀腐蚀也称全面腐蚀，遭受全面腐蚀的容器是以金属的厚度逐渐变薄的形式导致破坏。但从工程角度看，全面腐蚀并不是威胁很大的腐蚀形态，因为容器的使用寿命可以根据简单的腐蚀试验进行估计，设计时可考虑足够的腐蚀裕度。但是腐蚀速度与环境、介质、温度、压力等方面有关，所以，每隔一定的时间需要对容器腐蚀状况进行检测。否则，也会产生意想不到的腐蚀破裂事故。

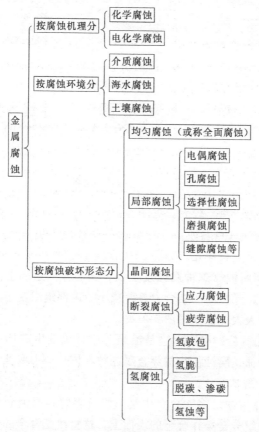

图 3-2　金属腐蚀的分类

2. 局部腐蚀

局部腐蚀是腐蚀作用主要集中在金属的局部区域。由于这些腐蚀的分布、深度和发展很不均匀，往往当金属整体还相当完好的时候，局部腐蚀已相当严重，会导致严重事故或灾害，所以危害性很大。局部腐蚀的形式见图 3-3。

① 斑点腐蚀　腐蚀像斑点一样分布在金属表面上，所占面积较大，但不很深，见图 3-3(b)。

② 脓疮腐蚀　金属被腐蚀破坏的情形好像人身上长的脓疮，

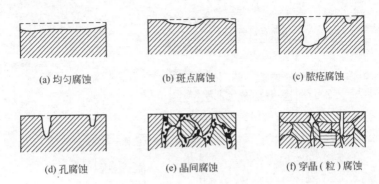

图 3-3　容器腐蚀破坏的各种形式

被损坏的部分较深、较大，见图 3-3(c)。

③ 孔腐蚀（点腐蚀）　在金属某些部分产生一些小而深的圆孔，有时甚至发生穿孔，见图 3-3(d)。

④ 晶间腐蚀　这种腐蚀发生在金属晶体的边缘上。金属遭受晶间腐蚀时，晶粒间的结合力显著减小，内部组织变得很松弛，从而机械强度大大降低，见图 3-3(e)。

⑤ 穿晶（粒）腐蚀　这是沿最大应力线发生破坏的一种局部腐蚀，其特征是腐蚀往往贯穿金属晶粒本体。应力腐蚀开裂亦是其中之一，见图 3-3(f)。

⑥ 选择腐蚀　多元合金中某一组分溶解到腐蚀介质中去，从而造成另一组分富集在合金的表面上，这将改变合金的性能。这种情况的腐蚀也叫脱成分腐蚀，黄铜脱锌、铝青铜脱铝、铜镍合金脱镍等均属此类腐蚀。

3. 晶间腐蚀

晶间腐蚀是局部腐蚀的一种，是沿着金属晶粒间的分界面向内部扩展的腐蚀。晶间腐蚀主要是由于晶粒表面和内部化学成分的差异以及晶界杂质或内应力的存在。晶间腐蚀破坏晶粒间的结合，大大降低金属的机械强度。而且腐蚀发生后，金属和合金的表面仍保持一定的金属光泽，看不出被破坏的迹象，但晶粒间结合力显著减弱，力学性能恶化，不能经受敲击，所以是一种很危险的腐蚀，通常出现于黄铜、硬铝合金、一些不锈钢、镍基合金中。不锈钢焊缝的晶间腐蚀是化学工业中的一个重大问题。

产生晶间腐蚀的不锈钢，当受到应力作用时，即会沿晶界断裂，强度几乎完全消失，这是不锈钢的一种最危险的破坏形式。晶间腐蚀可以产生在焊接接头的热影响区（HAZ）、焊缝或熔合线上，在熔合线上产生的晶间腐蚀又称刀线腐蚀（KLA）。

不锈钢具有耐腐蚀能力的必要条件是铬的质量分数必须大于10%～12%。当温度升高时，碳在不锈钢晶粒内部的扩散速度大于铬的扩散速度。因为室温时碳在奥氏体中的溶解度很小，约为0.02%～0.03%，而一般奥氏体不锈钢中的含碳量均超过此值，故多余的碳就不断地向奥氏体晶粒边界扩散，并和铬化合，在晶间形成碳化铬化合物，如 $(CrFe)_{23}C_6$ 等。数据表明，铬沿晶界扩散的活化能为 $162～252kJ/mol$，而铬由晶粒内扩散的活化能约 $540kJ/mol$，即铬由晶粒内扩散速度比铬沿晶界扩散速度小，内部的铬来不及向晶界扩散，所以在晶间形成碳化铬所需的铬主要不是来自奥氏体晶粒内部，而是来自晶界附近，结果就使晶界附近的含铬量大为减小，当晶界的铬的质量分数低到小于12%时，就形成所谓的"贫铬区"，在腐蚀介质作用下，贫铬区会失去耐腐蚀能力，从而产生晶间腐蚀。晶间腐蚀的具体结构见图 3-4。

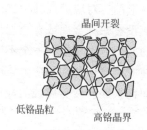

晶间开裂

低铬晶粒　　高铬晶界

图 3-4　晶间腐蚀的具体结构

4. 断裂腐蚀

断裂腐蚀主要包括应力腐蚀和疲劳腐蚀，它是材料在腐蚀性介质和应力共同作用下产生的，两者缺一不可。其中，应力可以是静载拉伸应力，也可以是交变应力。

（1）应力腐蚀 金属在拉应力和特定的腐蚀性介质共同作用下发生的断裂破坏为应力腐蚀。这是一种极其危险的腐蚀形态，常在没有先兆的情况下发生局部腐蚀，裂纹一旦出现，它的扩散速度比其他局部腐蚀扩散速度快得多。其裂纹大体向垂直于拉应力方向发展，裂纹形态有晶间型、穿晶型或两者兼有的混合型。

应力腐蚀的发生条件和特征：

① 必须是拉应力作用；

② 构成一定材料发生应力腐蚀的环境介质是特定的；

③ 应力腐蚀断裂速度远大于其他局部腐蚀速度，但比纯力学（机械）断裂速度小得多；

④ 应力腐蚀断裂常在无明显预兆的情况下突然发生，故其危害性极大；

⑤ 裂纹形态有晶间型、穿晶型和混合型3种；

⑥ 根据断口形貌，应力腐蚀宏观上属于脆性断裂，其微观上可观察到断面上仍有塑性流变痕迹。

（2）疲劳腐蚀 疲劳腐蚀是在交变载荷和腐蚀性介质交互作用下产生裂纹及扩展的现象。由于腐蚀介质的作用，而引起抗疲劳性能的降低，在交变载荷下首先在表面发生疲劳损伤，在连续的腐蚀作用下最终发生断裂或泄漏。对应力腐蚀敏感或不敏感的材料都可能发生疲劳腐蚀，因此没有一种金属或合金能抗疲劳腐蚀。疲劳腐蚀裂纹通常为穿晶型的。与应力腐蚀有一个不同点是裂纹的应力强度因子。即使小于单纯应力腐蚀的临界应力强度因子（KISCC）值时，裂纹也会随着时间而扩展。疲劳腐蚀的最后断裂阶段是纯机械性的，与介质无关。

5. 氢腐蚀

氢腐蚀是指钢暴露在高温、高压的氢气环境中，氢原子在设备表面或渗入钢内部，与不稳定的碳化物发生反应生成甲烷，使钢脱碳，机械强度受到永久性的破坏。在钢内部生成的甲烷无法外溢而聚集在钢内部，形成巨大的局部压力，从而发展为严重的鼓包开裂。

（1）简介　氢腐蚀是高温腐蚀的一种类型，主要发生在石油加氢、裂解等钢制装置中。高温高压下，气相中的氢以氢原子形式渗入钢中，与钢中的碳结合生成甲烷，造成钢表层脱碳，使强度、塑性降低，严重时导致表面鼓包或开裂。碳钢的抗氢腐蚀性能随钢中碳含量升高而降低。含有少量钛、铌、钒、钼等与碳有较强结合能力元素的低合金钢，有较好的抗氢腐蚀能力。

钢中氢的来源：冶炼过程中溶解在钢水中的氢，在结晶冷凝时没有能及时逸出而存留在钢材中；焊接过程中由于水分或油污在高温下分解出的氢溶解入钢材中；设备运行过程中，工作介质中的氢进入钢材中。当钢中存在氢，而应力大于某一临界值时，就会发生氢脆断裂。氢对钢材的脆化过程是一个微观裂纹在高应力作用下的扩展过程。脆断应力可低达屈服极限的20%。钢材的强度愈高（所承受的应力愈大），对氢脆愈敏感。容器中的应力水平，包括工作应力及残余应力是导致氢脆的很重要因素。氢脆是一种延迟断裂，断裂延迟的时间可以为几分钟，也可能为几天。

钢材发生氢腐蚀有两个阶段，即氢脆阶段和氢侵蚀阶段。刚开始时，钢内部吸附的氢并未与钢材的组分发生任何化学变化，也没有改变钢材的组织状态，只是钢材吸附了氢，钢材变脆了，韧性降低了，此阶段称为氢脆阶段（暂时的氢脆是可逆的）。当侵入到钢材内部的氢与钢材中不稳定的碳化物发生反应生成甲烷时，使钢材脱碳、鼓包、开裂到钢材的强度和韧性大大降低，这个阶段称为氢侵蚀阶段（产生永久脆化，不可逆）。

（2）分类　氢腐蚀分为氢鼓包、氢脆、氢蚀。

① 氢鼓包　氢原子扩散到金属内部（大部分通过器壁），在另一侧结合为氢分子逸出。如果氢原子扩散到钢内空穴，并在该处结合成氢分子，由于氢分子不能扩散，就会积累形成巨大内压，引起钢材表面鼓包甚至发生破裂的现象称为氢鼓包。低强钢，尤其是含大量非金属夹杂物的钢，最容易发生氢鼓包。产生氢鼓包的腐蚀环境：介质中通常含有硫化氢，或者砷化合物、氰化物、含磷离子等

毒素介质，这些毒素介质阻止了放氢反应。

预防措施：消除毒素介质；如果不能消除，选用空穴少的镇静钢，也可采用对氢渗透低的奥氏体不锈钢，或者采用镍衬里、橡胶衬里、塑料保护层、玻璃钢衬里等；有时加入缓蚀剂。

体心立方晶格的致密度为 0.68（即晶格中有 68% 的体积被原子所占据，其余为空隙），配位数为 8（配位数越大，原子排列越紧密，空隙越小）；面心立方晶格和密排六方晶格的致密度为0.74，配位数为 12。

② 氢脆　在高强钢中金属晶格高度变形，氢原子进入金属后使晶格应变增大，因而降低韧性及延性，引起脆化，这种现象为氢脆。氢脆与钢内的空穴无关，所以仅仅靠使用镇静钢无效。

预防措施：选用对氢脆不敏感的材料，如选用含 Ni、Mo 的合金钢；在制造过程中，尽量避免或减少氢的产生。

③ 氢蚀　在高温高压环境下，氢进入金属内与一种组分或元素发生化学反应使金属被破坏，称为氢蚀。如在 200℃ 以上氢进入低强钢内，与碳化物反应生成甲烷气体，这种气体占有很大体积而使金属内产生小裂缝及空穴，从而使钢变脆，在很小的形变下即破裂。这种破裂没有任何先兆，是非常危险的。

预防措施：选用抗氢钢，可选用 16MnR(HIC)、15CrMoR(相当于 1Cr-0.5Mo)、14Cr1MoR（相当于 1.25Cr-0.5Mo、2Cr-0.5Mo、2.25Cr-1Mo、2.25Cr-1Mo-0.25V、3Cr-1Mo-0.25V）等。抗氢钢中的 Cr 和 Mo 能促进形成稳定的碳化物，这样就减少了氢与碳结合的机会，避免了甲烷气体的产生。

其实，氢腐蚀从理论上分成三种，而实际中三种腐蚀几乎同时存在。所以，遇到氢腐蚀环境（临氢环境）的设备一般按纳尔逊曲线进行选材，并要引起高度重视。

三、机理

压力容器金属腐蚀虽有各种各样的形态和特征，但就其腐蚀产生的机理而言，通常分为化学腐蚀和电化学腐蚀两大类。

1. 化学腐蚀

化学腐蚀是指容器金属与周围介质直接发生化学反应而引起的金属腐蚀。这类腐蚀主要包括金属在干燥或高温气体中的腐蚀，以及在非电解质溶液中的腐蚀。典型的化学腐蚀有高温氧化、高温硫化、钢的渗碳与脱碳、氢腐蚀等。

在化学工业中，上述几种化学腐蚀屡见不鲜。例如，化工行业中的各种炉管，其外壁受到严重的高温氧化；碳酸工业中的高温二氧化硫、炼油工业中的高温硫化氢对设备的严重腐蚀；合成氨及石油工业中高温高压氢气等气体的严重腐蚀等。

（1）高温氧化 高温氧化指在高温下，金属材料与氧反应生成氧化物造成的金属腐蚀。广义的高温氧化包括硫化、卤化、氮化、碳化等。狭义的氧化是指金属与氧气或氧化性介质反应生成氧化物的过程，可以用以下反应式表达：

$$M + n/2 O_2 \longrightarrow MO_n$$

反应中，金属原子 M 失去电子变为金属离子，使其化合价升高。而氧原子获得电子成为氧离子，金属离子和氧离子结合成金属氧化物。这是最简单最基本的化学腐蚀反应，高温氧化导致金属材料的性能损害和组织的破坏。对于在机械工程、化学工程、动力、航空航天等领域中使用的金属，抗高温氧化性能是和高温力学性能具有同样重要意义的关键性能。

（2）高温硫化 高温硫化是指金属在高温下与一定含量介质（如硫蒸气、硫化氢、二氧化硫）作用生成硫化物的过程。硫化作用较氧化作用更强。硫化物不稳定、易剥离、晶格缺陷多、熔点低，而且与氧化物、硫酸盐及金属生成不稳定的低熔点共晶物，因此，在高温下硫化易造成材料破裂。

（3）钢的渗碳与脱碳 高温下某些碳化物（如 CO 和烃类）与钢铁接触时发生分解，生成游离碳渗入钢内生成碳化物的过程称为渗碳。

① 渗碳处理是指为增加钢件表层的含碳量和形成一定的碳浓度梯度，将钢件在渗碳介质中加热并保温，使碳原子渗入表层的化

学热处理工艺。渗碳的目的在于使工件表面获得高硬度和耐磨性，而心部仍保持一定的强度和较高的塑性、韧性。

② 钢液内碳氧化而被除去的反应称为钢的脱碳。碳对钢的力学性能影响很大，是钢中最重要的合金元素。除了极少数钢种外，绝大多数钢中含碳量都在 1% 以下，而生铁含碳量一般在 3%～4.5%，因此，脱碳就成为炼钢过程中的最重要的反应之一。脱碳反应产物一氧化碳（在钢液含碳量很低时，产物中有少量二氧化碳）气泡穿过钢液排出，强烈搅动熔池，这种现象被称为沸腾。沸腾时，气泡中氢、氮等气体的分压极低，使钢液中溶解的氢、氮等有害杂质向气泡中转移，钢中的非金属夹杂物也随着气泡上升而被除去。沸腾不仅使钢液温度和化学成分均匀，还增加气相、熔渣、钢液的接触面积，加快各种反应的速率。脱碳引起的沸腾是保证钢质量的一个重要措施，所以一般用电炉和平炉炼钢过程中总要有一定的脱碳量。脱碳反应一直以来受到冶金工作者的特别重视。

（4）氢腐蚀　同前面所述的"氢腐蚀"内容。

2. 电化学腐蚀

（1）简介　不纯的金属与电解质溶液接触时，会发生原电池反应，比较活泼的金属失去电子而被氧化，这种腐蚀叫作电化学腐蚀。钢铁在潮湿的空气中所发生的腐蚀是电化学腐蚀最明显的例子，见图 3-5。

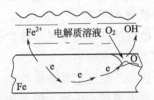

图 3-5　钢铁电化学腐蚀示意图

电化学腐蚀反应是一种氧化还原反应。在反应中，金属失去电子而被氧化，其反应过程称为阳极反应过程，反应产物是进入介质中的金属离子或覆盖在金属表面上的金属氧化物（或金属难溶盐）。介质中的物质从金属表面获得电子而被还原，其反应过程称为阴极反应过程。在阴极反应过程中，获得电子而被还原的物质习惯上称为去极化剂。

在均匀腐蚀时，金属表面上各处进行阳极反应和阴极反应的概率没有显著差别，进行两种反应的表面位置不断地随机变动。如果金属表面有某些区域主要进行阳极反应，其余表面区域主要进行阴极反应，则称前者为阳极区，后者为阴极区，阳极区和阴极区组成了腐蚀电池。直接造成金属材料破坏的是阳极反应，故常采用外接电源进行保护，或用导线将被保护金属与另一块电极电位较低的金属相连接，以使腐蚀发生在电极电位较低的金属上。

（2）基本原理　金属的腐蚀原理有多种，其中电化学腐蚀是最为广泛的一种。当金属被放置在水溶液中或潮湿的大气中时，金属表面会形成一种微电池，也称腐蚀电池（其电极习惯上称阴、阳极，不称正、负极）。阳极上发生氧化反应，使阳极发生溶解，阴极上发生还原反应，一般只起传递电子的作用。腐蚀电池的形成主要是由于金属表面吸附了空气中的水分，形成一层水膜，因而使空气中 CO_2、SO_2、NO_2 等溶解在这层水膜中，形成电解质溶液，而浸泡在这层溶液中的金属又总是不纯的，如工业用的钢铁，实际上是合金，除铁之外，还含有石墨、渗碳体（Fe_3C）以及其他金属和杂质，它们大多数没有铁活泼。这样形成的腐蚀电池的阳极为铁，而阴极为杂质，又由于铁与杂质紧密接触，使得腐蚀不断进行。

（3）相关危害　由于金属表面与铁垢之间的电位差异，从而引起金属的局部腐蚀，而且这种腐蚀一般是坑蚀，主要发生在水冷壁管有沉积物的下面，热负荷较高的位置，如喷燃器附近、炉管的向火侧等处，所以非常容易造成金属穿孔或超温爆管。尽管钢铁的高价氧化物对钢铁会产生腐蚀，但腐蚀作用是有限的，在有氧补充时，该腐蚀将会继续进行并加重。

电化学腐蚀的危害性是非常大的，一方面，它会在短期内使金属表面遭到大面积腐蚀；另一方面，由于腐蚀使金属表面产生沉积物及造成金属表面粗糙状态，使机组启动和运行时，给水铁含量增大，不但加剧了炉管内铁垢的形成，也加剧了热力设备运行时的腐蚀。

（4）化学反应式

① 析氢腐蚀（钢铁表面吸附水膜酸性较强时）

负极(Fe)：$Fe-2e \Longrightarrow Fe^{2+}$

$Fe^{2+}+2H_2O \Longrightarrow Fe(OH)_2+2H^+$

正极（杂质）：$2H^++2e \Longrightarrow H_2$

电池反应：$Fe+2H_2O \Longrightarrow Fe(OH)_2+H_2\uparrow$

由于有氢气放出，所以称为析氢腐蚀。

② 吸氧腐蚀（钢铁表面吸附水膜酸性较弱时）

负极(Fe)：$Fe-2e \Longrightarrow Fe^{2+}$

正极：$O_2+2H_2O+4e \Longrightarrow 4OH^-$

总反应：$2Fe+O_2+2H_2O \Longrightarrow 2Fe(OH)_2$

由于吸收氧气，所以称为吸氧腐蚀。

析氢腐蚀与吸氧腐蚀生成的 $Fe(OH)_2$ 被氧所氧化，生成 $Fe(OH)_3$，脱水生成 Fe_2O_3（铁锈）。

$4Fe(OH)_2+O_2+2H_2O \Longrightarrow 4Fe(OH)_3$

钢铁制品在大气中的腐蚀主要是吸氧腐蚀。

析氢腐蚀主要发生在强酸性环境中，而吸氧腐蚀主要发生在弱酸性或中性环境中。

四、容器腐蚀产生的原因

压力容器腐蚀的形态很多，引起不同腐蚀形态的原因也是多种多样的。通过上面的分析，大致对压力容器产生腐蚀主要原因归纳如下。

① 金属及合金成分的影响　试验研究和生产实践证实，夹杂物会加速金属的腐蚀。合金的腐蚀速度和合金含量有密切关系。

　② 变形及应力的影响　金属压力容器在制造过程中的冷、热加工（如冲压、锻造、焊接等）变形，产生较大的内应力，内应力的存在会促使腐蚀过程加速，在有硫化氢等的场合还会引起应力腐蚀破裂。

　③ 介质的成分及浓度的影响　介质的成分和浓度对金属的腐蚀有较大影响。一般金属材料对腐蚀介质均有一定的适用范围。如：碳钢在稀硫酸中会很快溶解，但在浓硫酸中很稳定；不锈钢在中、低浓度硝酸中很耐腐蚀，但不耐浓硝酸的腐蚀。

　④ 温度的影响　温度升高加速电化学腐蚀，因为温度升高加速了溶液对流，使浓度极化降低。

　⑤ 压力的影响　压力会促使金属腐蚀速度增大，这是由于电化学过程的气体浓度随压力增大而增大。

　⑥ 流速的影响　溶液流速的增加，强化了物质的扩散和对流，同时也加速了腐蚀产物的脱落，或冲蚀保护膜，当流速很高时还会引起磨损腐蚀，从而加速金属的腐蚀速度，如热交换器和冷凝器管束进口端的冲击腐蚀就是流速加速腐蚀的典型实例。

五、压力容器的腐蚀与防腐措施

　综上所述，压力容器的腐蚀是一个十分复杂的问题，受材料、结构设计、制造安装、工艺操作等多种因素影响，防止压力容器腐蚀的基本措施简述如下。

1. 合理选材

　必须综合考虑和分析压力容器所处的介质、温度及压力情况，进行合理选材。高温时，还需考虑材料的热强度和热脆性。应考虑材料的耐腐蚀能力：一般容器材料年腐蚀率为 0.1～0.5mm。同时，还要考虑材料耐局部腐蚀，如晶间腐蚀、孔蚀、应力腐蚀、缝隙腐蚀、氢损伤等性能。在设计和制造压力容器时，可参考各种腐蚀手册中的常用介质选材图和腐蚀图。

2. 设计合理的结构

　压力容器设计时，应避免采用会引起电偶腐蚀、缝隙腐蚀、冲刷腐蚀、应力腐蚀等腐蚀破坏的不合理结构，如避免容器中出现死角（引起积聚沉淀物的腐蚀），底部出口必须能排净残液（以防残液的腐蚀）等。

3. 制造安装

冷加工引起的残余应力，对应力腐蚀破裂的发生有着重要影响。一项对奥氏体不锈钢制压力容器应力腐蚀破裂事故的调查结果表明，压力容器冷加工残余应力造成的事故占压力容器应力腐蚀破裂事故总数的 48.7%。

压力容器的制造应采用热加工成型。必须采用冷加工成型时，应进行消除应力热处理或喷丸等，以消除冷作残余应力。对应力腐蚀倾向严重的压力容器，应进行整体消除应力热处理或有效的局部热处理。

应当防止不锈钢制压力容器焊缝的晶间腐蚀，采用小规范焊接，使输入热量尽量少，并尽量缩短焊接热循环。

对高强度不锈钢和低合金高强度钢，焊接时应采用烘烤过的低氢焊条，焊接过程中，周围环境应保持清洁干燥，以防水和水蒸气进入熔池导致焊缝氢脆。

要严格控制不锈钢制压力容器试压水中的氯离子含量，不得超过 25×10^{-6}，以防发生孔蚀和应力腐蚀。

在安装时应注意压力容器的防振设施，以防止交变应力引起的疲劳腐蚀。

4. 维护管理

严格执行有关法规，根据设备检修有关规定，切实做好定期检查、取样，掌握压力容器在运行中缺陷的发展和腐蚀情况，对发现的问题及时采取补救措施，防止设备继续腐蚀，延长使用寿命，确保压力容器安全运行。

第三节　压力容器的压力冲击破裂

压力冲击破裂是指容器内的压力由于各种原因而急剧升高，使壳体受到高压力的突然冲击而造成的破裂爆炸，其产生的原因有可燃气体的爆炸，聚合釜内发生爆聚，反应器内反应失控产生的压力或温度的急剧升高，液化气体在容器内由于压力突然释放而产生暴沸等。

一、类型与机理

在压力容器内突然发生的高速压力冲击，大部分是由不正常情况下的化学反应引起的，也有些是由物质相变等物理现象引起的。常见的压力冲击类型及其产生的原因如下。

1. 可燃气体与助燃气体（氧、空气）反应爆炸

如果两种气体（可燃气体与助燃气体）在压力容器内的混合比例在爆炸极限的范围内，遇到适当的条件即会被点燃而形成燃烧波，并在器内以极高的速度迅速扩散和传播，形成冲击压力。造成可燃气和助燃气同时混入同一容器内的原因有以下几个方面。

① 阀门零件泄漏，使可燃气体通过关闭着的阀门流进空气或氧气容器内，或者可燃气体储罐的连接密封结构失效，使可燃气体漏入空气中。

② 操作失误而造成可燃气体和助燃气体混合。

③ 两种气体混装。常见的是用氢气瓶充装氯气，或用氢气瓶充装氧气，因充装前没有认真检查，而原有的气瓶又有较多的剩余气体，结果造成混合气体爆炸，这种爆炸有时在充装中直接爆炸，有时在使用时爆炸。

2. 聚合釜爆炸

单分子的聚合反应大部分是放热反应，因此，必须适当控制其反应速率，并进行充分冷却。如果釜内反应失控，将会迅速聚合，放出大量的热量，使压力急剧上升，造成"爆聚"，使聚合设备受压力冲击而断裂。这种反应常见的原因如下：

① 催化剂使用不当；

② 冷却装置失效。

3. 压力容器内的反应失控

化工生产中很多工艺过程是放热的，特别是放热的分解反应，如果反应失控，反应后气体体积将会增加并伴随着产生大量的热，产生压力冲击，使容器断裂。常见的原因如下：

① 原料投入时计量错误或器具失灵。

② 原料不纯，特别是含有对反应起加速作用的杂质等。

③ 搅拌和冷却装置失效，如因为突然停电，搅拌器停止工作或突然停水，冷却装置未能起到冷却作用。

4. 液化气体的"爆沸"

盛装液化气体的压力容器，器内液化气体处于气、液两相相对平衡状态，但如果器内压力突然释放，如气态空间与大气相通，则器内饱和蒸气压骤减，气液平衡被打破，器内液体出现过热现象而瞬间急剧蒸发，产生大量的气体而冲击器壁，也会造成容器的压力冲击破裂。可能产生"爆沸"的原因如下：

① 在容器上误装爆破片，因器内压力升高，爆破片断裂。

② 容器壳体局部开裂。

③ 两种沸点相差悬殊的液化气体突然混入一个容器内。

二、特征

压力容器冲击破裂产生的原因类似于延性断裂，都是器内压力太高，使器壁应力过大而造成的。但从断裂的基本情况来看，则与延性断裂完全不一样，因为在压力突然冲击的情况下，一方面器壁的承载率很高，使壳体材料的韧性下降；另一方面压力容器内储存的巨大能量迅速释放，使壳体开裂（不仅是只开一个小的缝口）。从压力冲击破裂壳体的形貌状态来看，颇似因部件存在缺陷而产生的脆性断裂。

（1）壳体碎裂 压力冲击破裂的容器，常常产生大量的碎块，这是其主要特征。它的碎裂程度一般都超过脆性断裂的壳体。如果是可燃性混合气体在器内爆炸而造成的压力冲击破裂，还有可能是粉碎性爆炸。

（2）壳体内壁常附有化学反应产物或痕迹　因为压力冲击破裂大多是由于器内物料发生燃烧或其他化学反应而产生的，所以在壳体或碎块的内壁常可发现反应产物，或观察到金属有经过高温烘烤的痕迹。

（3）破裂时常伴有高温产生　放热反应产生的高温气体在壳体被压力冲击而破裂后随即排出，会使周围的物料燃烧或被烘烤，还常常因此而发生火灾。破裂发生时，壳体或碎块的温度也比较高。

（4）断口形貌类似脆性断裂　断面一般没有或只有很薄的一层剪切唇，断口是平直的，开裂的方向也无一定的规律性。

（5）容器释放的能量较大　根据破裂容器周围所造成的破坏情况所估算的破坏能量，往往要比容器在理论计算的破裂压力下爆炸所释放的能量大得多。

三、事故预防

1. 压力容器爆炸事故

压力容器爆炸分为物理爆炸现象和化学爆炸现象。物理爆炸现象是容器内高压气体迅速膨胀，并以高速释放内在能量。化学爆炸现象是容器内的介质发生化学反应，释放能量，产成高压、高温，其爆炸危害程度往往比物理爆炸现象严重。

2. 压力容器爆炸的危害

（1）冲击波及其破坏作用　冲击波超压会造成人员伤亡和建筑物的破坏。冲击波超压大于 0.10MPa 时，在其直接冲击下大部分人员会死亡；0.05～0.10MPa 的超压可严重损伤人的内脏或引起死亡；0.03～0.05MPa 的超压会损伤人的听觉器官或发生骨折；0.02～0.03MPa 的超压也可使人体受到轻微伤害。

压力容器因严重超压而爆炸时，其爆炸能量远大于按工作压力估算的爆炸能量，破坏和伤害情况也严重得多。

（2）爆破碎片的破坏作用　压力容器爆炸破裂时，高速喷出的气流可将壳体反向推出，有些壳体破裂成块或片向四周飞散。这些具有较高速度或较大质量的碎片，在飞出过程中具有较大的动能，可以造成较大的危害。

碎片对人的伤害程度取决于其动能，碎片的动能正比于其质量乘以速度的平方。碎片在脱离壳体时常具有 $80 \sim 120 m/s$ 的初速度，即使飞离爆炸中心较远时也常有 $20 \sim 30 m/s$ 的速度。在此速度下，质量为 1kg 碎片的动能即可达 $200 \sim 450 J$，足可致人重伤或死亡。碎片还可能损坏附近的设备和管道，引起连续爆炸或火灾，造成更大的危害。

（3）介质伤害　介质伤害主要是有毒介质的毒害和高温水汽的烫伤。

在压力容器所盛装的液化气体中有很多是毒性介质，如液氨、液氯、二氧化硫、二氧化氮、氢氰酸等。盛装这些介质的容器破裂时，大量液体瞬间汽化并向周围大气中扩散，会造成大面积的毒害，不但造成人员中毒，致死致病，也严重破坏生态环境，危及中毒区的动植物。

有毒介质由容器泄放汽化后，体积约增大 $100 \sim 250$ 倍。所形成毒害区的大小及毒害程度，取决于容器内有毒介质的质量，以及容器破裂前的介质温度、压力、毒性。

锅炉爆炸释放的高温汽水混合物，会使爆炸中心附近的人员烫伤。其他高温介质泄放汽化，也会灼烫伤害现场人员。

（4）二次爆炸及燃烧危害　当容器所盛装的介质为可燃液化气体时，容器破裂爆炸在现场形成大量可燃蒸气，并迅速与空气混合形成可爆性混合气，在扩散中遇明火即发生二次爆炸。

可燃液化气体容器的这种燃烧爆炸，常使现场附近变成一片火海，造成严重的后果。

（5）压力容器快开门事故危害　快开门式压力容器开关盖频繁，在容器泄压未尽前或带压下打开端盖，以及端盖未完全闭合就升压，极易造成快开门式压力容器发生爆炸事故。

3. 压力容器事故的预防

为防止压力容器发生爆炸，应采取下列措施。

（1）在设计上，应采用合理的结构，如采用全焊透结构，能自由膨胀等，避免应力集中、几何突变；针对设备使用工况，选用塑性、韧性较好的材料；强度计算及安全阀排量计算符合标准。对于一些工艺可能会出现副反应等非正常化学反应的压力容器，在生产工艺设计、安全操作规程中必须严格控制工艺指标和操作安全要求。对操作安全要求、安全操作步骤、不正常情况的处理和防止误操作的措施一定要明确。压力容器内这些容易产生的非正常化学反应往往都是放热反应，如聚合釜内的聚合反应等。

此外，压缩气体及液化气体的充装必须按国家的有关标准规定进行。要制定完善的充装安全操作规程，包括充装前、后的检查，从规程、制度上防止气体错装、混装和过量充装，完善充装气体，特别是液化气体在运输、储存、销售、使用各环节中的管理制度和使用规程。

（2）制造、修理、安装、改造时，加强焊接管理，提高焊接质量并按规范要求进行热处理和探伤；加强材料管理，避免采用有缺陷的材料或用错钢材、焊接材料。压力容器发生压力冲击破裂事故不少与检修有关，因此，必须根据压力容器的工艺状况、介质的特性，结合检修内容制定压力容器或生产系统的检修规程，包括检修前的介质置换、关联系统切断加盲板等化工处理工作和检修后试压、气密试验及系统置换。抽插关联管道系统盲板等内容和程序，特别是易燃介质系统和强氧化性介质系统检查时需做气压试验、气密试验。

（3）在压力容器使用过程中，加强管理，避免操作失误，超温、超压、超负荷运行，失检、失修、安全装置失灵等。安全附件是压力容器生产控制的"眼睛"，要防止压力容器发生压力冲击破裂，必须确保仪器仪表的测量和显示的准确性，特别是有可能发生化学反应的仪器仪表，如温度、湿度、压力、流量（物料配比）、气体成分等自动分析仪表及自动控制仪表。自动调节仪表系统和安全泄压装置，都要有严格的检测和维护保养规程及管理制度，以确保压力容器安全附件准确有效，使其发挥应有的作用。

（4）加强检验工作，及时发现缺陷并采取有效措施。压力容器的管理人员、操作人员及其有关的检修人员必须经过专门的培训，做到持证上岗。对压力容器的操作、检修、检测必须一丝不苟，加强生产、检修的巡回检查和多重检查的管理责任制，使管理落实到点、落实到人，从而杜绝压力容器异常情况的出现。

第四节　压力容器的蠕变破裂

长期在高温条件下工作的压力容器，当操作温度超过一定极限时，材料在应力的作用下发生缓慢的塑性变形，经过长期的累积后，这种塑性变形最终导致材料发生破裂，这种破裂称为蠕变破裂。

蠕变失效不仅是蠕变破裂，也包括蠕变引起的过度变形，热松弛，以及蠕变与疲劳的综合效应等，如在炼油厂的延迟焦化装置中，材料的蠕变是较为常见的一种失效形式之一。

一、机理

金属发生蠕变的温度范围大约是以热力学温度表示的材料熔点的 $35\% \sim 70\%$ 左右，低碳钢和低合金钢发生蠕变的温度通常为 $300 \sim 350℃$，合金钢则通常为 $400 \sim 450℃$。一般蠕变断裂的构件在断口附近有明显的塑性变形和蠕变小裂纹，断口表面呈粗糙颗粒状，无金属光泽。表面上通常都有高温氧化膜覆盖或腐蚀物，如图 3-6 所示。当材料在高温作用下发生金相组织变化时，由此引起的蠕变破裂有明显的脆性断口特征，大多数蠕变断裂的组织结构呈现沿晶断裂的现象。若高温容器在交变载荷下工作，则可能产生蠕变疲劳破裂。

二、特征

金属材料在高温下，其组织会发生明显的变化，晶粒长大，珠光体和某些合金成分有球化或团絮状倾向，钢中碳化物还能析出石墨等，有时还可能出现蠕变的晶间开裂或疏松微孔。某些情况下，

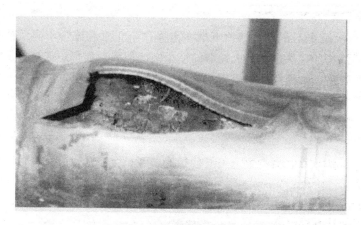

图 3-6　压力容器的蠕变破裂

材料的金相组织发生改变，使韧性下降。蠕变破坏也可能无明显的塑性变形。

① 蠕变破坏往往发生于容器温度达到或超过了其材料熔化温度 25%～35%的时候。

② 蠕变破坏是高温及拉应力长期作用的结果，因而通常有明显的塑性变形，其变形量大小取决于材料的塑性。

③ 蠕变破裂断口无金属光泽，呈粗糙颗粒状，表面有高温氧化层或腐蚀物。

三、原因

压力容器部件的蠕变破裂的常见原因：

① 选材不当　例如由于设计时的疏忽或材料管理的混乱，错用碳钢代替抗蠕变性能较好的合金钢来制造高温容器部件。

② 结构不合理　由于结构不合理，致使部件的局部区域产生过热，导致容器在运行中发生蠕变破裂。

③ 制造时材料组织变化　压力容器在制造时，由于材料组织改变，使抗蠕变性能降低，如奥氏体不锈钢的焊接常会使其热影响区材料的抗蠕变性能恶化，大的冷弯变形也有可能产生同样的

影响。

④ 操作不正常、维护不当　因操作不正常和维护不当致使容器部件局部过热也是造成蠕变的一个主要原因，如锅炉或其他加热器的管子，常因积满水垢或其他覆盖物而使管子局部温度过高，发生蠕变破裂。

四、事故预防

预防压力容器高温承压部件蠕变破裂，主要从以下几个方面来考虑：

① 设计时根据使用温度选择合适的材料；

② 合理设计结构，避免局部高温；

③ 制定正确的加工工艺，避免因加工而降低材料的抗蠕变性能；

④ 在使用中防止容器局部过热，经常维护保养，清除积垢、结碳，可有效防止蠕变破裂事故的发生。

第四章

压力容器的定期检验

随着国民经济和社会生产的发展，压力容器的数量、用途、工作环境等都在发生着巨大的变化。在相同的条件下，压力容器的事故率要比其他机械设备高得多。究其原因，主要包括技术条件、使用管理等方面。检验作为压力容器安全管理中的关键环节，其目的就是对失效进行预测与预防。

第一节 检验的基本要求

一、压力容器定检目的

一是掌握压力容器的运转情况，发现并解决事故隐患。一旦发生问题，应采取合理有效的方法处理，避免安全事故的发生，至少在一个检验周期内要保障压力容器的安全稳定运转。二是对于压力容器形式构造进行合理性评估，如生产有无问题，安装是否符合规定及之前的损伤状况。三是运行管理过程中是否存在问题，对运行管理中存在的问题及时改正。为了保障压力容器安全运转，避免各类事故的发生，作为压力容器的使用单位一定要认真执行压力容器定检的制度，而每次定检都要先将定检计划呈送当地监管部门，让相关部门负责监督检验工作。压力容器在使用中易产生各种缺陷，这些缺陷威胁着压力容器的安全运行，原因有以下几点。

① 长期受到交变应力的作用 压力容器长期受到交变载荷的

作用，如温度、压力的波动或频繁加载、泄压，故在结构不连续部位、焊接缺陷部位等应力集中处会引起疲劳裂纹，甚至破裂。

② 腐蚀介质作用　压力容器因腐蚀而器壁减薄，由于腐蚀使材料的金相组织发生改变，塑性、韧性变差，承载能力下降。

③ 局部长期处于高温　有的压力容器的器壁长期处于高温下运行，并承受压力载荷的作用，使材料发生高温蠕变。

④ 在低温下工作　有的压力容器在低温下工作，因选材不当，材料在低温下会发生低温脆断。

⑤ 安装不当　压力容器的支座、法兰密封面、连接管道等安装不当，受到震动，易造成容器震动泄漏，甚至发生容器破坏事故。

⑥ 维护不当　压力容器维护保养不当，容器器壁受到腐蚀，特别是在压力容器停用期间，未进行维护保养，其腐蚀速度又往往比使用时更快，造成的危害更大。

⑦ 结构不合理　压力容器由于结构不合理或制造（组装）、安装中存在一些先天的缺陷，这些缺陷可能在使用中不断发展。

⑧ 安全附件问题　压力容器的安全附件不全或失灵，未进行定期校验，压力容器无安全联锁装置或失灵等。

二、压力容器定检要求

1. 压力容器年检

年检是在压力容器运转时的在线检测。依据压力容器外表、安全装置和仪表数据来看压力容器的完整性。对于外表，检查其腐蚀及变形情况；对于焊缝、法兰密封和开孔接管处，检测是否有泄漏状况；安全阀、爆破片、压力表等安全装置及仪表要装备齐全，其灵敏度和可靠性要检测到；计量检定和校验是否按照规定要求进行；压力容器的温度、压力等操作需要的工艺参数的掌控，压力容器运转时的操作与检修记录都是检测时要检查到的。年检主要是宏观检查，如果有需要，可以有测厚、壁温检查、腐蚀性介质含量检测、真空度检测等测试。

2. 压力容器全面检测

该检测是在压力容器停止运转的情况下进行的，这种情况下检测能及早检测出压力容器各部分存在的隐患，包含这个定检周期中产生的和原来的损伤的扩展状况，进一步判断压力容器是否能够继续使用。

综上所述，对压力容器进行定检，是为了及早发现问题，及时修理和消除检验中发现的缺陷，或采取适当措施进行特殊的安全监护，从而防止压力容器事故的发生，保证压力容器在检验周期内安全、稳定、连续运行。

三、压力容器定期检验的一般程序

压力容器检验的一般程序（图 4-1）包括检验前准备、全面检验、缺陷及问题的处理、检验结果汇总、结论和报告。检验人员可以根据实际情况，确定检验项目，进行检验工作。

四、在用压力容器的检验方法

1. 常用检验方法和分类

压力容器常用的检验方法见表 4-1。

2. 常用检验方法简介

（1）宏观检验

① 目测检验　用肉眼直接观察压力容器表面缺陷、紧固件、安全附件、装置、保温层等。用肉眼检查有怀疑的地方，可用 5～10 倍放大镜进一步检查。对无法进入容器内部检查的，应当采用内窥镜等方法检查。

② 锤击检验　用一把 0.5kg 左右的专用手锤轻轻敲击压力容器本体金属表面，根据锤击时所发出的声响和手锤的弹跳程度（凭手的感觉）来判断压力容器金属部件是否存在缺陷。锤击检验还可以用手锤尖端剔除金属壁上的腐蚀物，以便测量腐蚀深度。

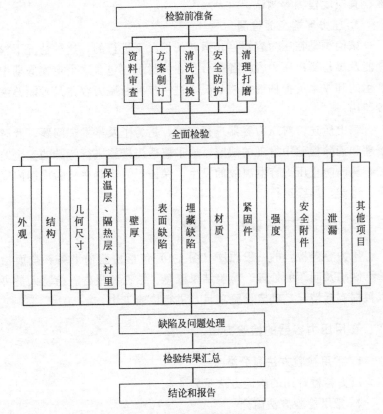

图 4-1 压力容器检验的一般程序

③ 量具检验 根据需要，使用各种不同的量具对压力容器的几何尺寸直接进行测量，以检验存在的缺陷及其严重程度。

（2）壁厚检验 压力容器壁发生腐蚀时，用超声波测厚仪测定壁厚，为强度校验提供依据。超声波测厚仪采用了最新的高性能、低功耗微处理器技术，基于超声波测量原理，可以测量金属及其他多种材料的厚度，并可以对材料的声速进行测量。可以对生产设备中各种管道和压力容器进行厚度测量，检测它们在使用过程中受腐蚀后的减薄程度，也可以对各种板材和各种加工零件做精确测量。

表 4-1　压力容器常用的检验方法及分类

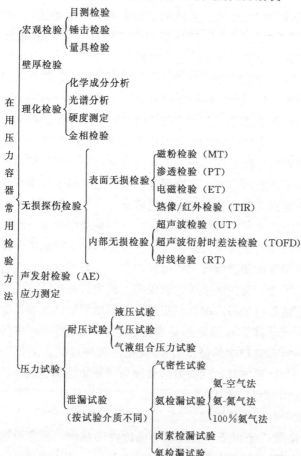

（3）理化检验　当受检压力容器必须查明材质或主要受压元件材质发生劣化时，可通过化学成分分析、硬度测定、金相检验、光谱分析等确定材质，以满足焊接修补或其他要求。

①化学成分分析　化学成分分析是确定钢材的各种化学元素含量的一种方法。

②光谱分析　由于每种原子都有其特征谱线，因此可以根据光谱来鉴别物质和确定其化学组成，这种方法叫作光谱分析。做光

谱分析时，可以利用发射光谱，也可以利用吸收光谱。这种方法的优点是非常灵敏，而且迅速。某种元素在物质中的含量达到 10^{-10} g/g，就可以从光谱中发现它的特征谱线，因而能够把它检测出来。光谱分析在科学技术中有广泛的应用。

③ 硬度测定　硬度是评定金属材料力学性能最常用的指标之一。硬度的实质是材料抵抗另一较硬材料压入的能力。对于被检测材料而言，硬度代表着在一定压头和试验力作用下所反映出的弹性、塑性、强度、韧性及磨损抗力等多种物理量的综合性能。由于通过硬度试验可以反映金属材料在不同的化学成分、组织结构和热处理工艺条件下性能的差异，因此硬度试验广泛应用于金属性能的检验、监督热处理工艺质量和新材料的研制。

金属硬度测定主要有两类试验方法。一类是静态试验方法，这类方法试验力的施加是缓慢而无冲击的。硬度测定主要取决于压痕的深度、压痕投影面积或压痕凹印面积的大小。静态试验方法包括布氏、洛氏、维氏、努氏、韦氏、巴氏等。其中，布氏、洛氏、维氏三种试验方法是应用最广的，它们是金属硬度测定的主要试验方法。这里的洛氏硬度试验是应用最多的，它被广泛用于产品的检验，据统计，目前应用中的硬度计 70% 是洛氏硬度计。还有一类试验方法是动态试验方法，这类方法试验力的施加是动态的和冲击性的，包括肖氏和里氏硬度试验法。动态试验方法主要用于大型的、不可移动工件的硬度测定。

④ 金相检验　金相是指金属或合金的内部结构，即金属或合金的化学成分以及各种成分在合金内部的物理状态和化学状态。金相组织反映了金属金相的具体形态，如马氏体、奥氏体、铁素体、珠光体等。广义的金相组织是指两种或两种以上的物质在微观状态下的混合状态以及相互作用状况。

金属材料的显微组织直接影响到机械零件的性能和使用寿命，金相分析是控制机械零件内在质量的重要手段。在新材料、新工艺、新产品的研究开发中，在提高金属制品内在质量的科研中，都离不开金相检验技术。

所谓"相"就是合金中具有同一化学成分、同一结构和同一原子聚集状态的均匀部分。不同相之间由明显的界面分开。合金的性能一般都是由组成合金的各相本身的结构性能和各相的组合情况决定的。合金中的相结构大致可分为固溶体和化合物两大基本类型。

（4）无损探伤检验

① 表面无损检验　表面无损检验主要用于检测焊缝部位表面和近表面的缺陷。表面无损检验方法有渗透检验、磁粉检验、电磁检验和热像/红外检验等。采用何种检验方法，需视被检容器的材质及缺陷深度等情况而定。

② 内部无损检验

a. 超声波检验。此种方法对裂纹较敏感，但不易发现表面缺陷，要求操作人员有较高的技术水平和丰富的实践经验，因而往往需在超声波的基础上进行一定比例的射线检验复验。

b. 超声波衍射时差法检验。该方法是采用一对频率、尺寸、角度相同的纵波探头进行探伤。它有发射和接收两个探头，根据衍射波信号传播的时差判定缺陷高度的量值。

c. 射线检验。其原理是利用 X 射线穿透焊缝及母材金属使照相胶片感光，直观地显示焊缝缺陷的大小、性质及数量。

X 射线检测仪利用了 X 射线的穿透能力，在工业上一般用于检测一些眼睛所看不到的物品内部伤、断，或电路的短路等。比如说检测多层基板内部电路有无短路时，X 射线可穿透基板的表面看到基板的内部电路，在 X 射线发生器对面有个数据接收器，自动将接收到的辐射转换成电信号并传到扩张板中，并在电脑中转换成特定的信号，通过专用的软件将图像在显示器上显示出来，这样就可以通过肉眼观测到基板的内部结构，而不用拿万用表去慢慢测试。

（5）声发射检验　该方法是利用仪器测试材料在承受载荷情况下内部缺陷扩展所发出的超声波，以判定缺陷活动性的方法。声发射技术的应用已较广泛，可以用声发射鉴定不同范围形变的类型，研究断裂过程并区分断裂方式，检测出小于 0.01mm 长的裂纹扩展，研究应力腐蚀断裂和氢脆，检测马氏体相变，评价表面化学热处理渗层的脆性，以及监视焊后裂纹产生和扩展等。在工业生产中，声发射技术已用于压力容器、锅炉、管道和火箭发动机壳体等大型构件的水压检验，评定缺陷的危险性等级，做出适时报警。在生产过程中，用声发射技术可以连续监视高压容器、核反应堆容器和海底采油装置等构件的完整性。声发射技术还应用于测量固体火箭发动机火药的燃烧速度和研究燃烧过程，检测渗漏，研究岩石的断裂，监视矿井的崩塌，并预报矿井的安全性。

（6）应力测定　在用压力容器一般不进行应力测定。但对结构形式不合理，有可能带来过高的局部应力集中和弯曲应力，或在定期检验过程中，发现容器由于冲刷腐蚀而产生明显的凹坑，以及在检验中发现因温度不均匀或由于局部变形而产生鼓包、凹陷等缺陷时，则有必要对容器进行应力测定，以便了解容器的应力分布情况和峰值应力数值，据此判断其使用的安全性。

（7）压力试验

① 耐压试验　按照《固定式压力容器安全技术监察规程》（TSG 21—2016）规定，压力容器耐压试验分为液压、气压及气液组合压力试验三种。按《移动式压力容器安全技术监察规程》（TSG R0005—2011）规定为液压和气压试验两种。

② 泄漏试验　TSG 21—2016 和 TSG R0005—2011 规定，下述应当进行泄漏试验：

a. 当压力容器盛装介质的毒性程度为极度、高度危害，不允许做微量泄漏的固定式压力容器或移动式压力容器耐压试验合格后，应当进行泄漏试验。

b. TSG 21—2016 规定，铸造压力容器盛装气态气体时，应在图样上提出气密性试验的要求；对带有安全阀、爆破片等超压泄放装置的压力容器，如设计时提出气密性试验要求，则设计者应给出该压力容器的最高允许工作压力。

泄漏试验种类：泄漏试验根据试验介质不同，分为气密性试验、氨检漏试验、卤素检漏试验和氦检漏试验等。试验方法的选择，按设计图样和有关标准的要求进行。

a. 气密性试验。试验介质：气密性试验所用气体要求与气压试验相同。试验压力：气密性试验压力应当为固定式压力容器（或罐体）设计压力，或长管拖车、管式集装箱用气瓶的公称工作压力。试验程序：见表4-2。气密性试验合格标准：保压足够时间，用肥皂水或其他检漏方法检查无泄漏。气密性试验时，固定式压力容器应当将安全附件配齐全。移动式压力容器的所有安全附件、管路应当配齐全后进行。

表4-2　气密性试验操作程序

顺序	试验压力	保压时间	注意事项及检查要求
1	压力缓慢上升，升至试验压力10%时暂停升压		试验前一般应装齐安全附件，对密封部位及焊缝等检查无泄漏，无异常现象
2	升压一般按每级梯次10%～20%的试验压力	每级适当保压	观察有无异常现象
3	缓慢升至试验压力	保压足够的时间	用肥皂水检查有无泄漏和异常现象，禁止采用连续加压保持试验压力不变
4	卸压		缓慢卸压

b. 氨检漏试验。根据设计图纸的要求，可采用氨-空气法、氨-氮气法、100%氨气法等氨检漏方法。氨的浓度、试验压力、保压时间由设计图纸确定。

c. 卤素检漏试验。卤素检漏试验时，真空度要求、采用卤素气体种类、试验压力、保压时间及试验操作程序按设计图纸要求确定。

d. 氦检漏试验。氦检漏试验时，真空度要求、氦气浓度、试验压力、保压时间及试验操作程序按设计图纸要求确定。

第二节　检验过程

一、焊前检验

　　焊前检验包括原材料检验，焊接边缘质量的检验，容器零部件成型和切削加工质量的检验。此外，还有技术文件（图纸、工艺规程等）的检验，焊接设备的检验，以及焊工操作水平的鉴定等。

1. 母材质量检验

　　（1）有质量检验证明书的材料　鉴定质量检验证明书，做外部检验，抽样复核和超声探伤（对于制造高压容器和温度＜-40℃的低温容器的钢板，当厚度＜20mm时，应进行超声探伤抽查，抽查数量应不少于所用钢板的20%，且不少于一张）。

　　（2）无质量检验证明书的材料和新材料　必须进行化学成分分析、力学性能试验以及可焊性试验后才能投产使用。

2. 焊接材料质量检验

　　（1）焊接前必须查明所焊材料的钢号，以便正确地选用相应的焊接材料和确定合适的焊接工艺和热处理工艺。

　　① 钢材必须符合国家标准（或部颁标准、专业技术条件），进口钢材应符合所进口国国家标准或合同规定的技术条件。

　　② 焊接材料［焊条、焊丝、钨棒、氩气、氧气、乙炔气（电石气）和焊剂］的质量应符合国家标准（或有关标准）。

　　③ 钢材、焊条、焊丝等均应有制造厂的质量合格证。凡无质量合格证或对其质量有怀疑时，应按批号抽查试验，合格后方可使用。

　　④ 焊条、焊丝的选用，应根据母材的化学成分、力学性能、焊接接头的抗裂性、碳扩散、焊前预热、焊后热处理，以及使用条件等综合考虑。

　　（2）同种钢材焊接时，焊条、焊丝的选用，一般应符合下列要求：

① 焊缝金属性能和化学成分与母材相当。

② 工艺性能良好。

（3）异种钢材焊接时，焊条、焊丝的选用，一般应符合下列要求：

① 两侧钢材均非奥氏体不锈钢时，可选用成分介于两者之间的或与合金含量低的一侧相配的焊条、焊丝。

② 两侧之一为奥氏体不锈钢时，可选用含镍量较高的不锈钢焊条、焊丝。

（4）钨极氩弧焊用的电极宜采用铈钨棒，所用氩气纯度不低于 99.95％。

（5）氧-乙炔焊所用氧气纯度应在 98.5％以上，乙炔气纯度应符合《溶解乙炔》（GB 6819—2004）的规定。如以电石制备乙炔气，电石应有出厂证明书，其质量可采用检查焊缝金属中硫、磷含量（按被焊金属标准）的方法来确定。用于焊接的乙炔气，应进行过滤。未经检查或杂质含量超过标准的乙炔气，不得用于受检部件的焊接。

（6）焊剂质量检验　根据出厂要求检验，项目有成分、焊接性能、粒度和湿度等。

（7）焊条质量检验　根据国家标准，核实其化学成分，检验其外表质量、力学性能、焊接工艺性能等。

二、焊接过程检验

1. 焊接规范的检验

压力容器的焊接规范由焊接工艺评定确定。焊接工艺参数有焊接电流、焊接电压、焊接速度、焊条或焊丝直径、焊道数、焊接层数、焊接顺序、电源种类和极性、焊丝伸出长度、送丝速度、焊剂粒度、气体流量等。

2. 焊接组对质量的检验

（1）焊接过程　施焊过程应密切注意电弧的燃烧状况及母材金属与熔敷金属的熔合情况，发现异常应及时调整或停止焊接，采取相应的改进措施。多层焊时层间清渣要彻底，并自检焊缝表面，发现缺陷应及时修复，如焊接工艺文件对层间温度有要求，必须保证层间温度符合工艺要求后再焊下一层。

（2）减少焊接应力变形的措施

① 刚性固定法　通常用于角变形较大的构件，施焊前加装若干块固定筋板（其厚度一般不小于 8mm），对于较厚的焊件，固定筋板的厚度应随之增大。

② 选择合理的焊接顺序　对于结构复杂、较大型组装件的焊接，应从中间位置向四周施焊，使焊缝的收缩拘束度减小。收缩量大的焊缝先焊（一般横向收缩大于纵向收缩），同时应考虑受拘束大的焊缝后焊。

③ 采用对称焊　对称焊即以焊缝轴线为基准的左右对称、反正面对称、上下对称等的焊接方法。

④ 锤击焊缝的方法　在中厚度焊件的焊接过程中，一般多采用多层焊，第一层和填充层焊接时，每焊完一根焊条，在焊缝金属的热态状况下，立即用锥形圆头手锤均匀敲击焊缝金属，使焊缝金属得到延展，从而减小或消除焊接应力，一般焊缝的最后一层（盖面层）不敲击。

（3）焊后自检

① 焊接过程结束后彻底清除熔渣及飞溅物，自检焊缝外观尺寸及表面质量，外观尺寸应符合图纸要求。

② 对接焊缝金属不得低于母材，并与母材圆滑过渡，焊缝成型美观，力求平直度及宽度基本一致，焊缝表面不允许存在气孔、夹渣、未熔合、焊瘤、裂纹、咬边、弧坑等焊接缺陷，发现以上缺陷需进行修补修磨，并与原焊缝形状基本一致。

③ 角焊缝焊脚高度应符合图纸要求，上下焊脚高度力求相等，焊缝表面不允许存在气孔、夹渣、未熔合、焊瘤、裂纹、咬边、弧坑等焊接缺陷，发现以上缺陷需进行修补修磨，并与原焊缝形状基本一致。凡图纸未注明焊脚高度尺寸的一律以两母材中较薄件厚度为准，焊脚厚度为 $a = 0.7t$（较薄件厚度）。

3. 焊接接头质量检验

（1）放热熔焊的质量检验步骤：

① 将焊接成型的接头用工具剖开，可以非常直观地检查接头的熔合程度，内部是否有气孔、夹渣等缺陷。

② 观察焊接接头的大小。接头大小应与模具的形状一致，如接头过小或有塌陷，说明金属液有过多泄漏，模具内部焊接母材定位不适当，或在焊接过程中模具和母材发生了移动。如果焊接接头有过高的冒口，说明焊接母材或模具有污染物，使体积增大。

③ 观察接头的颜色。放热熔焊焊接接头的颜色，正常情况应该是金黄色至青铜色。

④ 接头表面的光滑度。焊接接头的表面应该相当光滑，没有大的渣滓存在，如果接头表面覆盖有 20％以上的渣滓，或渣滓被除掉有焊材母材暴露，那么该接头必须报废。

（2）采用放热熔焊工艺应注意以下问题：

① 放热熔焊工艺所使用的模具为石墨制品，质地松软易磨损，经多次使用夹拆，设计孔洞会逐渐扩大。当夹孔扩大到开始"吐液"时，必须更换模具，否则焊接完的接头有"夹渣""缺肉"，甚至有虚焊缺陷，不能达到质量要求。石墨制成的模具平均寿命为50~100 个焊接接头，所以在每种规格型号的模具订货期间要充分考虑到这一点。

② 阴雨天或附近地面十分潮湿的情况下，不宜进行放热熔焊施工，如果施工进度有要求，进行操作时必须做好防雨、防潮措施。特别注意的是焊接接头部位，因为母材接头受到泥水污染后只靠表面的擦拭不能满足焊接要求，要彻底去除母材接头部位表面和芯线夹缝中的污物，并充分干燥。若存在侥幸心理，只会给焊接质量带来隐患，甚至产生废品。

三、容器综合检验

作为产品，外观检查和测量以及焊接接头内部缺陷检验必须进行。此外，还必须做致密性检查和强度检验。

1. 外部检验

检验周期：为了确保压力容器在检验周期内的安全而实施运行过程中的在线检验，每年至少进行一次。年度检验可以由使用单位的持证的压力容器检验人员进行（也可由检验单位承担）。

（1）年度检验内容　压力容器年度检验包括使用单位压力容器安全管理情况检验、压力容器本体及运行状况检验和压力容器安全附件检验等。在线的压力容器本体及运行状况检验的主要内容：

a. 压力容器的铭牌、漆色、标志及喷涂的使用证号码是否符合有关规定；

b. 压力容器的本体、接口（阀门、管路）部位、焊接接头等是否有裂纹、过热、变形、泄漏、损伤等；

c. 外表面有无腐蚀，有无异常结霜、结露等；

d. 保温层有无破损、脱落、潮湿、跑冷；

e. 检漏孔、信号孔有无漏液、漏气，检漏孔是否畅通；

f. 压力容器与相邻管道或者构件有无异常振动、响声或者相互摩擦；

g. 支承或者支座有无损坏，基础有无下沉、倾斜、开裂，紧固螺栓是否齐全、完好；

h. 排放（疏水、排污）装置是否完好；

i. 运行期间是否有超压、超温、超量等现象；

j. 罐体有接地装置的，检查接地装置是否符合要求；

k. 安全状况等级为 4 级的压力容器的监控措施执行情况和有无异常情况；

l. 快开门式压力容器安全联锁装置是否符合要求；

m. 安全附件的检验包括对压力表、液位计、测温仪表、爆破片装置、安全阀的检查和校验。

（2）进行压力容器本体及运行状况检验时，一般可以不拆保温层。

2. 全面检验

全面检验（内、外部检验）是指在用压力容器停机时的检验，全面检验应当由检验机构进行。

（1）检验周期

① 安全状况等级为 1～2 级，一般为 6 年一次。

② 安全状况等级为 3 级，一般为 3～6 年一次。

③ 安全状况等级为 4 级，其检验周期由检验机构确定。安全状况等级为 4 级的压力容器，其累积监控使用的时间不得超过 3 年。在监控使用期间，应当对缺陷进行处理，提高其安全状况等级，否则不得继续使用。

④ 新压力容器一般投入使用满 3 年时进行首次全面检验，下次的全面检验时间由检验机构根据首次全面检验结果再确定。

⑤ 介质为液化石油气且有应力腐蚀现象的，每年或根据需要进行全面检验。

⑥ 采用"亚铵法"造纸工艺，且无防腐措施的蒸球，根据需要每年至少进行一次全面检验。

⑦ 球形储罐使用标准抗拉强度下限≥540MPa 材料制造的，使用一年后应当开罐检验。

（2）全面检验项目、内容，按《压力容器定期检验规则》（TSG R7001—2013）进行。

（3）检验单位根据压力容器具体状况，制定检验方案后实施检验，并按检验结果综合评定安全状况等级（如需要维修改造的压力容器，按维修后的复检结果进行安全状况等级评定）。检验单位对其检验检测结果、鉴定结论承担法律责任。

（4）全面检验前，使用单位应做好有关准备工作，应具备以下条件：

a. 使用单位应提交受检压力容器的所有技术资料，历年检验报告，运行记录，维修、改造文件，监检记录等；

b. 影响全面检验的附属部件或者其他物体，应当按检验要求进行清理或者拆除；

c. 为检验而搭设的脚手架、轻便梯等设施必须安全牢固（对离地面 3m 以上的脚手架设置安全护栏）；

d. 需要进行检验的表面，特别是腐蚀部位和可能产生裂纹性缺陷的部位，必须彻底清理干净，母材表面应当露出金属本体，进行磁粉、渗透检验的表面应当露出金属光泽；

e. 被检容器内部介质必须排放、清理干净，用盲板从被检容器的第一道法兰处隔断所有液体、气体或者蒸汽的来源，同时设置明显的隔离标志，禁止用关闭阀门代替盲板隔断；

f. 盛装易燃、助燃、毒性或者窒息性介质的压力容器，使用单位必须进行置换、中和、消毒、清洗，取样分析，分析结果必须达到有关规范、标准的规定；

g. 人孔和检查孔打开后，必须清除所有可能滞留的易燃、有毒、有害气体，压力容器内部空间的气体含氧量应当在 18% ～22%（体积分数）之间，必要时还应当配备通风、安全救护等设施；

h. 高温或者低温条件下运行的压力容器，按照操作规程的要求缓慢地降温或者升温，使之达到可以进行检验工作的程度，防止造成伤害；

i. 能够转动的或者其中有可动部件的压力容器，应当锁住开关，固定牢靠，移动式压力容器检验时，应当采取措施防止移动；

j. 切断与压力容器有关的电源，设置明显的安全标志，检验照明用电不超过 24V，引入压力容器内的电缆应当绝缘良好、接地可靠；

k. 如果需现场射线检测时，应当隔离出透照区，设置警示标志；

l. 全面检验时，应当有专人监护，并且有可靠的联络措施；

m. 检验时，使用单位压力容器管理人员和相关人员到场配合，协助检验工作，负责安全监护；

n. 在线全面检验时，检验人员认真执行使用单位有关动火、用电、高空作业、罐内作业、安全防护、安全监护等规定，确保检验工作安全。

（5）有以下情况之一的压力容器，全面检验周期应适当缩短：

a. 介质对压力容器材料的腐蚀情况不明，或者介质对材料的腐蚀速率大于每年 0.25mm，以及设计者所确定的腐蚀数据与实际不符的。

b. 材料表面质量差或者使用中发现应力腐蚀现象的。

c. 使用条件恶劣或者使用中发现应力腐蚀现象的。

d. 使用超过 20 年，经过技术鉴定或者由检验人员确认按正常检验周期不能保证安全使用的。

e. 停止使用时间超过 2 年的。

f. 改变使用介质，并且可能造成腐蚀现象恶化的。

g. 设计图样注明无法进行耐压试验的。

h. 检验中对其他影响安全的因素有怀疑的。

i. 搪玻璃设备。

3. 耐压试验

耐压试验指压力容器全面检验合格后，所进行的超过最高工作压力的液压试验，或者气压试验，每两次全面检验期间，原则上应进行一次耐压试验。

对设计图样注明无法进行全面检验或耐压试验的压力容器，由使用单位提出申请，由地市级安全监察机构审查，同意后报省级监察机构备案。

(1) 耐压试验的要求　全面检验合格后方可允许进行耐压试验。耐压试验前，压力容器各连接部位的紧固螺栓必须装配齐全，紧固稳当。耐压试验场地应当有可靠的安全防护设施，并且经过使用单位技术负责人和安全部门检验认可。耐压试验过程中，检验人员与使用压力容器单位管理人员到现场进行检验。检验时不得进行与试验无关的工作，无关人员不得在试验现场停留。

(2) 耐压试验的压力应当符合设计图样要求，并且不小于下式计算值：

$$p_T = \eta p[\sigma]/[\sigma]^t$$

式中　p_T——耐压试验压力，MPa；

$p[\sigma]$——试验许用压力，MPa；

$[\sigma]^t$——设计许用压力，MPa；

η——耐压试验的压力系数。

第三节　破坏性检验

一、化学成分分析

1. 目的

压力容器采用新材料，制造过程采用新工艺，以及如有其他必要时进行化学成分分析。鉴定金属由哪些元素所组成的试验方法称为定性分析。测定各组分间量的关系（通常以百分比表示）的试验方法称为定量分析。若基本上采用化学方法达到分析目的，称为化学分析。若主要采用化学和物理方法（特别是最后的测定阶段常应用物理方法），一般采用仪器来获得分析结果，称为仪器分析。

化学分析根据各种元素及其化合物的独特化学性质，利用化学反应，对金属材料进行定性或定量分析。定量化学分析按最后的测定方法可分为重量分析法、滴定分析法和气体容积法等几种。重量分析法是使被测元素转化为一定的化合物或单质，与试样中的其他组分分离，最后用天平称重方法测定该元素的含量。滴定分析法是将已知准确浓度的标准溶液与被测元素进行完全化学反应，根据所耗用标准溶液的体积（用滴定管测量）和浓度计算被测元素的含量。气体容积法是用量气管测量待测气体（或将待测元素转化成气体形式）被吸收（或产生）的容积，来计算待测元素的含量。由于化学分析具有适用范围广和易于推广的特点，所以至今仍为很多标准分析方法所采用。仪器分析根据被测金属材料中的元素（或其化合物）的某些物理性质或物理与化学性质的相互关系，应用仪器对金属材料进行定性或定量分析。有些仪器分析仍不可避免地需要通过一定的化学预处理和必要的化学反应来完成。金属化学分析常用的仪器分析法有光学分析法和电化学分析法两种。光学分析法是根据物质与电磁波（包括从 γ 射线至无线电波的整个波谱范围）的相互关系，或者利用物质的光学性质来进行分析的方法。光学分析法最常用的有吸光光度法（红外、可见和紫外吸收光谱）、原子吸收光谱法、原子荧光光谱法、发射光谱法（看谱分析）、浊度法、火焰光度法、X射线衍射法、X射线荧光分析法以及放射化学分析法等。电化学分析法是根据被测金属中元素或其化合物的浓度与电位、电流、电导、电容或电量的关系来进行分析的方法，主要包括电位法、电解法、电流法、极谱法、库仑（电量）法、电导法以及离子选择电极法等。仪器分析的特点是分析速度快，灵敏度高，易于实现计算机控制和自动化操作，可节省人力，减轻劳动强度和减少环境污染。但仪器分析试验装置通常较庞大复杂，价格昂贵，有些大型、复杂、精密的仪器只适用于大批量和成分较复杂的试样的分析工作。

2. 内容

对于原材料、焊接材料和焊缝进行的化学分析，均是化学分析的主要内容。

（1）对原材料进行化学分析　成分分析是指通过科学分析方法对产品或样品的成分进行分析，是对各个成分进行定性定量分析的技术方法。其主要作用和目的是帮助客户解决以下问题：

① 判断材料是否符合原材料标准要求。

② 鉴定不同批次材料成分是否相同。

③ 区分外观相似的材料等。

（2）对焊接材料进行化学分析　焊接材料（即焊条）就是涂有药皮的供电弧焊使用的熔化电极，它由焊芯和药皮两部分组成。

① 焊芯　焊条中被药皮包覆的金属芯称为焊芯。焊芯一般是一根具有一定长度及直径的钢丝。焊接时，焊芯有两个作用：一是传导焊接电流，产生电弧把电能转换成热能；二是焊芯本身熔化为填充金属，与母材金属熔合形成焊缝。用于焊接的专用钢丝可分为碳素结构钢钢丝、合金结构钢钢丝和不锈钢钢丝三类。

② 药皮　压涂在焊芯表面的涂层称为药皮。在光焊条外面涂一层由各种矿物等组成的药皮，能使电弧燃烧稳定，焊缝质量得到

提高。药皮中要加入一些还原剂，使氧化物还原，以保证焊缝质量。

由于电弧的高温作用，焊缝金属中所含的某些合金元素被烧损（氧化或氮化），这样会使焊缝的力学性能降低。通过在焊条药皮中加入铁合金或纯合金元素，使之随着药皮的熔化而过渡到焊缝金属中去，以弥补合金元素烧损和提高焊缝金属的力学性能，改善焊接工艺性能，使电弧稳定燃烧、飞溅少、焊缝成型好、易脱渣和熔敷效率高。

对焊接材料进行化学成分检验，就是确保所使用的焊接材料符合制造压力容器的技术需要，以确保压力容器的安全使用。

二、金相检验

1. 目的

金相检验是通过对焊接接头金属的了解，判定焊接工艺的正确性，判断焊接材料的适用性，查明焊接接头和母材内的缺陷及其产生原因，用肉眼、放大镜或光学金相显微镜观察金属材料的组织（或缺陷）及其变化规律的一种材料物理试验。通过金相检验可以控制加工工艺，保证产品质量；找出机器零部件的失效原因，以提高产品的性能和寿命；研究材料的组织和成分与性能之间的关系，为发展新工艺、新材料、新设备提供依据。

2. 内容

金相检验一般都应参照相应的检验标准，如晶粒度标准、夹杂物标准、宏观检验标准和马氏体级别标准等来进行。金相检验包括宏观检验和显微组织检验两部分。

（1）宏观检验　宏观检验用肉眼或 30 倍以下的放大镜检验宏观组织和缺陷。这种检验所需设备简单，故应用广泛。常用方法有侵蚀法、断口法和印痕法。

① 侵蚀法包括热酸蚀、冷酸蚀、电解酸蚀等。应用化学药品进行侵蚀，以显示金属铸锭、铸件或型材等的宏观组织和缺陷，如偏析、疏松、夹杂、缩孔、气泡、裂缝、折叠、表面脱碳、裂纹和

粗晶等。

② 断口法是将金属材料折断，以观察断口的组织和缺陷。这种方法对于显示晶粒粗细、渗层厚度、分层、白点、裂缝等特别适用。

③ 印痕法主要指钢铁检验中应用的硫印法和磷印法。硫印法是将经 2%～5%硫酸水溶液浸润过的相纸覆于钢铁试片表面上，使试片中的硫化物与相纸上的溴化银作用而生成硫化银沉淀的斑点，从而显示出硫的多少和分布状况。磷印法的原理与硫印法相似，但其图像所显示的是磷的分布情况。各种宏观检验方法各有一定的适用范围，需根据检验目的不同而进行选择。

(2) 显微组织检验　显微组织检验利用金相显微镜来观察、分析金属材料的显微组织和微观缺陷。检验内容包括测定各组成相和夹杂物的种类、分布和形态特征，有无孔隙、裂纹等存在并确定其数量和分布情况。检验目的是通过这些观察和分析，进一步了解金属材料的各种显微组织和微观缺陷的形成规律，以及它们与各种性能之间的关系。金相显微镜的放大倍率一般不超过 2000 倍，其分辨极限约为 0.2μm。在检验孔隙和夹杂物时，通常先在材料或机件上具有代表性的部位取样，然后经磨平、抛光即可观察。如欲检验显微组织，则还需将金相试样用化学或其他物理方法进行组织显示，具体方法视检验目的而定。

① 常见的钢铁显微组织　在工业用金属材料中以钢铁应用最广，它们在加热和冷却过程中形成具有各种不同性能的显微组织。常见的钢铁显微组织有铁素体、奥氏体、渗碳体、珠光体、贝氏体和马氏体。

a. 铁素体。碳溶解在具有体心立方晶体结构的铁（α-Fe 或 δ-Fe）中所形成的固溶体为铁素体。铁素体一般硬度较低，塑性较好。经硝酸溶液侵蚀后，铁素体晶粒在显微镜下呈均匀白亮的多边形。由于各晶粒取向不同，相互间常有明暗之分。因含碳量的变化和冷却条件的不同，铁素体还可能以网状、针状、片状等形态出现。

b. 奥氏体。碳溶解在具有面心立方晶体结构的铁（γ-Fe）中所形成的固溶体为奥氏体。通常其在高温时存在，但由于合金元素的加入，有时也可能在室温时稳定存在，如高锰钢、Cr18-Ni8 型奥氏体不锈钢等。奥氏体晶粒在显微镜下一般也呈多边形，但晶界较铁素体平直。奥氏体塑性较好，但强度较低。

c. 渗碳体。渗碳体即碳与铁的间隙型化合物（Fe_3C），具有复杂斜方晶体结构，含 6.67% 的碳。其硬度高，塑性和韧性很低，不受硝酸乙醇溶液侵蚀，故在显微镜下呈白亮色。其形态有条块状、细片状、针状和球状等。它是碳钢中的主要强化相，其形态、大小、数量、分布等对钢的性能有很大影响。

d. 珠光体。奥氏体从高温冷却下来所形成的铁素体和渗碳体的两相共析组织为珠光体。其疏密程度受形成时过冷度的影响，过冷度越大则越细密，强度和硬度也越高。钢中的片状珠光体，呈指纹状层状排列，其中细条状者为渗碳体，白色基底为铁素体。

e. 贝氏体。贝氏体为过冷奥氏体在中温区域转变而成的铁素体和渗碳体两相混合组织（有时可能有奥氏体）。其主要有上贝氏体（羽毛状）、下贝氏体（针状）和粒状贝氏体三种形态。上贝氏体形成温度较高，下贝氏体形成温度较低，粒状贝氏体则是某些合金钢在一定冷速范围内连续冷却过程中形成的。

f. 马氏体。碳在 α-Fe 中的过饱和固溶体为马氏体，是奥氏体在很大的过冷度条件下形成的低温转变产物。按含碳量的不同，主要有低碳马氏体和高碳马氏体两种形态。低碳马氏体在金相显微镜下呈细条状并同向成束排列，故又称为板条状马氏体。在一个奥氏体晶粒中可出现多个不同位向的马氏体束，它有较好的强度和韧性，是低碳钢和低合金钢中具有良好性能的组织。高碳马氏体相互交叉成针状或竹叶状，故又称为针状马氏体，在针叶之间常有残余奥氏体存在。针状马氏体脆性大，硬度高，一般需经回火后使用。

② 方法

a. 低倍组织检验。试样取自焊接试件距起弧区或收弧区20～30mm 处，界区方法为切屑或气割，用气割时应除去 2～5mm 的热影响金属层。检验时，用肉眼或低于 30 倍的放大镜观察。

酸蚀观察：试样断面大多数为焊缝横截面，也可为沿焊缝的纵截面，打磨抛光后，酸蚀即可观察。酸蚀观察可以检查焊接接头各区的界限，焊缝金属的结晶状态，以及未焊透、夹渣、裂纹、气孔、偏析、分层、疏松等缺陷。

断口检查：在试样上切深度为 1/3 试样宽度的槽，然后用落锤法击断后观察。断口检查不仅可以查明酸蚀检查所能查出的缺陷，而且可以判定破坏的性质（是塑性破坏，还是脆性破坏）。

b. 显微组织检查。试样的厚度小于 1.5mm 而面积小于 $400mm^2$，经磨制、抛光、酸蚀后，用 $50 \sim 1500$ 倍率的金相显微镜观察和照相。显微组织检查可确定焊接接头各部分的显微组织、晶粒大小，并估计焊缝金属和热影响区的冷却速度，还可查明合金钢焊接时焊缝金属和热影响区内碳化物的析出情况，以及焊接接头的显微化夹渣物（气孔、夹渣、裂纹、未焊透等）和组织缺陷（淬火组织、氧化夹渣物、氮化夹渣物和过烧现象等）。

三、力学性能试验

力学性能试验可分为静力试验和动力试验两大类。静力试验包括拉伸试验、压缩试验、弯曲试验、剪切试验、扭转试验、硬度试验、蠕变试验、高温持久强度试验、应力松弛试验、断裂韧性试验等。动力试验包括冲击试验、疲劳试验等。

测定材料在一定环境条件下受力或能量作用时所表现出的特性的试验，称为材料力学性能试验。试验的内容主要是测量材料的强度、硬度、刚性、塑性和韧性等。材料力学性能的测定与机械产品的设计计算、材料选择、工艺评价和材质检验等有密切的关系。测出的力学性能数据不仅取决于材料本身，还与试验的条件有关。例如取样的部位和方向，试样的形状和尺寸，试验时的加力特点（包括加载速度、环境介质的成分和温度）等都会影响试验的结果。为了保证试验结果的相对可比性，通常都制定出统一的标准试验方法，对试验条件一一做出规定，以便试验时遵守。

力学性能试验在各种特定的试验机上进行。试验机按传动方式分机械式和油压式两类，可手动操作或自动操作。有的试验机还带有计算机装置，按编好的程序自动进行试验操作和控制，并可用图像和数字显示出结果，提高试验的精度，使用方便。

1. 目的

测定母材、焊接材料、焊接金属和焊接接头在各种条件下的强度、韧性和冲击韧性，根据所得的数据可判断母材、焊接材料、焊缝金属和焊接接头是否满足设计要求，查明所选用的焊接工艺是否合适。

2. 试样

试样取自焊接试板，它与容器及其原件一起焊接和热处理。试样在试坯中的截取位置应符合 GB 2649 的规定。

3. 内容

(1) 焊接接头抗拉试验　按照《焊接接头拉伸试验方法》(GB/T 2651—2008) 制取试样，其形式分为板形试样（见图 4-2）、圆形试样（见图 4-3）和整管试样 3 种。如果拉伸试验机条件不允

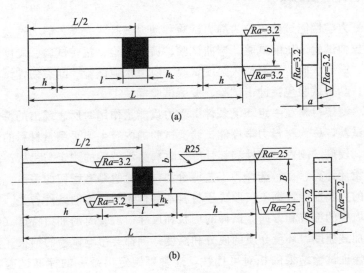

图 4-2　板形试样

许，且外径≤30mm，可采用如图 4-4 所示的刨管纵向板形试样。焊接接头抗拉试样用来检验焊接接头的强度、塑性以及所用的焊接工艺是否合适。

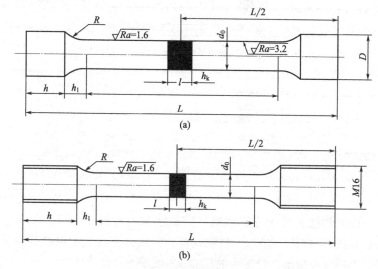

图 4-3 圆形试样

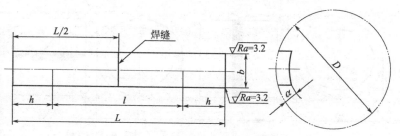

图 4-4 刨管纵向板形试样

（2）焊接接头弯曲试验 该试验按《焊接接头弯曲试验方法》（GB/T 2653—2008）制取试样，其形式有横弯试验（见图 4-5）、侧弯试验和纵弯试验。横弯时弯轴的加荷方向垂直于焊缝轴线，又分为面弯和背弯两种。侧弯时弯轴的加荷方向平行于焊缝轴线，产生垂直于焊缝轴线的应力。纵弯时弯轴的加载方向虽然也垂直于焊缝轴线，但产生平行于焊缝轴线的应力。

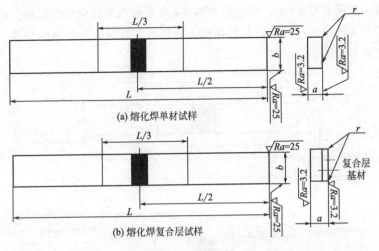

(a) 熔化焊单材试样

(b) 熔化焊复合层试样

图 4-5　横弯试样

（3）焊接接头的压扁试验　该试验按《焊接接头弯曲试验方法》（GB/T 2653—2008）制取试样，其形式有环缝和纵缝压扁试样，如图 4-6 所示。管接头的压扁试样见图 4-7。

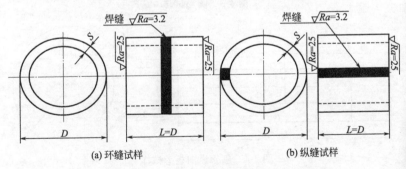

(a) 环缝试样　　　　　　　　　　　(b) 纵缝试样

图 4-6　环缝和纵缝压扁试样

（4）焊接接头冲击试验　该试验按 GB/T 2650《焊接接头冲击试验方法》制取试样。图 4-8 为冲击试验的标准试样，按缺口形状有 U 形和 V 形两种。非标准试样与标准试样的差别在于缺口平行的宽度，前者有 $(5.00\pm0.10)\text{mm}$ 及其他尺寸。图 4-9 示出了冲击试样在焊接试板板坯中的方位和口的位置，图 4-10 示出了冲

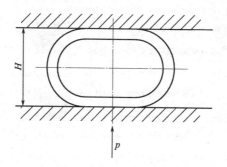

图 4-7 管接头压扁试样

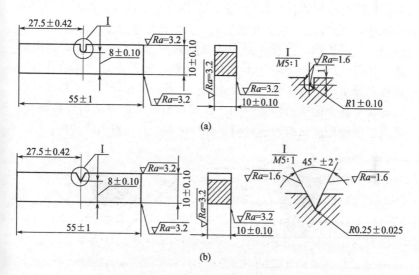

(a)

(b)

图 4-8 冲击试验的标准试样

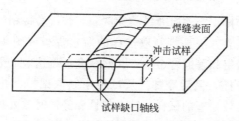

图 4-9 冲击试样在焊接试板板坯中的方位和口的位置

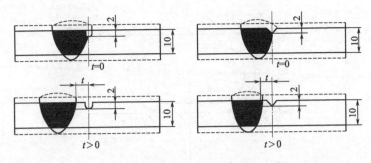

图 4-10　冲击试样缺口在焊接接头各部分的相对位置

击试样缺口在焊接接头各部分的相对位置，低温冲击试验也采用这类试样。

（5）焊接接头的硬度试验　该试验按《焊接接头硬度试验方法》（GB/T 2654—2008）标定测试位置，见图 4-11。试验的目的是测定焊接接头各部分（焊缝金属、热影响区和母材）的硬度，以鉴定接头各个区域的性能差别、区域性偏析和近缝区的淬硬倾向。采用显微镜硬度试验，还可确定焊缝接头中某一组织的硬度。

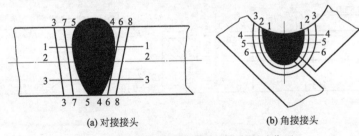

(a) 对接接头　　　　　　　(b) 角接接头

图 4-11　焊接接头硬度试验的标定测试位置

（6）焊接接头冷作时效敏感性试验　该试验按相关规定及标准制取试样。试验方法是将制取试样的对接焊板（图 4-12）进行拉伸，如为低碳钢和普通合金钢，其残余变形可达 5% 或 10%，然后在 250℃保温 1h，最后冷却。从试板中制取试样，并进行冲击试验。将未经时效处理的试样的冲击韧性和经过时效处理的试样的冲击韧性相比，用绝对值或百分比表示冷作时效敏感性。

（7）焊接接头和焊缝金属的疲劳试验　该试验按相关规定及标

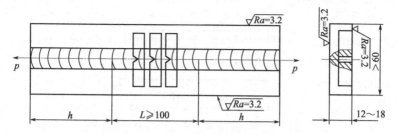

图 4-12　从对接焊板中制取冷作时效敏感性试样

准制取试样（见图 4-13），并测定对称交变载荷作用下的持久强度及其应力-转速曲线。

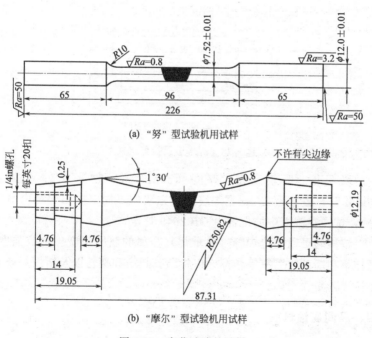

(a) "努" 型试验机用试样

(b) "摩尔" 型试验机用试样

图 4-13　疲劳试验的试样

（8）焊缝（及堆焊）金属拉伸试验　该试验按 GB/T 2652—2008《焊缝及熔敷金属拉伸试验方法》制取试样，见图 4-14。试样在焊缝和堆焊金属截面中的数量及位置见图 4-15。试样在截面

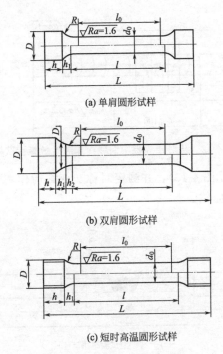

(a) 单肩圆形试样

(b) 双肩圆形试样

(c) 短时高温圆形试样

图 4-14　焊缝金属拉伸试样

中的数量根据厚度而定，厚度＜36mm 时，数量为 1；厚度≥
36mm 时，数量为 2。根据焊缝形成方法的不同（电弧焊和电渣焊
等），试样在截面中的位置由 GB 2649 规定。

该试验可以测定焊缝（及堆焊）金属的屈服强度、抗拉强度、
延伸率和断裂收缩率等指标，以检验其强度和塑性以及所用焊条和
焊接工艺是否正确。

四、晶间腐蚀试验

晶间腐蚀试验是在特定介质条件下检验金属材料晶间腐蚀敏感
性的加速金属腐蚀试验方法，目的是了解材料的化学成分、热处理
和加工工艺是否合理。其原理是采用可使金属的腐蚀电位处在恒电
位阳极极化曲线特定区间的各种试验溶液，利用金属的晶粒和晶界

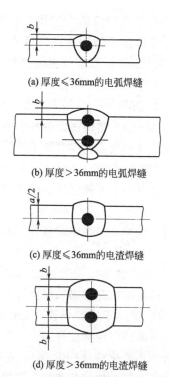

(a) 厚度≤36mm的电弧焊缝

(b) 厚度＞36mm的电弧焊缝

(c) 厚度≤36mm的电渣焊缝

(d) 厚度＞36mm的电渣焊缝

图 4-15　试样在焊缝和堆焊金属截面
中的数量及位置

在该电位区间腐蚀电流的显著差异加速显示晶间腐蚀。不锈钢、铝合金等的晶间腐蚀试验方法在许多国家均已标准化。

（1）硫酸-硫酸铜-铜屑法适用于检验几乎所有类型的不锈钢和某些镍基合金因碳、氮化物析出引起的晶间腐蚀。奥氏体不锈钢在此溶液中的腐蚀电位处于活化-钝化区。试验结果采用弯曲试样在放大镜下观察到的裂纹或金相法评定。此法全面腐蚀轻微，试验条件稳定，但判定裂纹需有一定经验。

（2）硝酸法适用于检验不锈钢、镍基合金等因碳化物析出或溶质偏析引起的晶间腐蚀。奥氏体不锈钢在此溶液中的腐蚀电位处于钝化-过钝化区。试验结果采用腐蚀率评定，此法试验周期长。

（3）硝酸-氢氟酸法适用于检验含钼奥氏体不锈钢因碳化物析出引起的晶间腐蚀。奥氏体不锈钢在此溶液中的腐蚀电位处于活化-钝化区。此法试验周期短，但全面腐蚀严重，试验结果需采用同种材料敏化和固溶试样的腐蚀率比值评定。

（4）硫酸-硫酸铁法适用于检验镍基合金、不锈钢因碳化物析出引起的晶间腐蚀。奥氏体不锈钢在此溶液中的腐蚀电位处于钝化区。试验结果采用腐蚀率和固溶试样腐蚀率比值来评定。

（5）草酸浸蚀法主要用作检验奥氏体不锈钢晶间腐蚀的筛选试验。电解浸蚀时腐蚀电位处于过钝化区。浸蚀后用金相显微镜观察浸蚀组织分类评定。

（6）盐酸法适用于检验某些高钼镍基合金的晶间腐蚀，试验结果以腐蚀率评定。

（7）氯化钠-过氧化氢法适用于检验含铜铝合金的晶间腐蚀，试验结果采用金相显微镜测量晶间腐蚀深度评定。

（8）氯化钠-盐酸法适用于检验铝镁合金的晶间腐蚀，试验结果采用金相显微镜测量晶间腐蚀深度评定。

（9）电化学动电位再活化法（EPR法）：在特定溶液中将试样钝化后再活化，测定动电位扫描极化曲线，以再活化电量评定晶间腐蚀敏感性。

五、应力腐蚀开裂试验

应力腐蚀开裂具有脆性断口形貌，但它也可能发生于韧性高的材料中。发生应力腐蚀开裂的必要条件是要有拉应力（不论是残余应力还是外加应力，或者两者兼而有之）和特定的腐蚀介质存在。裂纹的形成和扩展大致与拉应力方向垂直。这个导致应力腐蚀开裂的应力值，要比没有腐蚀介质存在时材料断裂所需要的应力值小得多。在微观上，穿过晶粒的裂纹称为穿晶裂纹，而沿晶界扩展的裂纹称为沿晶裂纹，当应力腐蚀开裂扩展至某一深度时（此处，承受载荷的材料断面上的应力达到它在空气中的断裂应力），则材料就按正常的裂纹（在韧性材料中，通常是通过显微缺陷的聚合）而断开。因此，由于应力腐蚀开裂而失效的零件的断面，将包含应力腐蚀开裂的特征区域，以及与显微缺陷的聚合相联系的"韧窝"区域。

钢材应力腐蚀试验所用的介质如下：

碳钢：20% $NaHCO_3$（沸腾）；$(NH_4)_2CO_3$（50g）＋$Ca(NO_3)_2$（600g）＋H_2O（350mL，100℃）；50% $NaOH$＋氧化剂（沸腾）。

高强度钢：沸腾的 $MgCl_2$，1mol/L Na_2HPO_4、Na_2SO_4 等溶液并通气。

不锈钢：沸腾的 $MgCl_2$ 溶液（浓度约 43%）；0.5mol/L $NaCl$＋0.1mol/L $NaNO_2$ 溶液（以上两介质用于奥氏体不锈钢）；35% $NaCl$ 溶液（用于铁素体不锈钢）。

可供使用的试验方法有以下 4 种：

1. 恒应变法

（1）过程　采用专用夹具固定试样，产生一定的变形量以达到加载的目的，然后放入腐蚀介质试验。

（2）评定　比较裂纹出现所需时间的长短，或者一定时间内出现裂纹的数目。

2. 恒应力法

（1）过程　利用砝码或弹簧力矩给试样加载而产生拉应力，并放入腐蚀介质中试验。

（2）评定　比较断裂时间的长短，或者利用应力与开裂时间的关系曲线，求出应力腐蚀开裂的临界应力 σ_{scc}。

3. 预制裂缝法

（1）过程　在构件一定部位或试样一定位置上预制裂缝，使其在应力和腐蚀介质共同作用下断裂。

（2）评定　利用断裂力学的定量指标，求出应力腐蚀开裂的强度因子。

4. 慢恒应变速率法

（1）过程　在专门设计的恒应变速率的应力腐蚀试验机上，试样在腐蚀介质中以一定应变速率 [铜约为 $25.4 \times (10^{-7} \sim 10^{-5})$

mm/s〕进行拉伸。

（2）评定　分析试样的破断情况和断口特征。

六、铬镍奥氏体不锈钢焊缝铁素体含量的测定

1. 目的

测定铬镍奥氏体不锈钢焊缝，堆焊金属中一次铁素体（δ）的含量及百分比。

2. 试验方法

铁素体：直接由液态金属凝固结晶而形成的高温铁素体，并被保留到室温。

铁素体数：人为选定用来表示奥氏体不锈钢、铁素体奥氏体不锈钢焊缝金属铁素体含量的标准化数值（FN）。

一级标样：在含碳量低于 0.18％碳钢基体上制作一层精确的非磁性涂层标样。非磁性涂层材料是由铜制作，并镀硬铬、抛光。每个标样上标识出国际通用的某一当量磁性焊缝金属的 FN 值，适用于马格尼仪等标准磁吸引力原理测量仪器的校准。

二级标样：按标准规程制成的焊接熔敷金属或类似熔敷金属组织的试样，用一级标样校准的马格尼仪确定每个试样的 FN 值，用于磁性法铁素体测量仪器周期性校准。应采用以磁吸引力或磁导率原理的铁素体测量仪器进行测定，以测量的铁素体数 FN 表示奥氏体不锈钢、铁素体奥氏体不锈钢焊缝金属中的铁素体含量。

焊条电弧焊熔敷金属的测量：按一定形状和尺寸在基板上用被测焊条试样堆焊时，可在试板上平行摆放两条铜板。堆焊层最小高度为 13mm，焊条直径≥4.0mm 时，每一堆焊层应由单焊道组成。焊条直径小于 4.0mm 时，焊道宽度应不大于 3 倍焊芯直径。每一堆焊层应由两道或更多焊道组成，焊接时不允许电弧接触铜板。焊接电流按规定，应在焊层的首端和尾端起弧、灭弧。每焊完一焊道后改变焊接方向，焊完每一焊道 20s 后用水冷，道间温度应不大于 100℃，最上面一层焊道在水冷之前应先空冷到 425℃ 以下，每一焊道应清理干净之后才能堆焊下一焊道，最上面一层由单焊道组

成，宽度不大于 3 倍焊芯直径。奥氏体不锈钢堆焊层用粗牙板锉把堆焊表面锉平，不应采用机械冷加工，锉刀轴线应与焊道长度方向垂直，锉刀施加力时平稳向前推进，使锉磨的表面沿焊道长度方向延伸，不应交叉锉磨焊道。双相不锈钢的堆焊表面允许先用砂轮打磨，最后用 600 目或更细的磨料磨光，打磨时要避免过力而产生过热现象。锉磨后的表面应平整光滑，无焊接波纹，该表面沿焊道长度方向应是连续的，宽度不小于 5mm。

（1）金相法

试样：从焊缝或堆焊试板中截取试样，数量≥6 个，段长为 10～20mm，在观测面用化学法和电解法显示铁素体。

测量：所测部位在大焊缝面最外层焊缝中部，在大于 500 倍的显微镜上，用带有 100 刻度测微器的分度直尺测量，既可以用计算法又可以用标准等级图片法，获得该现场内铁素体的相对含量。

（2）磁性法

试样：有破坏性和非破坏性两种。

测量：采用磁性仪器（非破坏性试验时，可采用 TSJ-1A 型一次铁素体测定仪），运用棒状和平面状标样，对试样上的 10 个部位进行测定。如有异议，用进行割线法仲裁。

第四节　非破坏性试验

一、射线探伤

射线探伤是利用 X 射线或 γ 射线在穿透被检物各部分时强度衰减的不同，检测被检物中缺陷的一种无损检测方法。

1. 工作原理

被检物各部分的厚度或密度因缺陷的存在而有所不同，当 X 射线或 γ 射线在穿透被检物时，射线被吸收的程度也将不同。若将受到不同程度吸收的射线投射在 X 射线胶片上，经显影后可得到显示物体厚度变化和内部缺陷情况的照片（X 射线底片），这种方法称为 X 射线照相法。若用荧光屏代替胶片直接观察被检物，则称为透视法。若用光敏元件逐点测定透过后的射线强度而加以记录或显示，则称为仪器测定法。

X 射线是在高真空状态下用高速电子冲击阳极靶而产生的。γ射线是放射性同位素在原子蜕变过程中放射出来的。两者都具有高穿透力、波长很短的电磁波。不同厚度的物体需要用不同能量的射线来穿透，因此要分别采用不同的射线源。例如由 X 射线管发出的 X 射线（当电子的加速电压为 400kV 时），由放射性同位素 ^{60}Co 所产生的 γ 射线和由 20MeV 直线加速器所产生的 X 射线，能穿透的最大钢材厚度分别约为 90mm、230mm 和 600mm。

2. 射线探伤的种类

（1）按射线种类分

① X 射线可穿透 60～70mm 的钢板，常用。

② γ 射线可穿透 150mm 的钢板。

③ 高能 X 射线可穿透 500mm 以上的钢板。

（2）按缺陷的显示方法分

① 电离法可进行连续检验，但无法判断缺陷的形式和性质，且不宜用于检验厚度有变化的工作。

② 荧光屏法可连续检验，灵敏度很差，只能检验厚度小于 20mm 的薄件。

③ 照相法的缺陷显示效果较好，使用最广。

3. 照相法射线探伤的技术

（1）对探伤位置的编号　编号中应注明产品批号、产品序号、焊缝序号和底片序号。

（2）软片　对软片的要求应是反差强、清晰度高和灰雾少。

（3）增感

① 作用　提高底片对射线的吸收能力，增加底片的感光速度。

② 增感屏的速度

a. 荧光增感屏。增感材料为钨酸钙（$CaWO_4$），激发的射线为荧光；晶粒粗大；转变所吸收的能量较少，用于要求增感强度大而清晰度低的场合。

　　b. 金属箔增感屏。增感材料为铅合金、锡、锆等，激发出 β 射线、标识 X 射线；晶粒细小；转变所吸收的能量较少，用于要求清晰度高而增感作用不大的场合。

　　③ 增感方式　增感屏与底片的组合方式有 4 种，列于表 4-3 中。

表 4-3　增感方式

增感屏与底片的组合方式	特点和用途
	能增感,较清晰,常用
	能增感,较清晰,常用,且可一次透视得两张底片
	增感较大,清晰度较低
	增感较小,清晰度最佳

　　注：▬▬▬▬ 金属箔增感屏；▭▭▭▭ 荧光增感屏；－－－－－ 软片。

　　④ 增感屏的选用　增感屏的选用应符合表 4-4 的规定。

表 4-4　增感屏的材料和厚度

射线屏	材料	前屏 厚度/mm	后屏 厚度/mm	中屏[1] 厚度/mm
X 射线(≤100kV)	铅	不用或 ≤0.03	≤0.03	—
X 射线[2](>100~150kV)	铅	0.02~0.10	0.02~0.15	2×0.02~ 2×0.10
X 射线[2](>150~250kV)	铅	0.02~0.15	0.02~0.15	2×0.02~ 2×0.10
X 射线[2](>250~500kV)	铅	0.02~0.20	0.02~0.20	2×0.02~ 2×0.10

射线屏	材料	前屏 厚度/mm	后屏 厚度/mm	中屏① 厚度/mm
^{169}Yb②	铅	0.02~0.15	0.02~0.15	2×0.02~ 2×0.10
^{75}Se	铅	A 级 0.02~0.20	A 级 0.02~0.20	2×0.10
		AB 级、B 级 0.10~0.20③	AB 级、B 级 0.10~0.20	2×0.10
^{192}Ir	铅	A 级 0.02~0.20	A 级 0.02~0.20	2×0.10
		AB 级、B 级 0.10~0.20③	AB 级、B 级 0.10~0.20	2×0.10
^{60}Co④	钢或铜	0.25~0.70	0.25~0.70	0.25
	铅 (A 级、AB 级)	0.50~2.0	0.50~2.0	2×0.10
X 射线 (1~4MeV)	钢或铜	0.25~0.70	0.25~0.70	0.25
	铅 (A 级、AB 级)	0.50~2.0	0.50~2.0	2×0.10 或不用
X 射线 (4~12MeV)	铜、钢或钽	≤1.0	铜、钢≤1.0	0.25
			钽≤0.5	0.25
	铅 (A 级、AB 级)	0.50~1.0	0.50~1.0	2×0.10 或不用
^{170}Tn	铅	不用或 ≤0.03	不用或 ≤0.02	—

① 双胶片透照技术应增加使用中屏。

② 采用 X 射线和 ^{169}Yb 射线源时，每层中屏的厚度应不大于前屏厚度。

③ 如果 AB 级、B 级使用前屏≤0.03mm 的真空包装胶片，应在工件和胶片之间加 0.07~0.15mm 厚的附加铅屏。

④ 采用 ^{60}Co 射线源透照有延迟裂纹倾向或标准抗拉强度下限值 R_m≥540MPa 材料时，AB 级和 B 级应采用钢或铜增感屏。

(4) 透照方向

① 直缝对接接头的透照方向示于图 4-16。

② 大直径环缝对接接头的透照方向示于图 4-17。

③ 小直径（<89mm）环缝对接接头的透照方向示于图 4-18。

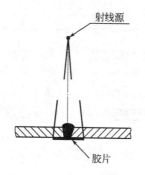

图 4-16　直缝对接接头的透照方向

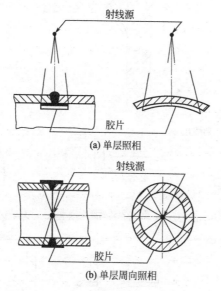

(a) 单层照相

(b) 单层周向照相

图 4-17　大直径环缝对接接头的透照方向

④ 角接接头的透照方向示于图 4-19。

⑤ 顶针式管座焊接接头的透照方向示于图 4-20(a)。

⑥ 上置式管座焊接接头的透照方向示于图 4-20(b)。

⑦ 插入式管座焊接接头的透照方向示于图 4-20(c)。

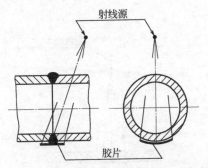

图 4-18　小直径环缝对接接头的透照方向

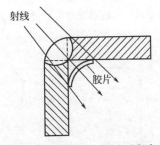

图 4-19　角接接头的透照方向

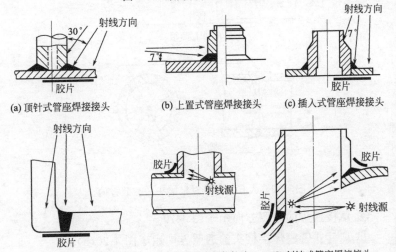

(a) 顶针式管座焊接接头　(b) 上置式管座焊接接头　(c) 插入式管座焊接接头

(d) 末端扩大式管座焊接接头　(e) 丁字形管座焊接接头　(f) 斜坡式管座焊接接头

图 4-20　管座焊接接头的透照方向

⑧ 末端扩大式管座焊接接头的透照方向示于图 4-20(d)。

⑨ 丁字形管座焊接接头的透照方向示于图 4-20(e)。

⑩ 斜坡式管座焊接接头的透照方向示于图 4-20(f)。

（5）灵敏度

① 灵敏度的种类

a. 绝对灵敏度。在透照方向上所能发现工件中的最小缺陷尺寸，对认识灵敏度的重要性有用。

b. 相对灵敏度。所能发现最小缺陷的尺寸占被透照工件厚度的百分比，实际中采用，通常规定为≤2%。

$$K = \frac{x}{A} \times 100\%$$

式中　K——相对灵敏度；

　　　　x——在透照方向上缺陷的厚度，mm；

　　　　A——在透照方向上工件的厚度，mm。

② 测量方法

a. 透度计。透度计也叫像质计，是用于测定射线照相灵敏度的器件，根据在底片上显示的像质计的影像，可以判断底片影像的质量，并可评定透照技术、胶片暗室处理情况、缺陷检验能力等。目前，最广泛使用的像质计主要有三种：丝型像质计、阶梯孔型像质计、平板孔型像质计。此外，还有槽型像质计和双丝像质计等。像质计应该使用与被检验工件相同或对射线吸收性能相似的材料制作。对各种像质计设计了特定的结构和细节形式，规定了测定射线照相灵敏度的方法。国际上主要采用金属线型透度计（图4-21），用来校验底片的灵敏度，并检查曝光规范的正确性。

b. 透度计的设置见图 4-22。除透度计的安放位置外，还有底片编号位置、日期编号位置和中心箭头位置等，一般用铅制作。

4. 射线探伤评定

（1）底片上缺陷的辨认

① 裂纹　材料在应力或环境（或两者同时）作用下产生的裂隙称为裂纹，分为微观裂纹和宏观裂纹。裂纹形成的过程称为裂纹

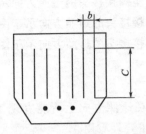

图 4-21　金属线型透度计

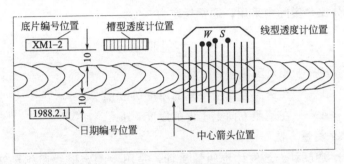

图 4-22　透度计的设置

形核。已经形成的微观裂纹和宏观裂纹在应力或环境（或两者同时）作用下不断长大的过程，称为裂纹扩展或裂纹增长。裂纹扩展到一定程度，即造成材料的断裂。裂纹可分为：交变载荷下的疲劳裂纹；应力和温度联合作用下的蠕变裂纹；惰性介质中加载过程产生的裂纹；应力和化学介质联合作用下的应力腐蚀裂纹；氢进入后引起的氢致裂纹。每一类裂纹的形成过程及机理都不尽相同。裂纹的出现和扩展，使材料的力学性能明显变差。抗裂纹性是材料抵抗裂纹产生及扩展的能力，是材料的重要性能指标之一。

　　② 未熔合　　未熔合是指焊缝金属与母材金属，或焊缝金属之间未熔化结合在一起的缺陷，呈直线状黑色条纹，两端可为尖端，也可为骤然中断。由于呈断续分布，条纹的黑度不均。未熔合多数为边缘型，当射线与坡口边缘的方向重合时，显示焦黑的影像，不重合时，其影像模糊不清。若为层间未熔合，其影像不一定呈直

线状。

③ 未焊透　未焊透的危害之一是减少了焊缝的有效面积，使接头强度下降。未焊透引起的应力集中所造成的危害，比强度下降的危害大得多。未焊透严重降低焊缝的疲劳强度。未焊透可能成为裂纹源，是造成焊缝破坏的重要原因。未焊透产生的主要原因有：a. 焊接电流小，熔深浅；b. 坡口和间隙尺寸不合理，钝边太大；c. 磁偏吹影响；d. 焊条偏心度太大；e. 层间及焊根清理不良。未焊透呈连续或断续的黑色较宽的直线条，宽度与坡口间隙一致，深浅不均匀。若为对接焊缝，影像在焊缝中部。

④ 气孔　气孔是管道全自动焊（内焊＋外焊）的主要缺陷之一。消除全自动焊焊缝气孔，对保证焊接质量具有重要作用。气孔产生的原因：二氧化碳与氩组成的混合气体纯度不够要求；送气管路和焊嘴出现堵塞，供气不畅，造成焊缝熔池保护不好；保护气体含水量高，水汽进入熔池未及时排除，形成气孔；清口不彻底，内坡口表面有油污和铁锈；外界风力大，吹散了保护气体。气孔呈黑色小斑点，外形较规则，一般为圆形、似圆形、椭圆形、针形、柱形；中间较黑，边缘较浅，轮廓不太明显；分布极不均匀，按单个、分散、密集、群状或链状存在。对于埋弧自动焊缝，影像较大，色较深，呈圆形或卵形，轮廓较明显，焊缝中心处分布较多。

⑤ 夹渣　夹渣产生原因：焊接过程中的层间清渣不干净；焊接电流太小；焊接速度太快；焊接过程中操作不当；焊接材料与母材化学成分匹配不当；坡口设计、加工不合适等。夹渣呈不规则外形的点状或条状，轮廓分明，分布无一定规律，夹渣在底片上容易显露。

（2）伪缺陷的辨认

① 漏光　形成夹渣、缩孔和裂纹。

② 底片受折　形成裂纹。

③ 冲洗不洁　形成夹渣。

④ 胶片擦伤　形成树枝状裂纹、气孔或夹渣。

⑤ 增感屏不洁　形成夹渣。

⑥ 显影时胶片表面附着小气泡　形成气孔。

⑦ 显影时胶片摇动不匀　形成黑色条纹。

(3) 评定标准

① 容器射线探伤要求，见表 4-5。

表 4-5　容器射线探伤要求

容器类别	条件	占相应纵向或环向对接焊缝总长的百分数/%
一	剧毒介质容器，设计压力≥50MPa 的容器，铬钼钢焊制容器，易燃压缩气体、液化气体或有毒介质且容积大于 1m³ 的容器	≥20
	其他容器可做局部探伤检查	100
二	剧毒介质容器，设计压力≥500MPa 的容器，铬钼钢焊制容器，易燃压缩气体、液化气体或有毒介质且容积大于 1m³ 的容器	≥20
	其他容器可做局部探伤检查	100
三		100

② 焊缝质量等级

按《金属熔化焊焊接接头射线照相》(GB/T 3323—2005)，将焊缝质量划分的等级列于表 4-6。

表 4-6　焊缝质量划分的等级

等级序号	内容
一	不允许有任何裂纹、未熔合、未焊透和条状夹渣
二、三	不允许有任何裂纹、未熔合以及双面焊或加垫板的单面焊焊缝内的未焊透。此外，其他类型的缺陷是允许存在的，但其严重程度应受工件厚度和质量的限制
四	缺陷数量和严重程度超过三级

有关未焊透、气孔和夹渣等在各等级中的规定，列于表 4-7～表 4-9。

表 4-7　允许存在的单面未焊透

焊缝等级	焊缝系数	说明	
		深度	长度
二	≤0.7	不超过壁厚的 15%,最深不超过 1.5mm	不超过该级焊缝夹渣群总长度
三		不超过壁厚的 20%,最深不超过 2.0mm	

表 4-8　允许存在的气孔（包括点状夹渣）点数

等级	母材厚/mm				
	2～5	5～10	10～20	20～50	50～120
一	2～4	4～6	6～8	8～12	12～18
二	3～6	6～9	9～12	12～18	18～26
三	4～8	8～12	12～16	16～24	24～35

表 4-9　允许存在的条状夹渣

等级	单个条状夹渣长度	条状夹渣间距	条状夹渣总长
二	1/3T,最小可为 4mm,最大不超过 20mm	<6L	不超过单个条状夹渣长度
		>6L	在任何 12T 焊缝长度内不超过 T
三	2/3T,最小可为 6mm,最大不超过 30mm	<3L	不超过单个条状夹渣长度
		>3L	在任何 6T 焊缝长度内不超过 T
四	大于三级者		

注：1. 表中 T 为母材厚度；L 为相邻两夹渣（或夹渣群）中较长者的长度。

2. 当焊缝长度不足 12T（二级）或 6T（三级）时，可按比例折算，折算后，如折算的条状夹渣群总长或 T 小于单个条状夹渣长度时，应以"在任何长度内不超过单个条状夹渣长度"的规定评定等级。

对于不同尺寸的气孔（包括点状夹渣），缺陷点数按表 4-10 换算。

表 4-10　气孔缺陷点数换算

气孔尺寸/mm	<1.0	1.0～2.0	2.0～3.0	3.0～4.0	4.0～6.0	6.0～8.0	>8.0
气孔缺陷点数	1	2	3	6	10	15	25

综合评级：如焊缝在 12 倍板厚的长度内存在 n 种缺陷时，应先对每种缺陷单独评级，然后将 n 种曲线的单独级别相加，再减去 $n-1$，所得结果即为综合级别。

③ 射线探伤的合格标准　按 GB/T 3323—2005 规定，压力容器射线探伤的合格标准列于表 4-11。

表 4-11　射线探伤的合格标准

容器类别	条件	等级
一		3
二	剧毒介质容器,设计压力≥500MPa 的容器,铬钼钢焊制容器,易燃压缩气体、液化气体或有毒介质且容积大于 $1m^3$ 的容器	2
	上述以外的其他容器	3
三		2

二、超声波探伤

超声波探伤是利用超声波透入金属材料的深处，并由一截面进入另一截面时，在界面边缘发生反射的特点来检查零件缺陷的一种方法，当超声波束自零件表面由探头通至金属内部，遇到缺陷与零件底面时就分别产生反射波，在荧光屏上形成脉冲波形，根据这些脉冲波形来判断缺陷位置和大小。

超声波在介质中传播时有多种波型，检验中最常用的为纵波、横波、表面波和板波。用纵波可探测金属铸锭、坯料、中厚板、大型锻件和形状比较简单的制件中所存在的夹杂物、裂缝、缩管、白点、分层等缺陷；用横波可探测管材中的周向和轴向裂缝、划伤及焊缝中的气孔、夹渣、裂缝、未焊透等缺陷；用表面波可探测形状简单的铸件上的表面缺陷；用板波可探测薄板中的缺陷。

1. 主要特性

超声波探伤仪是一种便携式工业无损探伤仪器，它能够快速便捷、无损伤、精确地进行工件内部多种缺陷（裂纹、夹渣、折叠、气孔、砂眼等）的检测、定位、评估和诊断。其既可以用于实验室，也可以用于工程现场。该仪器既能够广泛地应用在制造业、钢铁冶金业、金属加工业、化工业等需要缺陷检测和质量控制的领域，又广泛应用于航空航天、铁路交通、锅炉压力容器等领域的在役安全检查与寿命评估。它是无损检测行业的必备仪器。

（1）超声波在介质中传播时，在不同介质界面上具有反射的特性，如遇到缺陷，缺陷的尺寸等于或大于超声波波长时，则超声波在缺陷上反射回来，超声波探伤仪可将反射波显示出来。如果缺陷的尺寸小于波长时，声波将绕过缺陷而不能反射。

（2）超声波的指向性好，频率越高，指向性越好。其以很窄的波束向介质中辐射，易于确定缺陷的位置。

（3）超声波的传播能量大，如频率为 1MHz 的超声波所传播的能量，相当于振幅相同而频率为 1000Hz 的声波的 100 万倍。

2. 超声波探伤的种类

（1）按耦合方式分

① 接触法 在探头与工件表面间有一层诸如甘油或机油的耦合剂进行直接探伤的方法。

② 水浸法 在探头与工件表面间有一层水，调节水层厚度，使声波在水中的传播时间为金属中的整数倍进行探伤的方法。它还可分为全部浸式（工件和探头全部浸入水中）和局部浸式（工件和探头局部浸入水中）两种。

（2）按信号接收方式分

① 反射法 用一个探头反射并接收超声波，所接收的是由缺陷或工件表面反射的超声波，这种方法常用。

② 穿透法 一个探头反射超声波，另一个探头接收超声波，两探头在工件两侧，所接收的超声波是除去缺陷阻挡的部分。

（3）按超声波的连续性分

① 连续波探伤 所发射的超声波是连续性的，常用超声图像表示。

② 脉冲波探伤 所发射的超声波是脉冲式的，探伤现场常用。

（4）按波型分

① 纵波探伤 由直探头发射和接收的波形，主要用于钢板的探伤，见图 4-23。

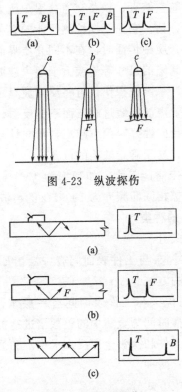

图 4-23 纵波探伤

图 4-24 横波探伤

② 横波探伤 由斜探头发射和接收的波形，主要用于焊缝的探伤，见图 4-24。作为一种特殊情况，由探头角等于第二临界角（入射角 $\alpha=55°$）的斜探头和接收的波形，专门用来发现表面或离表面很近的缺陷。它是一种 $\alpha=55°$ 的斜探头探伤的方法。

③ 瑞利波探伤 当工件厚度大于所用波长时，属瑞利波探伤，用来发现近于或处于并垂直工件表面的缺陷，见图 4-25。

④ 兰姆波探伤 当工件厚度小于所用波长时，属兰姆波探伤，用来检验近于表面并平行工件表面的浅伤，见图 4-26。

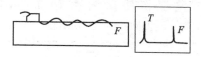

图 4-25　瑞利波探伤

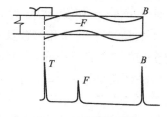

图 4-26　兰姆波探伤

3. 超声波探伤技术

（1）超声波探伤设备

① 按缺陷的显示方式分

a. A 型超声波探伤仪属 A 型显示，即幅度显示，可显示缺陷的有无和位置，并由其幅度估算缺陷的大小，目前最为常用。

b. B 型超声波探伤仪属 B 型显示，即图像显示，可显示工件内部缺陷侧断面的图形，已经开始应用。

c. C 型超声波探伤仪属 C 型显示，即图像显示，可显示工件内部缺陷横断面的图形，但不能表示缺陷的深度。

② 按探伤方式分

a. 单发、单收方式　探伤时使用两个探头，一发一收。

b. 单收发方式　探伤时使用一个探头，同时具有收、发功能。

c. 双收法方式　探伤时使用两个探头，它们各自起收发作用。

③ 按探头结构分

a. 直探头　可发射和接收纵波，用于纵波探伤。

b. 斜探头　可发射和接收横波，用于横波探伤，探头角度为 27.3°～55°，常用 30°、40°和 50°，还可以做成角度可调的活动探头。

常用的超声波探伤使用频率有 0.25MHz、0.50MHz、0.80MHz、1.00MHz、1.25MHz、1.50MHz、2.50MHz、5.00MHz、10.00MHz 等。

(2) 钢板的超声波探伤

① 探伤方法的选用 钢板探伤可用接触法，也可用水浸法。钢板厚度 > 4mm 时，一般采用纵波反射法（探伤频率为 2.5MHz）；钢板厚度 < 4mm 时，可采用横波反射法、纵波穿透法或其他波型探伤。复合钢板的探伤频率为 5.0MHz。

② 探伤灵敏度 采用标准试块（图 4-27）调节，试块尺寸列于表 4-12。

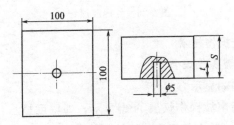

图 4-27　标准试块

表 4-12　试块尺寸

试件厚度/mm	试块厚度(s)/mm	平底深度(t)/mm
12～30	22	11
>30～60	46	15
>60～120	90	22

调节时，使平底孔的第一次反射波高达屏幕幅度的 50%，作为起始灵敏度。

③ 探头的移动方式 如图 4-28 所示，探头在钢板压延方向上，沿间隔各为 100mm 的平行线移动，发现缺陷后，探头在其周围移动，即可确定缺陷的面积。

(3) 焊接接头的超声波探伤

① 特点 常用斜探头的横波探伤法，频率与板厚有关，列于

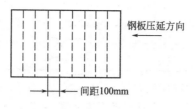

图 4-28　探头的移动方向

表 4-13；探头 K 值（$tg\beta$）也与板厚有关，列于表 4-14；所用的耦合剂有水、机油、润滑油、甘油和玻璃水等。

表 4-13　焊接接头探伤用的频率

板厚/mm	频率/MHz
＜75	5 或 2（或 2.5）
＞75	2（或 2.25）

表 4-14　探头 K 值的确定

板厚/mm	K 值（$tg\beta$）
8～25	3.0～2.0
＞25～46	2.5～1.5
＞46～120	2.0～1.0

② 对接焊缝探伤

a. 3～6mm 板厚对接焊缝的探伤采用声程限制法。该法是使超声波在焊缝中所传播一段声程，在探伤仪荧光屏上所对应的扫描时间给予限制。如果在焊缝内有缺陷存在时，在荧光屏上被限制的扫描时间内，就会出现缺陷的反射信号。应以焊缝中最远声程的 $\phi0.5$ 横孔反射波高为划伤灵敏度，可在同声程灵敏度试块上标定。具体做法是：将探头前沿与试块（厚度同被探工件）前沿对齐（图 4-29），荧光屏上出现一反射 A，做标记。再将探头右移一焊缝宽度 H，在屏上出现另一个反射波。调好灵敏度后，将探头放在焊缝处（图 4-29），如在荧光屏上 A、B 扫描时间内出现反射信号 F，

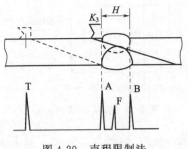

图 4-29　声程限制法

即为缺陷的反射信号。

　　b. 6～12mm 板厚对接焊缝的探伤采用 $\phi0.5$ 横通孔试块法。利用 $\phi0.5$ 横通孔试块（一种距探测面不同距离上相应钻有 $\phi0.5$ 横通孔的试块），作为判定缺陷合格与否的标准。用 Ⅱ W 试块测出探头入射点，用一倍板厚深的 $\phi0.5$ 横通孔测出一次水平距离，同时由板厚计算探头折射角，用一倍板厚与二倍板厚的 $\phi0.5$ 横通孔调节荧光屏上的距离 1∶1 水平定位，并将二倍板厚深的 $\phi0.5$ 横通孔反射波高度调至横幅度的 80%。首先将探头放在焊缝一侧，发现缺陷时，根据荧光屏上所显示的缺陷波的水平位置，用尺确定是否在焊缝上；然后将探头放在焊缝另一侧，用同样的方法确定缺陷，以便进行校验；最后在灵敏度试块上，找到该缺陷深度的 $\phi0.5$ 孔以确定灵敏度，也可用二次声程的灵敏度作为探伤灵敏度。

　　c. 12～46mm 板厚对接焊缝的探伤采用直射（一次声程）和一次反射（二次声程）探伤法。为调整时间扫描线，采用水平定位法（利用数个不同距离的横孔或其他反射体来调整）和垂直距离定位法（将荧光屏刻度值用来代表探头到反射体的垂直距离，然后按公式求水平距离）。

　　为了对缺陷进行评价，制作并使用"距离-波幅"曲线（由垂直线性良好的仪器制作的曲线）和"距离-分贝"曲线（由垂直线性不良的仪器制作的曲线）。

　　利用水平定位法和垂直距离定位法对缺陷定位。

　　d. 46～120mm 板厚对接焊缝的探伤采用直线探伤法。时间扫描线的调整，对缺陷的评价，以及对缺陷的定位基本上与 12～46mm 板厚对接焊缝的探伤法相同。在对缺陷定位时，多用垂直距离定位法。

e. 120mm 以上板厚对接焊缝的探伤，探头的选择、制作、使用"距离-波幅（分贝）曲线"以及缺陷的评定基本上与 46～120mm 板厚对接焊缝的探伤相同。定位采用垂直距离定位法。另外，在厚板探伤焊缝中，往往出现走向一致但垂直于焊缝表面的缺陷，用单个斜探头时，由于缺陷的反射面与入射声束轴线有较大的倾角而产生漏检。此时可采用两个相同的探头，一个为发射，另一个为接收，形成串列探头的探伤，见图 4-30。

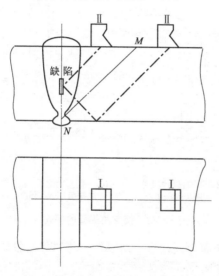

图 4-30　串列探头的探伤

对接接头探伤时，应注意余高和垫板的影响。余高过高时，会出现焊缝顶部的死区（图 4-31），此时应减小探头角度或进行两面探伤。焊缝过宽时，会出现如图 4-32 所示的焊缝中死区，此时应增大探头角度。对有垫板的焊缝探伤时，应注意在垫板处产生的反射信号。

③ 接管角焊缝的探伤　接管角焊缝的探伤示于图 4-33。这类

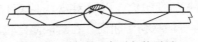

图 4-31　余高过高引起的死区

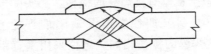

图 4-32　焊缝过宽引起的死区

角焊缝的探伤通常采用斜探头，有时也配合使用直探头，图 4-33 所示的探伤采用两个斜探头。

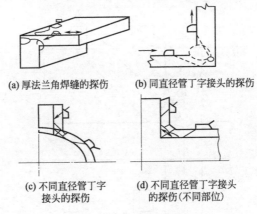

(a) 厚法兰角焊缝的探伤　　(b) 同直径管丁字接头的探伤

(c) 不同直径管丁字
接头的探伤

(d) 不同直径管丁字接头
的探伤(不同部位)

图 4-33　接管角焊缝的探伤

由于接管表面为圆柱形，所以接头与工件接触的表面是曲率相同的表面。

④ 电渣焊缝的探伤　由于电渣焊缝晶粒粗大，选用的频率为 0.8MHz 或 1.25MHz。

电渣焊缝的探伤既可用直探头，也可用斜探头。单用直探头不可能发现未熔合以及与探测面垂直的缺陷（图 4-34）。采用斜探头时，其探头角度应为 35°～40°。单用斜探头时，焊缝顶部有探测死区，此时可采用双面探测，也可用增加探头角度来消除或减少死区。

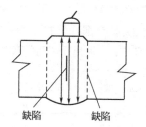

图 4-34　直探头不能发现的缺陷

（4）探伤操作

① 探头角度的选择列于表 4-15。

表 4-15　探头角度的选择

板厚/mm	4～25	25～40	40～120	＞120
探头角度	55°或 50°	50°或 45°	45°或 40°	30°

② 试块　本书仅介绍ⅡW试块和我国的典型试块及其用途。

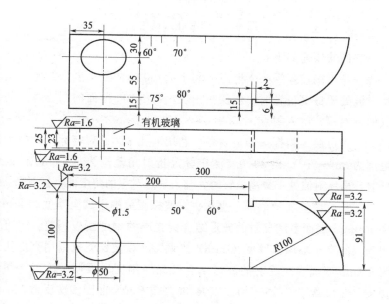

图 4-35　ⅡW试块

a. ⅡW 试块和 CSK-ⅠA 试块。图 4-35 所示为ⅡW 试块的形状、尺寸和材质。它是 1958 年国际焊接学会推荐的标准试块。我国对ⅡW 试块做了修改，JB 1152 提出了 CSK-ⅠA 试块，见图 4-36。

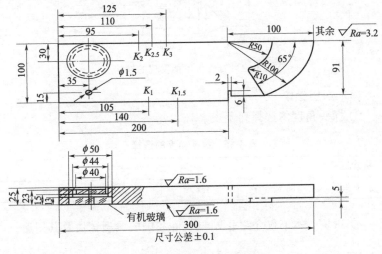

图 4-36   CSK-ⅠA 试块

它们的用途如下：

一是可测定斜探头入射点。利用 $R100$ 的曲面反射来测定，当反射波处于最高位置时，斜探头楔块上与 $R100$ 曲面的圆心对应的点即为斜探头的入射点。

二是可测定斜探头的折射角。利用圆孔 $\phi50$（测定标尺折射角范围为 35°～70°）和 $\phi1.0$（测定标尺折射角范围为 74°～80°）的反射，当反射波处于最高位置时，与入射点对应的角度即为折射角。

三是可调整探测范围。直探头纵波探测范围用试块厚度 25mm 和 100mm 底面多次反射的波形结合荧光屏的刻度面板调整，也可用镶入的有机玻璃（厚度 23mm）来调整。横波探测范围用直探头与 91mm 底面多次反射的波形结合荧光屏刻度面板调整。对于斜探头（在仪器零位校正后），以 $R100$（或 $R50$）曲面多次反射，结合荧光屏刻度面板调整。

四是对仪器水平线性的测定。用直探头通过 25mm（钢）或 23mm（有机玻璃）底面的多次反射位置与荧光屏刻度值比较，以其按比例的重合程度衡量仪器的水平线性。

五是对仪器与斜探头组合灵敏度的测定。用斜探头探测 $R100$ 曲面，使其反射波高达到刻度面板幅度 50% 的分贝值与仪器噪声水平调节至荧光屏刻度面板幅度 10% 的分贝值之差，作为仪器组合灵敏度的评定依据。

六是对焊缝探伤灵敏度的调节。以一定垂直距离的 $\phi1.5$ 横通孔反射波作为探伤灵敏度。

七是对分辨率的测定。直探头分辨率为 85mm、91mm 及 100mm 三个底面的反射波在荧光屏上显示的清晰度。对于 CSK-ⅠA 试块，斜探头的分辨率用 $\phi50$、$\phi44$ 和 $\phi40$ 三个台阶孔来确定。

八是对直探头盲区的估计。利用 $\phi50$ 圆孔的柱面与试块相邻近端面的最小距离（5mm 和 10mm），可以观察直探头对 5mm 和 10mm 底面的反射波，以估计盲区的大小。

b. CSK-Ⅱ、CSK-Ⅲ、CSK-ⅢA 试块。CSK-Ⅱ 和 CSK-Ⅲ 是 JB 1152《锅炉和钢制压力容器对接焊缝超声波探伤》规定的试块。CSK-ⅢA 为同用途试块。它们的形状和尺寸示于图 4-37～图 4-39。

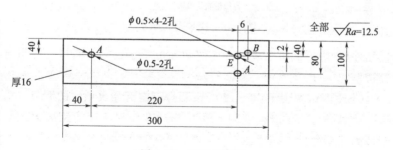

图 4-37　CSK-Ⅱ 试块

它们的用途如下：

CSK-Ⅱ 试块用于 8～40mm 板厚焊缝起始灵敏度的调节（横通孔反射波高等于满幅度的 80%，横通孔距探测面的距离大致等于

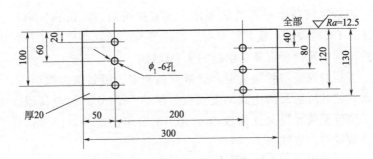

图 4-38 CSK-Ⅲ试块

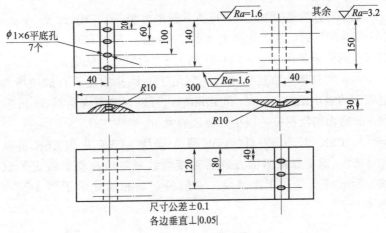

尺寸公差±0.1
各边垂直⊥|0.05|

图 4-39 CSK-ⅢA 试块

被测件厚度）。试块上 $\phi 1.5 \times 4$ 的两孔可用于仪器与斜探头的组合分辨率。

CSK-Ⅱ试块用于 40～120mm 板厚焊缝起始灵敏度的调节（横通孔反射波高等于满幅度的 80%，横通孔距探测面的距离大致等于被测件厚度）。

CSK-ⅢA 试块用于制作 8～120mm 板厚焊缝探伤"距离-波幅曲线"。对于 8～15mm 板厚，以 $\phi 1 \times 6$-6 分贝为定量线；对于 15～46mm 板厚，以 $\phi 1 \times 6$-3 分贝为定量线；对于 46～120mm 板厚，以 $\phi 1 \times 6$ 为定量线。

c. CS-1/CS-2 参考试块为直探头使用的部颁标准试块。CS-1 试块整套有 26 块；CS-2 试块整套有 66 块，它们的形状示于图 4-40 和图 4-41。

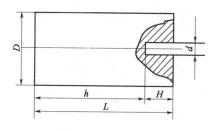

图 4-40　CS-1 试块

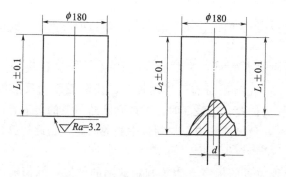

图 4-41　CS-2 试块

它们的用途如下：可测试探伤仪器的水平线性、垂直线性和动态范围；可测试直探头与仪器组合性能；可制作直探头的"距离-波幅曲线"；可调整探伤灵敏度；可确定缺陷的平底孔当量尺寸。

d. JB 1150 试块，见图 4-42。

e. JB 1151 试块为高压无缝钢管超声波探伤灵敏度试块，适用于管壁厚度与管内径之比≤60%，外径≥ϕ20，壁厚≥2mm 的化学、石油工业用高压无缝钢管。对水浸探伤时，具有生透镜聚焦的探头进行探伤灵敏度调整。

③ 确定探头的入射点　将探头置于 CSK-ⅠA 型试块 R100 的圆心上，前后移动探头位置，找圆弧的反射波高达最高时的探头位

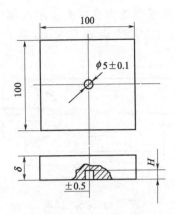

图 4-42　JB 1150 试块

置，反射波高最大时的探头中心必然与圆弧中心重合，此即探头的入射点。

④ 校正探头角度　将探头放在 CSK-ⅠA 型试块的上侧或下侧，对准 $\phi 50$ 孔圆弧面前后移动探头，找圆弧面的反射波高达到最高时的探头位置，达最高时，可以判断超声波的传播方向恰好是圆弧的法线，量出探头中心与圆弧中心的间距，由此计算探头角度的正切值，即得探头角度。

⑤ 声程位置的标定　为了判定缺陷的位置，探伤前应在荧光屏上标出声程的相对位置。标定工作在 CSK-Ⅱ和 CSK-Ⅲ试块上进行，其步骤是：在试块上选定探测面至小横通孔的深度等于待探伤的板厚，将探头置于试块探测面对准上述小横通孔，探测前将始波位置调到水平线零位，前后移动探头，找荧光屏上反射波高达到最大时的位置，即为一次声程位置。如标定二次声程，则应选定小横通孔至探测面的距离等于两倍待探测的板厚。有缺陷时，对一次声程，缺陷波在荧光屏上的位置必在始波和一次声程波位置之间；对二次声程，缺陷波必在一次声程和二次声程波位置之间。

⑥ 起始灵敏度的调节　用 CSK-Ⅱ型（适用于板厚为 8～40mm 的焊缝）和 CSK-Ⅲ型（适用于板厚 40～120mm 的焊缝）试块调节，以缺陷反射波高与试块上横通孔反射波高相等时的通孔

直径来表示该灵敏度。

⑦ 缺陷的定性　各类缺陷的波形特征列表于 4-16。

表 4-16　各类缺陷的波形特征

缺陷	裂纹	气孔	夹渣	未焊透	未熔合
波形特征				无夹渣伴有时,基本与裂纹波形相似,所不同的仅是没有裂纹波形那样具有多锯齿。伴有夹渣时,与裂纹波形的区别较显著	波形与未焊透基本相似,但缺陷范围没有未焊透那样大

⑧ 缺陷的定量　有两类缺陷可定量,即点状缺陷和条状缺陷。前者用"当量法",后者用"半波高度法"。

a. "当量法"。将缺陷波高调至满幅度的 80% 时,取它与起始灵敏度的分贝差值,即可计算出缺陷当量。

b. "半波高度法"。将探头在缺陷附近来回摆动,在缺陷中心处,反射波最高。当探头移至反射波高为最大波高的一半时,即认为是缺陷的边缘,测量反射波高为最高波高一半的点间距离,即为缺陷长度。

4. 超声波探伤的评定

(1) 钢板质量的评定　钢板超声波探伤质量的分级根据 JB 1150 的规定,见表 4-17。

表 4-17　钢板超声波探伤质量的分级

级别	不允许存在的单块缺陷的面积/cm²	在任一 1m×1m 探伤面积内不允许存在的缺陷面积百分数/%	以下缺陷面积不计/cm²
Ⅰ	≥25	>3	<9
Ⅱ	≥100	>5	<25
Ⅲ	≥100	>10	<25

（2）焊缝质量的评定　焊缝质量根据《承压设备无损检测第1部分：通用要求》（NB 47013.1—2015）来评定，单个缺陷长度不应超过表4-18的规定。

表4-18　单个缺陷长度

被探伤件厚度/mm	级别	探头沿焊缝移动的距离/mm
8～25	Ⅰ级	8～10
	Ⅱ级	10～15
25～40	Ⅰ级	10～15
	Ⅱ级	16～20
40～120	Ⅰ级	16～25
	Ⅱ级	21～35

注：表中缺陷处的探头沿焊缝移动的距离的范围和被探伤件厚度的范围相对应，中间值用插入法决定，可按四舍五入推算至整数。

单个缺陷长度小于表4-18所列者，应不超过表4-19所列的规定。

表4-19　单个缺陷长度的补充规定

被探伤件厚度/mm	在100长焊缝内探头沿焊缝移动的总长/mm	缺陷间距/mm
8～40	25～40	同深度两缺陷间距小于最大缺陷长度时，则将两缺陷长度之和作为单个缺陷计算
40～120	40～65	

超声波探伤质量合格等级见表4-20。

表4-20　超声波探伤质量合格等级

容器类型	探伤要求	等级
一		3
二	第一、二类容器中，可做局部探伤	3
	第二类容器中装剧毒介质的容器，装液化气体或有毒介质，且容积大于1m³的容器，第一、二类容器中采用铬钼钢焊制的容器，做100%探伤	2
三		2

三、磁粉探伤

磁粉探伤利用了工件缺陷处的漏磁场与磁粉的相互作用，即利用了钢铁制品表面和近表面缺陷（如裂纹、夹渣、发纹等）磁导率和钢铁磁导率的差异，磁化后这些材料不连续处的磁场将发生畸变，形成部分磁通泄漏处，工件表面产生了漏磁场，从而吸引磁粉形成缺陷处的磁粉堆积——磁痕，在适当的光照条件下，显现出缺陷位置和形状，对这些磁粉的堆积加以观察和解释，就实现了磁粉探伤。

1. 技术原理

磁粉探伤是通过磁粉在缺陷附近漏磁场中的堆积，以检测铁磁性材料表面或近表面处缺陷的一种无损检测方法。将钢铁等磁性材料制作的工件予以磁化，利用其缺陷部位的漏磁能吸附磁粉的特征，以磁粉分布显示被探测物件表面缺陷和近表面缺陷。该探伤方法的特点是简便、显示直观。

磁粉探伤与利用霍耳元件、磁敏半导体元件的探伤法，利用磁带的录磁探伤法，利用线圈感应的电动势探伤法同属磁力探伤方法。

2. 特点

磁粉探伤的优点是：对钢铁材料或工件表面裂纹等缺陷的检验非常有效；设备和操作均较简单；检验速度快，便于在现场对大型设备和工件进行探伤；检验费用也较低。其缺点是：仅适用于铁磁性材料；仅能显示出缺陷的长度和形状，而难以确定其深度；对剩磁有影响的一些工件，经磁粉探伤后还需要退磁和清洗。

磁粉探伤的灵敏度高，操作也方便。但它不能发现藏身铸件内的部分和导磁性差（如奥氏体钢）的材料，而且不能发现铸件内的部分较深的缺陷。铸件、钢铁材被检表面要求光滑，需要打磨后才能进行。

3. 探伤技术

（1）磁化

① 根据所用的磁化电流分类

　　a. 直流电磁化能探较深的缺陷，探伤效果好，留有很大的剩磁。

　　b. 半波整流电和全波整流电磁化，对近表面的缺陷有较高的灵敏度。

　　c. 交流电磁化对表面开口缺陷有较高的灵敏度，尤其是疲劳裂纹。

　　② 根据工件的磁化方法分类

　　a. 直流通电磁化法有局部磁化和整体磁化。

　　b. 间接磁化法有磁化线圈和电缆缠绕法、中心代替感应电流装置磁化法和磁轭法。

　　③ 根据工件的磁化方向分类

　　a. 纵向磁化法磁力线与工件或焊缝纵向轴线平行，主要发现与工件或焊缝纵向轴线垂直的横向缺陷。

　　b. 周向磁化法磁力线环绕工件或与焊缝轴线呈很多的同心圆，主要发现与工件或纵向焊缝轴线平行的纵向缺陷。

　　c. 联合磁化法利用了纵向磁化和周向磁化联合作用的合成磁场，可检查各种不同倾斜方向的缺陷。

　　④ 根据操作方法分类

　　a. 连续磁化法应在施加磁粉之前或同时使工件磁化，并应在停施磁粉或去除多余的磁粉后，才可停止磁化。

　　b. 完全连续磁化法磁化电流在检验工件时是连续不间断的。

　　c. 剩磁法磁化停止后才施加磁粉，要求被探工件应有足够的剩磁。

　　(2) 退磁

　　① 从支流磁化线圈中移开的方法。

　　② 减小交流电的方法。

　　③ 反向直流电的方法。

　　(3) 磁粉

　　① 要求　高磁导率，低剩磁性，称量值应大于 7g，粒度应不小于 200 目，颜色常用浅灰色、黑色、红色或黄色。使用前，应在

60～70℃温度下经 2h 以上时间烘干。

② 种类

a. 干磁粉。在不关闭电流的情况下吹去多余磁粉的条件下分析磁痕,使用后通常不回收,适用于大型工件或工件局部区域,如焊缝的探伤。

b. 湿磁粉。磁粉按规定浓度悬浮在水或油中,使用的油应是含有添加剂、pH 值不超过 10.5 的水溶液,可加荧光粉作荧光显示,适用于连续或剩磁法探伤。

(4) 磁痕的处理

① 磁痕的记录 画草图、胶带粘磁痕、喷膜粘磁痕、照相或复制以及记录(磁痕位置、长度和数目)。

② 磁痕的识别 应能识别由缺陷引起的相关显示,并能识别由伪磁痕引起的无关显示。

(5) 系统性能和灵敏度评价

① 灵敏度试板 灵敏度试板用于评价磁粉性能、灵敏度或整个系统的性能灵敏度,也用于磁轭法和直接通电的局部磁化法的设备性能及磁粉的灵敏度的测定,试板示于图 4-43。

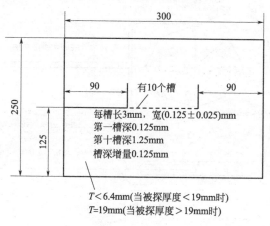

图 4-43 试板

② 试环 图 4-44 所示的试环用来评定和比较中心导体法磁化

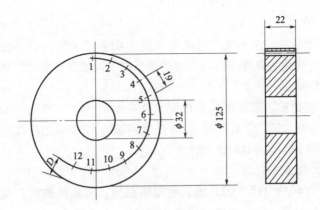

图 4-44　试环

时磁粉材料的灵敏度及设备性能。

③ 磁场指示器　图 4-45 所示的磁场指示器用来反映工件表面磁场强度和方向，如在磁场指示器无磁痕或在所需方向不形成磁痕时，应改变和校正磁化方法。

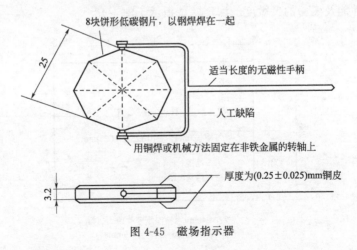

图 4-45　磁场指示器

4. 评定

（1）观察显示　用 2～10 倍放大镜观察，注意磁导率或工件几何形状变化所引起的无关显示,当无法判断时应复验。

（2）显示的规定

① 线性显示　指长度大于 3 倍宽度的显示。

② 圆形显示　指长度小于 3 倍宽度的圆形和椭圆形显示。

③ 成排气孔　指 4 个或 4 个以上的气孔,边缘之间的距离不大于 1.6mm。

（3）验收标准

① 凡有任何一种裂纹,或成排气孔,或在任何一块 150mm×25mm 的表面上,有 10 个以上符合表 4-21 的缺陷显示者,均为不合格。

② 表 4-21 列出允许存在的线性显示和圆形显示。

表 4-21　允许存在的线性显示和圆形显示

工件厚度 T/mm	线性显示			圆形显示		
	Ⅰ级	Ⅱ级	Ⅲ级	Ⅰ级	Ⅱ级	Ⅲ级
$16 \leqslant T \leqslant 50$	0	≤1.6	≤3.2	0	≤4.8	≤6.4
>50			≤4.8			

③ 对薄壁压力容器,由供需双方商定验收标准。

四、渗透探伤

渗透探伤是利用毛细现象检查材料表面缺陷的一种无损检验方法。

1. 特点

利用一些液体的渗透性显示表面缺陷,可以对奥氏体不锈钢、钼、铜及陶瓷等非铁磁性物质进行探伤,灵敏度低于磁粉探伤。渗透探伤有两种方法:荧光探伤和着色探伤。

2. 荧光探伤技术

荧光法是将含有荧光物质的渗透液涂敷在被探伤件表面,通过毛细作用渗入表面缺陷中,然后清洗去表面的渗透液,将缺陷中的渗透液保留下来,进行显像。典型的显像方法是将均匀的白色粉末撒在被探伤件表面，将渗透液从缺陷处吸出并扩展到表面。这时，在暗处用紫外光源照射表面，缺陷处发出明亮的荧光。着色法与荧光法相似，只是渗透液内不含荧光物质，而含着色染料，使渗透液鲜明可见，可在白光或日光下检查。一般情况下，荧光法的灵敏度高于着色法。这两种方法都包括渗透、清洗、显像和检查四个基本步骤。

（1）探伤操作　清理被探伤件表面（去油污、泥、漆等）；喷涂渗透液，工作表面如有缺陷，渗透液渗入，其余部分仍浮着渗透液，经 5～15min，擦净探伤面，撒显像剂于探伤面，缺陷处的渗透液将显像剂浸湿而残留在缺陷部位，其余部位的显像剂粉末被吹走；送工件到紫外光源下照射，缺陷处即显示黄绿色荧光图形。

（2）渗透液　常用煤油和矿物油的混合液。

（3）显像剂　常用氧化镁末和碳酸镁粉末。

（4）紫外光源　常用高压水银灯，由于笨重，很少用于压力容器制造和维修。

3. 着色探伤技术

（1）着色渗透　用渗透剂对已处理干净的工件表面均匀喷涂后，渗透 5～15min。

（2）清洗、干燥　在渗透 5～15min 之后，施加显像剂之前：

① 要使用清洗剂将喷在工件表面的渗透剂清洗干净，使得被检表面清洁；

② 用干净的纱布擦干或在室温下自然干燥，清除多余的渗透剂时，应防止过清洗或清洗不足（保证工件表面没有渗透剂即可）。

（3）显像　将显像剂充分摇匀后，对被检工件表面（已经清洗干净、干燥后的工件）保持距离为 150～300mm 均匀喷涂，喷涂角度为 30°～40°，显像时间不短于 7min。

（4）观察

① 观察显示迹痕，应从施加显像剂后开始，直至迹痕的大小不发生变化为止，约 7～15min，观察显像应在显像剂施加后 7～30min 内进行。

② 观察显示迹痕，必须在充足的自然光或白光下进行。

③ 观察显示迹痕，可用肉眼或 5～10 倍放大镜。

④ 不能分辨真假缺陷迹痕时，应对该部位进行复试。

（5）适用范围　该法用于 δ_s＞400MPa 钢制容器，厚度＞16mm 的 12CrMo、15CrMo 和类似材料钢制容器的焊缝，以及其他 Cr-Mo 低合金钢制容器任意厚度的焊缝。还适于上述材料制容器的下列部位：接管、法兰、补强圈与壳体或封头相接的角焊缝；堆焊表面；复合钢板的复合层焊缝；屈服强度 δ_s＞400MPa 的材料和 Cr-Mo 低合金钢材料经火焰切割的坡口表面，以及容器的缺陷修磨或补焊处的表面，卡具和拉筋等拆除处的焊痕表面。

4. 渗透探伤的质量评定

根据《压力容器》（GB 150—2011）的要求，采用渗透探伤的焊接接头，不允许有任何裂纹和分层存在。

5. 安全操作规程

（1）清洗　渗透探伤前，必须进行表面清理和预清洗，清除被检零件表面所有污物。准备工作范围应以探伤部位四周向外扩展 25mm。清除污物的方法有机械方法、化学方法及溶剂去除法等。

（2）渗透　渗透施加方法应根据零件大小、形状、数量和检查部位，来选择喷涂、刷涂、浇涂及浸涂等方法。

在渗透过程中时间的长短与温度范围，对探测裂纹的灵敏度有很大影响。当渗透温度为 15～50℃时，渗透时间一般为 5～10min；当渗透温度降低为 3～15℃时，应根据温度适当增加渗透时间。

（3）去除　溶剂去除型渗透剂用清洗剂去除，除了特别难于去除的场合外，一般都用蘸有清洗剂的布和纸擦拭；不得往复擦拭，不得将被检件浸于清洗剂中或过量地使用清洗剂；在用水喷法清洗时，水管压力以 0.21MPa 为宜，水压不得大于 0.34MPa，水温不超过 43℃。

（4）干燥　干燥的方法有用干净布擦干、压缩空气吹干、热风吹干、热空气循环烘干、装置烘干等方法。被检物表面的干燥温度应控制在不大于52℃范围内。

（5）显像　显像的过程是用显像剂将缺陷处的渗透液吸附至零件表面，产生清晰可见的缺陷图像。显像时间不能太长，显像剂不能太厚，否则缺陷显示会变模糊。显像时间为10～30min，显像剂厚度为0.05～0.07mm。

（6）检验　观察显示的迹痕应在显像剂施加后7～30min内进行，如显示迹痕的大小不发生变化，则可超过上述时间。为确保检查细微的缺陷，被检零件上的照度至少达到350lx（1lx＝1lm/m²）。

探伤结束后，为了防止残留的显像剂腐蚀被检物表面或影响其使用，必要时应清除显像剂。清除方法可用刷洗、喷气、喷水、用布或纸擦除等方法。

五、声发射检测

声发射是指伴随固体材料在断裂时释放储存的能量产生弹性波的现象。利用接收声发射信号研究材料、动态评价结构的完整性的技术称为声发射检测技术。声发射技术是1950年由德国人凯泽（J. Kaiser）开始研究的，1964年美国应用其检验产品质量，从此获得迅速发展。声发射检测的基本原理见图4-46。材料的范性形变、马氏体相变、裂纹扩展、应力腐蚀以及焊接过程产生裂纹和飞溅等，都有声发射现象，检测到声发射信号，就可以连续监视材料

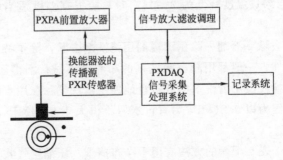

图4-46　声发射检测原理图

内部变化的整个过程。因此，声发射检测是一种动态无损检测方法。

1. 技术特点

（1）声发射法适用于实时动态监控检测，且只显示和记录扩展的缺陷，这意味着与缺陷尺寸无关，而是显示正在扩展的最危险缺陷。这样，应用声发射检测技术时可以对缺陷不按尺寸分类，而按其危险程度分类。按这样分类，构件在承载时可能出现工件中应力较小的部位尺寸大的缺陷不划为危险缺陷，而应力集中的部位按规范和标准要求允许存在的缺陷因扩展而被判为危险缺陷。声发射法的这一特点原则上可以按新的方式确定缺陷的危险性。因此，在压力管道、压力容器、起重机械等产品的荷载试验过程中，若使用声发射检测仪器进行实时监控检测，既可弥补常规无损检测方法的不足，也可提高试验的安全性和可靠性。同时，利用分析软件可对以后的运行安全作出评估。

（2）声发射检测技术对扩展的缺陷具有很高的灵敏度，其灵敏度大大优于其他方法。例如，声发射法能在工作条件下检测出零点几毫米数量级的裂纹增量，而传统的无损检测方法则无法实现。

（3）声发射法的特点是具有整体性，用一个或若干个固定安装在物体表面上的声发射传感器可以检验整个物体。缺陷定位时，不需要使传感器在被检物体表面扫描，而是利用软件分析获得。因此，其检验及结果与表面状态和加工质量无关。假如难以接触被检物体表面，或不可能完全接触时，整体性特别有用，例如：绝热管道、容器、蜗壳；埋入地下的物体和形状复杂的构件。检验大型的和较长物体的焊缝时（如桥机梁、高架门机等），这种特性更明显。

（4）声发射法的一个重要特性是能进行不同工艺过程和材料性能及状态变化过程的检测。声发射法还提供了讨论有关物体材料的应力-应变状态的变化。所以，声发射检测技术是探测焊接接头焊后延迟裂纹的一种理想手段。同样，像引水压力钢管的凑合节环焊缝，由于拘束度很大，在焊后冷却过程中，焊接造成的拉应力和冷缩产生的拉应力，可能会使应力集中系数较大的缺陷（如：未融合、不规则的夹渣、咬边等）产生裂纹，这是不允许存在的。为了找出和避免这种隐患，用声发射检测技术也是比较理想的手段。

（5）对于大多数无损检测方法来说，缺陷的形状和大小、所处位置和方向都是很重要的，因为这些缺陷特性参数直接关系到缺陷漏检率。而对声发射法来说，缺陷所处位置和方向并不重要。换句话说，缺陷所处位置和方向并不影响声发射的检测效果。

（6）声发射法受材料的性能和组织的影响要小些，例如，材料的不均匀性对射线照相和超声波检测影响很大，而对声发射法则无关紧要。因此，声发射法的使用范围较宽（按材料）。例如，声发射法可以成功地用以检测复合材料，而用其他无损检测方法则很困难或者不可能。

（7）使用声发射法比较简单，现场声发射检测监控与试验同步进行，不会因使用了声发射检测而延长试验工期。检测费用也较低，特别是对于大型构件的整体检测，其检测费用远低于射线或超声检测费用，且可以实时地进行检测和结果评定。

2. 声发射检测系统

声发射检测系统有单通道和多通道两种系统。

单通道系统的工作：声发射信号用探头转变为电信号，前置放大器将微弱电信号放大，滤波器滤去噪声，主放大器将信号放大至可显示和记录的电压值和功率值，计数率计记录声发射率，计数器记录声发射总数。

多通道声发射检测系统还应有时差分析仪和声源定位计算机等。

3. 声发射检测的应用领域

（1）石油化工工业　低温容器、球形容器、柱形容器、高温反应器、塔器、换热器和管线的检测和结构完整性评价，常压储罐的底部泄漏检测，阀门的泄漏检测，埋地管道的泄漏检测，腐蚀状态的实时探测，海洋平台的结构完整性监测和海岸管道内部存在砂子的探测。

（2）电力工业　变压器局部放电的检测，蒸汽管道的检测和连续监测，阀门蒸汽损失的定量测试，高压容器和汽包的检测，蒸汽管线的连续泄漏监测，锅炉泄漏的监测，汽轮机叶片的检测，汽轮机轴承运行状况的监测。

（3）材料试验　复合材料、增强塑料、陶瓷材料和金属材料等的性能测试，材料的断裂试验，金属和合金材料的疲劳试验及腐蚀监测，高强钢的氢脆监测，材料的摩擦测试，铁磁性材料的磁声发射测试等。

（4）民用工程　楼房、桥梁、起重机、隧道、大坝的检测，水泥结构裂纹开裂和扩展的连续监视等。

（5）航天和航空工业　航空器的时效试验，航空器新型材料的进货检验，完整结构或航空器的疲劳试验，机翼蒙皮下的腐蚀探测，飞机起落架的原位检测，发动机叶片和直升机叶片的检测，航空器的在线连续监测，飞机壳体的断裂探测，航空器的验证性试验，直升机齿轮箱变速的过程监测，航天飞机燃料箱和爆炸螺栓的检测，航天火箭发射架结构的验证性试验。

（6）金属加工　工具磨损和断裂的探测，打磨轮或整形装置与工件接触的探测，修理整形的验证，金属加工过程的质量控制，焊接过程监测，振动探测，锻压测试，加工过程的碰撞探测和预防。

（7）交通运输业　长管拖车、公路和铁路槽车的检测和缺陷定位，铁路材料和结构的裂纹探测，桥梁和隧道的结构完整性检测，卡车和火车滚珠轴承和轴颈轴承的状态检测，火车车轮和轴承的断裂探测。

第五章

槽车安全技术

　　槽车是压缩气体、液化气体和溶解气体的储运式受压容器，即移动式压力容器。由于盛装的介质易燃、有毒、腐蚀，以及可能发生的分解、氧化、聚合，加之流动范围大，使用条件变化大，接触外界能量的机会多，因此其在结构和使用方面有一些不同于固定式压力容器的特殊要求。

　　我国经济正在快速发展，需要的清洁能源不断增多，而槽车是清洁能源运输的主要工具，因此，对槽车的安全要求也特别严格。槽车本身的安全性也是安全生产以及社会安全的重要内容。

第一节　槽车的基本结构和要求

　　液化石油气汽车槽车的罐体，是一个承受内压的钢制焊接压力容器。在规定的设计温度和对应的工作压力下，应保持储运的安全可靠。同时，由于其经常行驶在室内街道和市间公路，因此从外形到色泽都要讲究美观、协调。通常罐体的基本结构部件应包括：筒体、封头、人孔、气相与液相管结缘、安全阀结缘、液面计结缘、温度计结缘、径向防冲板、支座、排污孔和吊装环等部件，见图5-1～图5-3。

一、筒体与封头

　　筒体多为圆柱形，这不仅是从筒体受压角度来考虑的，而且是

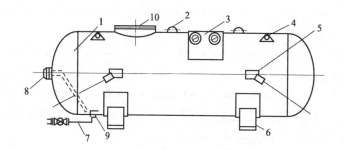

图 5-1 单筒活动式汽车槽车罐体图例
1—封头和筒体；2—安全阀；3—仪表箱；4—吊耳；5—拉杆及固定装置；
6—鞍座；7—装卸管道；8—液面计；9—紧急切断阀；10—人孔

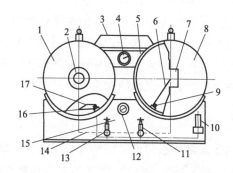

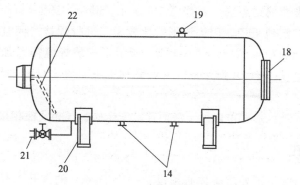

图 5-2 双筒活动式汽车槽车罐体图例
1,8—封头与筒体；2—旋转液面计；3—气相连通管；4—压力表；5—支撑架；
6—气相管；7—铭牌；9,16—紧急切断阀；10—手摇油泵；11—球阀；
12—温度计；13—油管管路；14—液相连通管；15—球阀；17—液相管；
18—人孔；19—安全阀；20—支座；21—快速接头；22—液面计管

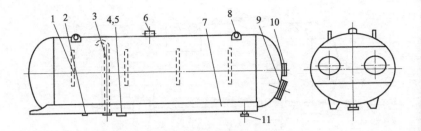

图 5-3　固定式汽车槽车罐体图例

1—防冲板；2—温度计接管；3—气相管；4,5—紧急切断阀结缘；6—安全阀；
7—V形支座；8—吊装；9—人孔；10—液面计结缘；11—排污孔

从工艺简单、制造方便来考虑的。但有时为了能充分利用汽车底盘的空间位置，为避开某些障碍部分，以降低罐体重心高度，可以把罐体设计成变径圆柱体。封头多采用标准椭圆形。简体与封头分别用钢板卷制和冲压成型，大直径的封头可以分瓣拼装。

二、结缘

结缘的结构形式随连接附件的结构与要求而异，结缘的结构可按《压力容器》（GB 150—2011）和《热交换器》（GB/T 151—2014）推荐的结缘形式，如图 5-4 所示。其中，图 5-4(a) 所示的形式更广泛地采用，因为该形式比较易于进行焊接，而且焊缝的检查也比较简单易行。图 5-4(b) 所示形式的焊缝需另加通气检查。但是图 5-4(a) 所示形式的螺孔加工不如图 5-4(b) 所示形式方便。

上述结缘形式可以用于液面计、安全阀、气相及液相接管。

三、人孔

按有关标准要求罐体必须设置一个 $D_g 400$ 的人孔，以便于罐体的制造和检修。人孔的形式与结构，可参照《水平吊盖带颈平焊法兰人孔》（HG/T 21523—2014）选择。对于槽车罐体结构的特点，选用标准人孔时会使罐体的高度尺寸增大，人孔开孔处还要另

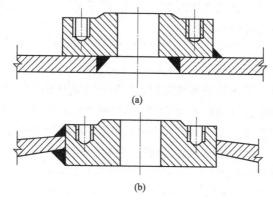

图 5-4　结缘形式

加补强板进行补强。所以一般采用非标准的凸缘平板式人孔，如图 5-5所示。

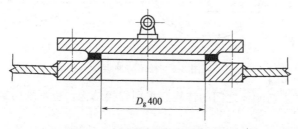

D_g400

图 5-5　非标准的凸缘平板式人孔

人孔位置的安排，常见的有三种：一是设在罐体顶部，拆装和检修内部较为方便，但增加罐体的中心高度；二是设在罐体底部，以降低罐体重心高度，但是离汽车底盘零部件较近，位置过于紧凑，拆装和检修内部时极不方便；三是设在封头上，这样可以兼具上述优点。

四、排污孔

根据罐体容积的大小和介质含杂质的情况，一般要在罐体底部设 D_g25 或 D_g50 的排污孔，排污孔的结构通常由接管加法兰和盲板组成（或是凸缘加盲板结构）。目前有的设计中，不设置排污孔，而利用罐体的排液阀进行排污。

五、径向防冲板

为了减小槽车运行和紧急制动时液体对罐体的冲击力，要在罐体内部的横断面（径向）上设置防冲板（图 5-6）。一块防冲板的面积不应小于罐体横截面积的 40%，其安装位置要使顶部面积为罐体横截面积的 20%，每两块径向防冲板隔开的液体体积不应少于 3m³，如图 5-6 所示。

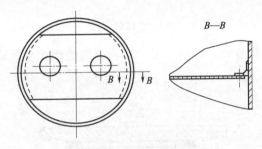

图 5-6　径向防冲板

防冲板与罐体之间的连接宜采用焊接结构，也可采用螺栓连接的结构。

六、支座

罐体支座形式的选择，要根据罐体与汽车的连接方式及汽车底盘全梁的制造而定。目前，比较广泛采用的支座形式如下。

（1）V 形支座　V 形支座如图 5-7 所示。V 形支座具有结构简单，外形美观，能沿罐体纵向全长范围内均匀承载及降低罐体重心等优点。目前，我国和日本的槽车多采用这种结构。

（2）鞍式支座　鞍式支座如图 5-8 所示。活动罐槽车因为罐体与汽车货箱之间要实现连接，同时拆装比较频繁，所以多采用鞍式支座，但也有采用 V 形支座的。鞍式支座的形式与尺寸已经实现标准化。

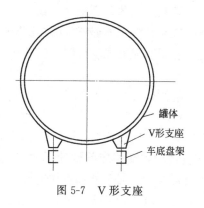

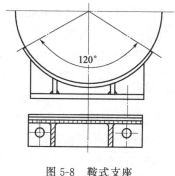

图 5-7　V 形支座　　　　　　图 5-8　鞍式支座

第二节　罐体设计

一、载荷

槽车罐体设计时需要考虑以下载荷：
① 液化石油气的饱和蒸气压；
② 罐体自重及罐内介质的质量，或水压试验时的质量；
③ 装卸作业时，泵或压缩机对罐体产生的附加压力；
④ 充装前罐内抽真空时产生的外压力；
⑤ 水压试验压力。
必要时，还需考虑以下载荷的影响：
① 槽车行驶中紧急制动时，罐内液体对罐壁产生的附加压力；
② 槽车行驶时由于底盘的振动通过支座作用于罐体与支座连接部位的振动力，以及支座反作用力和局部应力。

二、设计总则

目前我国对于压力容器按常规的设计方法，即根据第一强度理论（最大主应力理论）进行设计的。控制应力强度 $\sigma = \sigma_1$（环向应力）不超过规定的应力极限。

对于诸如支座、开孔接管和法兰连接等处的局部罐体，或因受相邻部件约束，或总体结构不连续，在载荷作用下而产生的二次应力和峰值应力，目前一般不进行应力分析和应力强度控制，只是在结构设计时予以考虑。

三、设计参数

1. 设计温度

设计温度系指容器在正常工作过程中，在相应的设计压力下，壳壁或元件金属可能达到的最高或最低温度。对于外部不加绝热层的液化石油气槽车罐体来说，其工作压力取决于环境温度，环境温度越高，工作压力也越高。因此，液化石油气槽车罐体的设计温度应为环境的最高温度。根据我国近 20 年来的气象条件统计资料，我国各地的最高气温平均为 40~42℃，个别地区高达 47.5℃。所以，根据相关标准，以 50℃作为罐体的设计温度。

2. 设计压力

对于一般压力容器，设计压力系指在相应设计温度下确定的容器壳壁及其元件的压力，取略高于或等于最高工作压力。对于液化石油气槽车罐体，根据以上分析，其最高工作压力应包括两个部分：一是液化石油气在 50℃的设计温度下的饱和蒸气压；二是在装卸作业时压缩机所带来的附加压力，或槽车行驶时紧急刹车所带来的冲击附加压力。企业应根据使用中的经验，考虑上述附加压力为 0.1~0.2MPa，并参照国外相应规定予以分档、简化、规定了各种液化石油气汽车槽车罐体的设计压力，见表 5-1。

表 5-1　罐体设计压力

充装介质		设计压力/MPa
丙烯		2.16
丙烷		1.77
混合液化石油气	50℃时饱气压大于 1.62MPa(表压)	2.16
	其余	1.77
丁烷、丁烯、丁二烯		0.785

3. 许用应力

罐体材料许用应力的确定与固定式压力容器相同，即选取下式计算的较小值。

$$[\sigma] = \frac{\sigma_b}{3}$$

或
$$[\sigma] = \frac{\sigma_s}{1.6}$$

式中　$[\sigma]$——许用应力值；

σ_b——材料的抗拉强度极限；

σ_s——材料的屈服强度极限。

4. 焊缝系数

槽车罐体设计时，焊缝系数的选取原则与一级固定式压力容器相同。但是，相关标准规定了，罐体主体焊缝必须采用双面对接焊缝，且焊后必须进行 100％无损探伤检查，所以焊缝系数一般可取 1.0。

5. 壁厚附加量

壁厚附加量可按 GB 150—2011 系列标准和 GB/T 151—2014 选取。其中，腐蚀裕度一般必须≥1mm。

四、罐体强度计算

1. 壁厚计算

圆柱形筒体：

$$S \geqslant S_i = \frac{pD_i}{2[\sigma]\varphi - p} + C$$

式中　p——设计压力，MPa；

D_i——筒体内直径，mm；

S_i——计算壁厚，mm；

S——实际壁厚，mm；

C——壁厚附加量，mm；

φ——材料的许用应力，MPa。

椭圆形封头：

$$S \geqslant S_i = \frac{pD_iK}{2[\sigma]\varphi - 0.5p} + C$$

式中　K——形状系数。

槽车罐体在首次充液或开罐检查后再充液之前，都要将罐内的空气排出，以防空气与液化石油气混合后可能出现的爆炸事故。目前，多数是采用将罐体抽真空（真空度为 650mmHg，1mmHg＝133.322Pa）的办法。所以要求对罐体接受 0.1MPa 外压进行稳定性校核，防止受外压时可能丧失稳定，导致容器损坏。

稳定性校核可按 GB 150—2011 系列标准和 GB/T 151—2014 的设计规定进行计算，其要求为：

$$[p]' = \frac{B}{\dfrac{D_0}{S_c}} \geqslant 0.1\text{MPa}$$

式中　D_0——筒体外直径，mm；

　　　S_c——筒体不计附加量的壁厚，$S_c = S - C$，mm；

　　　$[p]'$——筒体的许用外压，MPa；

　　　B——按上述设计规定查表得的系数，MPa。

若 $[p]' \geqslant 0.1\text{MPa}$，则稳定可靠；若 $[p]' < 0.1\text{MPa}$，则需增加壁厚 S_c，重新查表计算，至合适为止。

2. 最大许用工作压力计算

圆柱形筒体：

$$[p] = \frac{2[\sigma]\varphi(S-C)}{D_i + (S-C)}$$

椭圆形封头：

$$[p] = \frac{2[\sigma]\varphi(S-C)}{D_i + (S-C)}$$

3. 水压试验时壳壁的应力计算

圆柱形筒体：

$$[p] = \frac{2[\sigma]\varphi(S-C)}{D_i + (S-C)}$$

椭圆形封头：

$$\sigma_{w}=\frac{p_{w}[KD_{i}+0.5(S-C)]}{2(S-C)\varphi}$$

式中　σ_{w}——水压试验时壳壁的应力，MPa；

　　　p_{w}——水压试验压力，MPa。

五、罐体在内压、自重和液重作用下的强度校核

对于采用鞍式支座结构的槽车罐体，在内压、自重和液重作用下，罐壁强度的校核可按 GB 150—2011 系列标准和 GB/T 151—2014 标准的方法进行。

对于采用 V 形长条支座支撑的槽车罐体，在内压、自重和液重作用下罐壁强度的校核，目前尚无规定。一般来讲，罐体在内压、自重和液重作用下，罐壁产生一次总体薄膜应力和一次弯曲应力，其强度校核条件为：

$$\sigma=(\sigma_{p}+\sigma_{M}+\sigma_{r})\leqslant 1.5[\sigma]$$

式中　σ——环向最大合成应力；

　　　σ_{p}——内压产生的环向应力；

　　　σ_{M}——自重和液重产生的环向最大弯曲应力；

　　　σ_{r}——自重和液重产生的环向最大弯矩处的环向拉（压）应力；

　　$[\sigma]$——材料的许用应力。

第三节　罐体的充装量

一、罐体的容积

液化石油气储罐包括压缩气体储罐或液化气体储罐等。液化石油气储罐按容器的容积变化与否可分为固定容积储罐和活动容积储罐两类，大型固定容积液化石油气储罐制成球形，小型的则制成圆

筒形。活动容积储罐又称低压储气罐，俗称气柜，其几何容积可以改变，密闭严格，不致漏气，并有平衡气压和调节供气量的作用，压力一般不超过 60MPa。

罐体的容积在应用上有设计容积、最小容积、实测容积和任意液面高度时罐体的装液容积之分。

设计容积是指按组成罐体各部分的公称几何尺寸计算得到的罐内容积；最小容积是指按组成罐体各部分的几何尺寸公差极限值计算的罐内最小容积；实测容积是指罐体支撑后实际测量的罐内实有容积。

任意液面高度下罐体的装罐容积，是指相应液面高度下罐内液体的体积，供确定罐内实际装液量之用。对于采用标准椭圆形封头的罐体，液面高度为 H 时，液体的体积 V_L 可用下式计算：

$$V_L = L\left[R_i^2\cos^{-1}\left(\frac{R_i-H}{R_i}\right)-(R_i-H)\sqrt{2R_iH-H^2}\right]+$$

$$\frac{\pi}{2}\left(R_iH^2-\frac{1}{3}H^3\right)$$

式中　R_i——筒体内半径；

　　　L——筒体长度与封头直边长度之和。

二、最大充装量

液化石油气同其他液体一样热胀冷缩，液化石油气的体膨胀系数比水大。随着温度的升高，体膨胀系数还会增大。也就是说，液化石油气的密度，将随着温度升高而急剧减小，同一质量的液化石油气，温度上升后所占的容积就增大。丙烷的密度变化百分数见表 5-2。

更具体地说，若 15℃时丙烷的体积为 100，到 30℃时将膨胀到 104.3，到 60℃时将膨胀到接近 120。如果 15℃时容器的充装率为 85%，温升到 50℃时就将近 100%；温度再升高，将有可能造成容器胀裂。

表 5-2 丙烷的密度变化百分数（即绝对值）

	温度/℃	—20	0	10	15	20	30	40	50	60
丙烷	密度 /(g/cm³)	0.560	0.530	0.517	0.509	0.500	0.488	0.470	0.450	0.430
	密度变化 百分数/%	92.7	96.0	96.5	100.0	101.0	104.3	108.3	113.1	118.3

为在正常的操作温度下能安全充装，避免出现因温升而完全充满这一危险现象，通常把槽车的充装量控制在设计温度（50℃）下罐体内尚有5％的气相空间。所以，槽车罐内液体最大的充装量不得超过按下式计算所得的质量：

$$w \leqslant 0.95 \rho_{50℃} V$$

或

$$w \leqslant \Phi \cdot V$$

式中　w——最大充装量，kg；

　　　Φ——最大充装量系数，$\Phi = 0.95 \rho_{50℃}$，kg/L；

　　　V——罐体容积，L；

　　　$\rho_{50℃}$——50℃时的介质密度，kg/L。

各种介质的最大充装量系数 Φ 按表 5-3 的规定选取。

表 5-3 最大充装量系数 Φ

充装介质	最大充装量系数Φ/(kg/L)	充装介质	最大充装量系数Φ/(kg/L)
丙烯	不大于 0.43	异丁烷	不大于 0.49
丙烷	不大于 0.42	丁烯	不大于 0.53
混合石油气	不大于 0.42	丁二烯	不大于 0.55
正丁烷	不大于 0.51		

在实际充装中，如果不采用质量充装计量而采用体积计量时，必须进行严格换算。目前有一种习惯做法，即不论介质温度高低，一律采用罐体容积的85％充装。这样不科学，仍有一定的危险性。根据各种介质密度随温度的变化情况，经计算，如果按罐体容积的85％来充装，则必须控制从充装到卸液的全过程的温度不得大于

30℃，才能保证罐体内气相容积空间不小于5%。

另外，对于混合石油气，密度随组分不同而异。为安全起见，常以丙烷升温密度来确定其最大充装量系数 ϕ 值。但必须指出：混合液化石油气的实际密度都大于丙烷的密度。因此，在实际充装时，如果把质量换算为体积，则应按混合液化石油气的实际密度来换算，否则可能超过车辆的额定重量。

第四节　罐体的检验与试验

一、罐体的检验

罐体的检验包括罐体几何尺寸检查、最小壁厚测定、外观检查与内部质量检查等内容。

1. 罐体几何尺寸检查

罐体几何尺寸检查重点是检查组装后的尺寸公差、管口方位和开孔位置等的正确性，尤其是要着重检查罐体与车辆底盘的连接尺寸，与操作管路连接的法兰、凸缘的相关尺寸。其重点检查的内容有：

① 罐体热处理前后的直径公差和最大与最小直径差异及筒体的不直度，要求符合国家有关标准的规定和要求。

② 罐体长度公差允许值可按各组成筒节、封头高度公差允许的代数和计算。

③ 所有接管凸缘，尤其是安装液面计、紧急切断阀等附件的凸缘，其组装几何尺寸公差要从严控制，以免影响附件的安装质量。

④ 罐体与底盘连接的支座尺寸，要控制几项连接尺寸，见图 5-9。

两支座的等高性：$|H_1-H_2|=\Delta H<3mm$

两支座中心处等距性：$|b_1-b_2|=\Delta b<5mm$

支座底面的平直度差应在 ΔH 范围内。

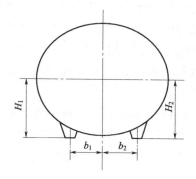

图 5-9　罐体与底盘连接的支座尺寸

⑤ 罐体的内外表面无缺陷。

2. 最小壁厚测定

罐体制成后，应进行最小壁厚的测定，并应在质量证明书中注明。实测壁厚不得小于图样上标明的最小壁厚值，最小壁厚测定通常采用超声波测厚仪，其测量部位应包括封头转向弧处。筒体与封头的测量均不得小于 3 处，取最小值。

3. 外观检查

(1) 罐体的表面漆色、铭牌和标志。

(2) 罐体外表面有无裂纹、腐蚀、划痕、凹坑、损伤、变形等。

(3) 对外表面接管角焊缝应重点检查，必要时可借助于无损探伤。

(4) 检查连接管路有无磨损、变形等。

(5) 对有人孔的罐体应重点检查内部焊缝，必要时可借助于无损探伤。

① 所有焊缝要整齐、美观、划一，宽窄与高矮要一致，焊缝加强高不大于 2mm，自动焊焊缝宽窄差小于 5.5mm。

② 焊缝咬边深度、棱角大小和错边量要符合国家有关标准的规定。

③ 检查并清除焊缝上的熔渣和飞溅物。

④ 检查角焊缝的焊脚高度，不得小于施焊件中的较薄者板厚，并要圆滑过渡至母材。

4. 焊缝的无损探伤

焊缝的无损探伤检查，包括 X 射线检查和超声波检查，还有角焊缝的着色或磁粉检查。

罐体的纵缝或环缝，规定要做 100% X 射线检查。按《承压设备无损检测　第 2 部分：射线检测》(NB/T 47013.2—2015) 的规定，纵缝不低于 Ⅱ 级，环缝不低于 Ⅲ 级为合格，底片的灵敏度不低于 2%。

X 射线探伤检查对某些线状缺陷，如裂纹等，不容易发现。因此，用超声波探伤作为 X 射线探伤的辅助手段。按照《承压设备无损检测　第 3 部分：超声检测》(NB 47013.3—2015) 标准，检查罐体焊缝缺陷，其合格级别是纵缝为 Ⅰ 级，环缝为 Ⅱ 级。

罐体的所有接管的角焊缝和接管的对接焊缝，要按规定进行 100% 磁粉着色探伤，不得有裂纹和夹渣等缺陷存在。

无损探伤人员，必须由熟练的操作人员经考试合格者进行。

5. 安全附件及阀门的检查、维修和校验

低温槽车安全附件及阀门、管道的检查、维修、校验应是低温槽车定期检查的重点，至少应包括以下内容：

(1) 液面测量装置是否安全、完好，其精度不得低于 2.5 级；

(2) 罐体至少应装设一套压力表，其精度不得低于 1.5 级，表盘上刻度极限值为罐体设备压力的 2 倍左右，并应定期校验；

(3) 安全阀的材料应与低温液体相适应，每年至少校验一次，开启压力应按使用说明书的要求，且不得超过罐体的设计压力，试验状态应在常温和低温下分别进行；

(4) 检查爆破片装置是否安全、完好，是否符合使用说明书的要求，考查其截面积在爆破时是否保证迅速释放罐体或夹套内产生的气体；

(5) 检查阀门是否与盛装的介质相适应，性能是否符合要求，验证其在开启、开闭或任意状态的密封性是否良好，性能若达不到要求，应进行维修或更换；

（6）检查管路的布局是否合理，管路在使用过程中是否有损坏或弯曲；

（7）检查槽车是否有可靠的导静电接地装置，是否符合要求；

（8）检查槽车的灭火装置是否齐全、有效，槽车每侧至少应有一只 5kg 以上的干粉灭火器，或 4kg 以上的 1211 灭火器；

（9）检查装卸软管是否有变形、老化及堵塞等问题，并进行 $1.5p$ 的气压试验。

6. 缺陷返修

经外观和无损探伤检查之后，发现存在不允许的缺陷时要进行返修。罐体或焊缝的外观缺陷可用机械方法打磨修正，消除缺陷，修整后的厚度，不得小于最小壁厚。

超过规定的埋藏缺陷，要经过碳弧气刨或机械切屑方法清除缺陷部位。经检查确认缺陷已全部清除后，按原定焊接工艺规范重新施焊，施焊部位要重做探伤，至合格为止。同一部位两次以上的返修，必须经企业技术负责人同意，并制定有效的返修措施后方可进行。返修部位与返修次数必须如实记录，并在质量证明书中予以记录备查。

涉及焊缝返修，必须重新施焊的，一般应在热处理之前进行。否则，返修施焊后，必须重做焊缝（指返修部位）热处理（可以进行局部处理）。

二、罐体的试验

1. 真空度的测试

对有夹套的罐体，应用专用真空计对其真空度进行测量。真空度达不到要求的，应分析其原因。如属制造问题，应找制造厂家处理；如属使用不当造成的真空度下降，应按使用说明书的要求，用真空泵将夹套真空抽至规定的真空度。不同介质的夹套真空度，应达到如下要求：

（1）液氧、液氮、液氩等介质罐体夹套的真空度要求为 1Pa

（10^{-6}MPa）；

（2）液体 CO_2 罐体的夹套真空度为 3Pa（3×10^{-6}MPa）；

（3）在冷态下测量，当真空度达到 16Pa（1.6×10^{-5}MPa）时，需分析原因，重新抽真空。

2. 耐压试验

低温槽车罐体的耐压试验按规程，每六年应进行一次。在满足工艺要求的情况下，可做水压试验，一般应做气压试验，气压试验的要求如下：

（1）介质　气压试验介质应为干燥、洁净的氮气或其他惰性气体。

（2）压力　气压试验的压力一般为罐体设计压力的 1.15 倍。

（3）温度　罐体材料为碳素钢和低合金钢，试验介质温度不得低于 15℃，其他材料应符合设计图样的规定要求。

（4）试验过程　先缓慢升压至规定试验压力的 10%，保持 5～10min，并对能够检查到的焊缝和连接部位进行检查。如无泄漏，可继续升压至规定试验压力的 50%。如无异常现象，按每级为规定试验压力的 10%，逐级升至试验压力，保压 10～30min，然后降至设计压力进行检查，保压至少 30min。

（5）合格标准　在试验过程中和保压状态下，以无泄漏，无异常变形和声响，压力表无回降现象为合格。

3. 气密试验

罐体的气密试验，一般也应进行两次。第一次是在槽车总组装之前（必须在水压试验之后）进行。这样可以将罐体渗漏缺陷在总组装之前发现与排除，避免在总组装之后再出现罐体本身的渗漏缺陷，以减小修理难度。第二次是在总装之后进行整车气密试验，以便检查各焊缝、接管、阀门、仪表与连接部位的组装质量。

（1）试验介质　一般应为干燥、洁净的氮气或其他惰性气体。

（2）试验压力　内筒体试验压力应为罐体的设计压力，夹套气密试验压力应为 0.2MPa（夹套真空度正常的情况下一般不需要做气密试验）。

（3）保压时间　罐体保压时间不少于 30min，夹套保压时间不少于 4h。

（4）合格标准　在保压时间内无泄漏和压力表回降现象为合格。

第五节　槽车的安全使用

一、使用和管理人员

液化石油气汽车槽车是运输易燃易爆危险品的专用车辆，按照规定，使用单位必须专人管理、专人驾驶、专人押运。上述人员必须进行严格培训，熟练地掌握槽车的技术性能，掌握液化石油气的基本知识，会处理紧急事故和故障，会使用车上的各种消防器材。

培训应进行考试，对考试合格者发给合格证书。不经过培训考试或考试不合格者，严禁独立操作。

槽车使用单位的上述人员，应保持相对稳定，不要随意调动。

二、建立严格的管理制度

槽车的使用单位，对槽车的使用和管理必须建立严格的管理制度。只有这样，才能确保液化石油气汽车槽车的安全运行。一般来说，管理制度具有如下内容：

（1）新出厂的槽车，应组织专人按产品合格证、质量证明书等技术文件及规定进行验收，并向主管部门办理"压力容器使用登记证"，领取"槽车使用证书"。

（2）槽车使用前，需经公安车辆管理部门或交通监理部门检验合格，发给槽车号牌和行驶证。

（3）槽车投入运输后应指定专职或兼职的技术人员进行管理，并按有关规程要求进行定期检验和修理，建立完整的技术档案（制造、使用、维修、检验、事故等记录）。

（4）槽车充装前必须有专人进行检查，凡属下列情况之一者，必须进行妥善处理，否则严禁充装：

① 槽车超期未做检验，或检验不合格者。

② 槽车的漆色、铭牌、标志与所装介质规定不符，或者颜色、字样、标记脱落不易识别其种类者。

③ 槽车外表腐蚀严重或有明显损坏、变形者。

④ 安全装置及附件不全、损坏、失灵或不符合规定者。

⑤ 不能判明装过何种介质或罐内没有余压者。

⑥ 新槽车及检修后首次充装的槽车，未做抽真空、置换处理（真空度低于 650mmHg 除外）或罐内气体含氧量超过 3% 者。

⑦ 槽车残留介质重量不明者。

⑧ 槽车罐体密封性能不良及附件有泄漏者。

⑨ 司机或押运员无有效证件者。

⑩ 槽车无公安车辆管理部门或交通监理部门发给的有效检验证明和行驶证者。

⑪ 槽车罐体号码与车辆号码不符者。

⑫ 罐体与车辆之间的固定装置不牢靠或已损坏者。

⑬ 槽车底架超期未检者。

(5) 槽车的装卸作业必须遵守下列规定：

① 槽车应按指定位置停车，用手闸制动，并熄灭引擎。停车若有滑动可能时，车轮应加固定块。

② 作业现场严禁烟火，不得使用易产生火花的工具和用品。

③ 作业前应接好安全地线，管道和管接头的连接必须牢靠，并应排尽空气。

④ 槽车装卸作业人员应相对稳定，并经培训和考试合格。

⑤ 装卸作业时，操作人员和槽车押运员均不得离开现场。装卸过程中，不得随意启动车辆。

⑥ 槽车充装量不得超过设计所允许的最大充装量。充装时需用地磅、液位计、流量计或其他计量装置进行计量，严禁超装。充装完毕后，必须复检重量或液位，如有超装，需立即处理。

⑦ 卸车前必须对槽车的装载量及阀门和压力表等附件进行详细检查，无异常情况方可卸车。槽车装卸应认真填写记录。

⑧ 充液的槽车到库后应及时卸液，不得兼作储罐使用。一般情况下，不得从槽车直接灌瓶。如临时确需从槽车直接灌瓶，现场必须符合安全、消防要求，并有相应的防护措施，还应取得当地市场监管部门和应急管理消防部门的同意。

⑨ 卸车时不得使用空气加压，不得用有可能引起罐内温度迅速升高的其他方法进行卸液。

⑩ 槽车卸液后，罐内应留有不低于 0.05MPa（0.5kgf/cm^2）的余压，最高不超过当时环境温度下介质的饱和蒸气压。

⑪ 槽车卸液完毕后，应随即关闭紧急切断阀、气液相阀门等。

⑫ 装卸槽车的设备和管线应定期进行检查，装卸场所应符合有关防火、防爆的要求，并配备一定数量的灭火器材。

⑬ 出现下列情况时严禁装卸车：

a. 遇到雷雨天气或附近有明火时。

b. 检测出液化气体泄漏。

c. 液压异常。

d. 存在其他不安全因素。

⑭ 槽车的运输、检修、事故处理按国家相关规定和标准执行。

（6）槽车的有关证件应妥善保管。槽车出让时，应到发证机关办理转证手续；槽车报废后，应及时到发证机关办理注销手续。

三、使用时必须具备的技术资料

① 产品出厂合格证。

② 质量检验证明书。

③ 槽车使用说明书。

④ 槽车罐体的材质、设计和强度计算书。

四、使用时的批准手续

① 槽车的罐体和附件部分，必须携带上述规定中的技术资料，

经市场监管部门检验批准，办理登记并发给使用证。

② 槽车的车辆部分，在取得市场监管部门对罐体发放的使用证后，到当地交通管理部门验车，验车合格后发给行车证。

③ 未经上述批准手续的汽车槽车，一律不准使用。

五、槽车的充装

按充装丙烯设计的槽车，设计压力为 2.16MPa 时，可以充装各类液化石油气。

按充装丙烯设计的槽车，设计压力为 1.77MPa 时，可以充装丙烯以下（包括 C_4）的各类液化石油气。

按充装丙烯设计的槽车，设计压力为 0.78MPa 时，只限于充装 C_4，不准充装 C_3。

一般情况下，槽车充装的要求如下：

① 过空车磅前把车内压力泄到 0.10MPa 以下，由分析工（司磅员）负责检查，充装之前由生产操作工复查。

② 车辆进入厂区范围内时车速应控制在 5km/h 之内，严禁超速行驶。厂区内严禁烟火。必须配备阻火器，静电橡胶拖地带必须拖地。

③ 车辆充装前必须将车辆近期使用情况（装过何种介质的液体）告知充装人员。

④ 驾驶员、押运员必须服从现场操作人员的安排，从而实现安全、合理、快捷、有序装车。

⑤ 车辆进入充装区后，驾驶员将车辆停在指定车位并将车辆熄火，将车钥匙交到现场操作工处，待充装完成后凭钥匙牌到现场操作工处领回车钥匙。

⑥ 液氧充装在连接输液管时必须用木质或铜质榔头作为紧固块状接头工具，严禁用铁锤。充装车辆必须保证输液管、密封垫无泄漏，连接牢固。

⑦ 液体充装时，驾驶员、押运员必须佩戴安全帽、防护面罩、防护服、防护手套，充装现场严禁穿拖鞋。

⑧ 驾驶员、押运员、现场操作工要时刻注意车内压力情况，防止车内压力突然升高。

⑨ 在充装过程中驾驶员应打开测满阀，但绝对禁止擅自打开泄压阀排压，特殊情况除外（车内压力在充装过程中升到 0.4MPa 左右的时候可以打开泄压阀泄压，但必须在操作工现场监护之下操作）。

⑩ 车辆充装结束后，必须由现场操作工确认后才能拆卸输液管，输液管拆卸完成后，驾驶员方可启动车辆。

六、停车场和车库安全要求

1. 对停车场的安全要求

槽车使用单位专用的槽车停车场，场内不得存放易燃物及其他车辆；停车场周围 20m 范围内严禁烟火，应设置明显的严禁烟火警告牌；停车场内设置罩棚，重车停放应在罩棚内，以防日光直晒；停车场内备有干粉灭火器、消火栓、消防水带、水桶等消防器材。

2. 对车库的安全要求

① 车库位置应符合《建筑设计防火规范》（GB 50016—2014）中规定的与其他建筑安全防火间距的规定。

② 车辆内应有良好的通风措施，采取上送风下排风的通风方式，使库内空气对流。

③ 库内不得设下水道、地沟等构筑物。

④ 库内只准用水暖或汽暖，不准使用明火取暖。

⑤ 库内照明灯具及其开关都必须是防爆型的。

⑥ 库内应设置明显的严禁烟火的警告牌。

⑦ 库内应设干粉灭火器、消火栓、消防水等消防器材。

⑧ 在库内不准存放其他易燃物。

⑨ 重车不得停车过夜，不得在库内带气检修液化石油气系统的设备。

⑩ 充装后应及时卸液。重车停放时间不得超过 24h，不得将

槽车作储罐用。活动储罐的槽车，应急时把储罐卸下，存放在规定的位置。

七、槽车的定期检验及检修

（1）槽车的定期检修周期

① 槽车的定期检验包括对罐体和各种附件的检查和修理，槽车底盘和车辆行走部分的检查和修理，按底盘说明书以及公安部门和交通部门的有关规定执行。

② 槽车的定期检验分为年度检验和全面检验两种。年度检验每年进行一次，全面检验每 5 年进行一次。但新槽车在投入使用后的第二年必须进行首次全面检验。年度检验如发现严重缺陷，应提前进行全面检验。槽车的年度检验，可由用户自己进行。槽车的全面检验，应由当地市场监管部门或其授权的单位进行。

（2）槽车的年度检验内容

① 罐体表面漆色、铭牌和标志的检查。

② 罐体的内、外表面检查，注意有无裂纹、腐蚀、划痕、凹坑、泄漏、重皮和剥落等缺陷或伤残。

③ 检查安全阀、紧急切断装置、液面计、压力表、温度计和灭火器等安全装置，并进行相应的性能检验，不合格或失效者，应予以更换。

④ 对检查发现的问题进行妥善处理，并最终按罐体的设计压力进行气密试验合格。

（3）槽车的全面检验内容

① 经进行年度检验所规定的全部检验项目。

② 进行罐体外表面的除锈喷漆。

③ 测定罐体壁厚。

④ 对罐内焊缝及所有接管和人孔焊缝，进行100％的表面磁粉探伤或着色探伤检查。对有怀疑的对接焊缝，还应进行射线或超声波探伤检查。

⑤ 对检查发现的问题进行妥善处理，并最终按罐体设计压力

的 1.5 倍压力进行水压试验，以及按罐体的设计压力进行气密试验合格。

（4）槽车的检修安全规定

① 槽车的检查和修理单位，必须制定检修规程和质量要求，以及必要的安全管理制度，并严格执行。

② 检查和修理之前，罐内的液化石油气必须排空，并用氮气、水或水蒸气置换干净，经检测应符合卫生及动火规定。严禁采用空气置换，用水蒸气置换时，应先拆下温度计。

③ 车辆部分需进行大、中修时，罐体也应经过上述处理后方可进厂。严禁槽车带液化石油气进厂修理。

④ 进入罐内检修时，应有专人监护，并使用电压不超过 12V 的低压防爆灯。如需动火，应先办理动火批准手续，并采取必要的安全技术措施。

⑤ 罐体如经补焊，补焊处应进行射线及磁粉探伤检查合格，并进行适当的局部热处理。

⑥ 水压试验和气密试验，必须在全部检查和修理工作完毕后进行。

⑦ 槽车的检查和修理应有详细记录，并签字备查。槽车检修后，应按规定在检修记录卡及罐体的规定部位标明下次检验日期。

第六节　槽车的其他主要部件及附件

一、底盘

底盘是槽车的承载和行驶部分，底盘的技术性能，如牵引和载重能力、制动性能、转弯性能、轴距以及重心位置等都直接关系和影响槽车的安全性与经济性。目前，国产汽车底盘的类型繁多，制造厂遍布全国各地，载重量由几吨到几十吨，有柴油机和汽油机汽车底盘，有越野型和普通型汽车底盘等。

二、安全阀

槽车用安全阀，除应具备一般安全阀性能要求外，还应具备适应槽车工作特点的一些特殊要求，如：

① 为防止槽车运行时的安全阀受到机械碰撞，安全阀要装在罐体顶部气相空间内，要求罐体外露尺寸不超过 150mm，并应加以保护。因此，必须采用内式安全阀。

② 安全阀的设计必须考虑在罐内压力出现异常和发生火灾的情况下，均能迅速排放。安全阀的排放能力应不低于按下式计算所得值：

$$Q = \frac{1}{\gamma} \times 1.5533 \times 10^8 A^{0.82}$$

式中　Q——安全阀的排放能力，kg/h；

　　　A——罐体表面积，m^2；

　　　γ——安全阀全开压力时介质的潜热，J/kg。

在安装多个安全阀的情况下，其排放能力为各个安全阀排放能力之和。

③ 安全阀的最小有效排放面积应按下式计算：

$$F = \frac{Q}{9.81 C \alpha p_0 \sqrt{\dfrac{M}{ZT}}}$$

式中　Q——安全阀的排放能力，kg/h；

　　　F——安全阀的最小有效排放面积，cm^2；

　　　C——标准状态下介质的特性系数，跟绝热指数 K 值变化

　　　　　的计算式为 $C = \dfrac{548}{\sqrt{2}} \sqrt{K \left(\dfrac{2}{K+1} \right)^{\frac{K+1}{K-1}}}$；

　　　α——流出系数，对全启式安全阀，取 $\alpha = 0.60 \sim 0.70$；

　　　p_0——安全阀全启压力（绝热），MPa；

　　　M——介质分子量；

　　　Z——全启压力下气体的压缩系数，在无法确定时，可取

$$Z=1.0;$$

T——全启压力时气体的绝热温度，K。

④ 槽车的安全阀必须设计成全启式。安全阀的开启高度与阀喉部直径之比不小于 1/4。这样，安全阀一旦开启并喷出液体时，不会因节流作用而使排放口受冻而堵塞。

⑤ 安全阀的开启压力应高于罐体的设计压力，但不得超过罐体设计压力的 1.10 倍。安全阀全启压力，不得高于罐体设计压力的 1.20 倍。安全阀回座压力，不得低于开启压力的 0.8 倍。

三、液面计

1. 作用与要求

液面计是指用以指示和观察容器内介质液位变化的装置，又称液位计，按工作原理分为直接用透光元件指示液面变化的液面计（如玻璃管液面计或玻璃板液面计），以及借助机械、磁性、压差等间接反映液面变化的液面计（如浮子液面计、磁性浮标液面计和自动液面计等）。压力容器使用的液面计属安全附件，应定期检查。

液面计是槽车罐体上又一重要的安全附件，其作用是观察和控制槽车的充装量（容量、液面高度或质量），以保证槽车不超装、不超载。由于液化石油气介质具有易燃易爆特点，槽车运输中颠簸与震动又比较剧烈，因此，槽车液面计必须满足以下基本要求。

（1）灵敏、准确、观察使用方便　槽车几乎每天都进行装卸作业，操作比较频繁。控制一定的充装量是保证槽车安全的重要方面，任何超装都可能引起罐体超压，甚至因此而酿成重大事故，在日温差较大的环境下，低温充装超压的危险性更大。另外，亏装也会给企业带来经济损失。这就要求液面计必须灵敏、准确并且方便观察与使用。如玻璃管式的液面计，不仅易损坏，而且有时会出现虹吸假液位。

（2）耐压和密封性能良好　液化石油气的压力随温度波动较大，其溶胀性也较强，液面计的泄漏或损失，常常可能引起事故。这就对槽车液面计的耐压和密封性能提出较高的要求，即能在介质的温度剧烈变化和介质长时间的溶胀作用下，保持密封可靠，确保安全。

（3）结构牢固、耐震动和撞击　行车路面情况复杂，不可避免地产生剧烈震动和撞击，有时还可能产生机械碰撞，液面计必须适应这一恶劣的使用条件，要求尽可能采用内装式，或者外露的尺寸要尽可能小。

（4）耐介质腐蚀　由于介质中硫化物（如臭剂、杂质）和水分对碳钢、黄铜等有比较强的腐蚀作用，要求液面计被介质浸泡或直接接触介质的零部件，尤其是动配合部件，必须具有良好的耐腐蚀性能，一般用 1Cr13、2Cr13 和 1Cr18Ni9Ti 这类材料效果较好。

2. 主要结构形式

根据上述基本要求，目前国内外用于液化石油气槽车的液面计主要有滑管式、旋转式和浮球磁力式几种。

（1）滑管式液面计　滑管式液面计是通过滑动管在罐体内做上下滑动，管子下端与气相或液相接触时，由管孔向外喷出蒸气（无色有味气体）或液体（白色雾状）来测量液面高度。液面高度则通过固定在滑管旁的指示标尺确定。滑管式液面计一般要安装在罐体上方，滑管与液面计主体之间采用填料密封。使用时，先松开填料压紧螺母，以减小滑管的摩擦阻力，把滑管先向上拔，然后下压至喷射小孔喷出液体，此时指示标杆所示高度即为液面高度。为了准确，可多测几次，用毕压下滑管，拧紧压紧螺母。

这种液面计的特点是结构简单、牢固，不怕冲击震动，显示准确，近年来引进的日本液化石油气槽车多采用这种形式。国内多家厂家制造的槽车，也采用这种形式。但这种形式的液面计必须安装在槽车顶部，因此车上需要设置梯子、平台。每次操作时要爬上车顶进行观测，较为不便。另外，对于水分较多的液化石油气，在严冬季节容易冻结滑管。

（2）旋转式液面计　其工作原理与滑管式液面计相同。它是由一弯曲形的旋转管上的小孔向外喷出气相或液相介质来测量液面位置的。所不同的是，以管子的旋转动作来代替滑管的上下滑动动作，这样可以通过表盘指针来指示液面高度。旋转式液面计一般安装在罐车罐体后封头中部，以方便操作观测。

（3）浮球磁力式液面计　浮球磁力式液面计是利用液体对浮球的浮力作用，浮球作为受压元件，通过机械传动带动一永久磁铁旋转。在磁铁对应的罐体外部装有永久磁铁制成的指针，内外磁铁之间用非磁性材料制成的盲板隔开。当内部磁铁由浮球带动动作时，也吸引外部指针旋转，指针在表盘上指示液面。它具有密封、牢靠、示数直观等优点，即使表盘外部受到机械损伤，也不影响液面计的密封性能。其缺点是结构比较复杂。

四、紧急切断装置

在槽车的气相管和液相管等主要接口处，应装设紧急切断装置，以便在发生装卸管道管件破裂，大量液化石油气外漏时，供紧急止漏。

1. 紧急切断装置介绍

紧急切断阀又叫底阀，一般安装在罐体底部，连通或隔离罐体与外部管路，非装卸时应处于关闭状态。液体危险货物罐体可能包含多个独立仓，每个独立仓一般对应一个紧急切断阀。

控制系统通过气动、液压或机械方式控制紧急切断阀的开闭，操作按钮至少两组：一组靠近装卸操作箱，包括每个紧急切断阀控制按钮和总控制开关；另一组装设在车身尾部或驾驶室，为远程控制开关。

2. 液体危险货物罐车紧急切断装置作用

（1）非装卸作业时，紧急切断阀处于关闭状态，即使输油管道碰撞断裂，罐内液体也不会泄漏。

（2）装卸作业时，紧急切断阀处于开启状态，遇紧急情况时，可以人工关闭，防止罐内液体泄漏。

（3）当环境温度由于火灾等原因升高至设定温度时（一般为75℃±5℃），阀内易熔塞熔化，紧急切断阀自动关闭，防止罐内液体泄漏。

(4) 紧急切断阀外部应带有切断槽，当受到撞击时，紧急切断阀从切断槽处断开，防止罐内液体泄漏。

3. 紧急切断装置使用和检查要点

(1) 使用要点

① 谨记紧急切断阀在除装卸工作之外的所有情况下，都应处于关闭状态。

② 装卸作业完毕后，必须立即按照紧急切断阀使用说明书或操作规程关闭紧急切断阀。

③ 出车前，检查紧急切断阀有无腐蚀、生锈、裂纹等缺陷，有无松脱、渗漏等现象。

④ 装卸作业时，若遇紧急情况，应立即关闭紧急切断阀。

⑤ 运输过程中，及时检查，确保紧急切断阀处于关闭状态。

⑥ 罐体长期不使用，也应关闭紧急切断阀，以免因受长期压力、杂质沉淀等影响，造成阀体元器件损坏、泄漏。

(2) 机动车检验查验环节检查要点

① 确认罐体上喷涂的介质名称是否与"公告""合格证"上记载的一致。

② 喷涂的介质与记载的内容应一致。运输介质属于原国家安监总局等五部委文件《关于明确在用液体危险货物罐车加装紧急切断装置液体介质范围的通知》（安监总管三〔2014〕135 号）中列举的 17 种介质范围。检查其卸料口处是否安装有紧急切断阀，紧急切断阀是否有远程控制系统。

③ 检查紧急切断阀有无腐蚀、生锈、裂纹等缺陷，有无松脱、渗漏等现象，检查紧急切断阀控制按钮是否完好。

④ 检查紧急切断阀是否处于关闭状态，没有关闭的要求当场关闭，并对驾驶人进行一次面对面的教育提示。

(3) 路面执勤执法环节检查要点

① 检查液体危险货物槽车的标识是否符合 GB 7258 规定，包括道路运输危险货物车辆标志灯、标志牌、车身标识及罐体上喷涂的罐体容积及允许运输介质的名称。

② 对喷涂的运输介质属于原国家安监总局等五部委文件《关于明确在用液体危险货物罐车加装紧急切断装置液体介质范围的通知》（安监总管三〔2014〕135号）列举的17种介质范围的，通过询问驾驶员、押运员和实车查看，确认罐体底部是否安装有紧急切断阀及紧急切断阀是否有远程控制系统。

③ 检查紧急切断阀是否处于关闭状态，没有关闭的要求当场关闭，并对驾驶人进行一次面对面的教育提示。

五、其他附件

1. 压力表

压力表是指以弹性元件为敏感元件，测量并指示高于环境压力的仪表，应用极为普遍，几乎遍及所有的工业流程和科研领域，在热力管网、油气传输、供水供气系统、车辆维修保养等领域随处可见。尤其在工业过程控制与技术测量过程中，由于机械式压力表的弹性敏感元件具有很高的机械强度以及生产方便等特性，使得机械式压力表得到越来越广泛的应用。

槽车罐体上必须设压力表，其精度等级应不低于1.5级，表盘刻度极限值应为罐体设计压力的2倍左右。压力表应为Y形弹簧管式。为了提醒操作人员注意和警惕，在表盘上对应于介质温度40℃和50℃时的饱和蒸气压处涂色标记。

使用注意事项：

（1）仪表必须垂直，安装时应使用17mm扳手旋紧，不应强扭表壳，运输时应避免碰撞；

（2）仪表宜使用在周围环境温度为-25～55℃的条件下；

（3）使用工作环境振动频率＜25Hz，振幅不大于1mm；

（4）使用中因环境温度过高，仪表指示值不回零位或出现示值超差，可将表壳上部密封橡胶塞剪开，使仪表内腔与大气相通即可；

（5）仪表使用范围，应在上限的1/3～2/3之间；

（6）在测量腐蚀性介质、可能结晶的介质、黏度较大的介质时，应加隔离装置；

（7）仪表应经常进行检定（至少每三个月一次），如发现故障应及时修理；

（8）仪表自出厂之日起，半年内若在正常保管、使用条件下发现因制造质量不良失效或损坏时，由生产厂家负责修理或调换；

（9）需用于测量腐蚀性介质的仪表，在订货时应注明要求、条件。

压力表必须安装在罐体顶部气相空间引出的管子上或气相管上，接管应撖弯成盘蛇状，压力表前应装设阀门。压力表必须经计量部门校验、铅封，并每 6 个月至少校验一次。

2. 温度计

温度计是测温仪器的总称，可以准确判断和测量温度。其利用固体、液体、气体受温度的影响而热胀冷缩等的现象为设计的依据。有煤油温度计、酒精温度计、水银温度计、气体温度计、电阻温度计、温差电偶温度计、辐射温度计、光测温度计、双金属温度计等多种温度计供选择，但要注意正确的使用方法，了解温度计的相关特点，便于更好地使用。

根据使用目的的不同，已设计制造出多种温度计。其设计的依据有：利用固体、液体、气体受温度的影响而热胀冷缩的现象；在定容条件下，气体（或蒸汽）的压力因不同温度而变化；热电效应的作用；电阻随温度的变化而变化；热辐射的影响等。

一般来说，一切物质的任一物理属性，只要它随温度的改变而发生单调的、显著的变化，都可用来标志温度而制成温度计。

槽车罐体必须装设温度计，其测量范围为$-40\sim160℃$，并应在$40℃$和$50℃$涂红色标记。应选用表盘式压力指示温度计，以防受震损坏。感温部分应与罐内液相相通，以测量液相温度，并应能耐罐体水压试验压力。

温度计也应经计量部门校验、铅封，并经常检查。

3. 装卸阀

槽车装卸阀必须采用公称压力为 2.5MPa 以上的钢制球阀，以不锈钢球阀为佳。目前，国内制造的带快速连接接头的不锈钢球阀深受用户欢迎。装卸阀除应满足一般球阀的各项要求外，尤其应具有良好的密封和抗震性能。

（1）槽车专用装卸球阀的特点　其进口端采用法兰连接，安装在紧急切断阀下游，出口与同规格快速接头配套使用，用于装卸介质时的接通和截断；带有放散结构，使装卸软管安全使用；适用于接收站、槽车等高中压燃气装卸场合。

（2）槽车专用装卸球阀的参数　设计规范：GB/T 12237，CJ/T 3056，JIS B2071。公称尺寸：$PN25 \sim PN40$，JIS 20K。法兰进口端：JB/T 79，GB/T 9113，JIS B2220。出口端：BY-963B。适用温度：$-29 \sim +80℃$。适用介质：液化石油气、天然气等。

4. 装卸胶管

装卸胶管应具有良好的耐压、耐油和不渗漏性能。根据规定，其耐压强度应不低于 6.0MPa。目前，多选用两层钢丝编制的高压胶管。装卸胶管每 6 个月至少进行一次气压试验，试验压力不应低于罐体设计压力的 1.5 倍，如有泄漏和其他异常情况，则应予更换。

5. 装卸管接头

槽车用装卸管接头的主要结构类型有法兰接头、螺纹接头和卡式快速接头。法兰接头由于装卸操作比较麻烦、费时间，目前只是在一些早期槽车和活动槽车上使用。螺纹接头也由于操作不够方便，近年来逐步被卡式快速接头代替。卡式快速接头具有操作简便，连接迅速、牢固，密封性能好等优点。槽车装卸管接头参数见表 5-4。

（1）作用原理和结构说明　快速接头的固定装置保证牢固卡紧接头内部装有的 O 形圈密封可靠。使用接头时，用力推动按钮使弹簧压缩，准销带动限位销脱离销孔，再转动手把到极限位置即可装卸锁紧时，手把要转回原处使弹簧复位。

一种槽车鹤管快速接头组件包括鹤管接头、鹤管堵头、下卸接头，在所述鹤管接头与下卸接头之间、鹤管接头与鹤管堵头之间设

表 5-4　槽车装卸管接头参数

外形尺寸和连接尺寸						性能规范	
PN	型号	D	L/mm	H/mm	d/mm	公称压力 PN	4.0MPa
2.5MPa	XWD-HGB(阳)	Z1in	76	96	$\phi38$	壳体试验压力 p_T	3.75MPa
		Z2in	106	110	$\phi65$	密封试验压力 p_N	2.75MPa
	XWD-HGB(阴)	Z1in	76	125	$\phi38$	适用介质	液化气、液氨、丙烷
		Z2in	106	150	$\phi65$	适用温度	$-40\sim80℃$

注：1in=0.0254m。

置有凹槽凸台渐变窄宽连接配合结构及锥面密封配合结构。卸车工作状态下，鹤管接头与鹤管前端波纹管相连，下卸接头与槽车下卸口相连，通过设置在鹤管接头上的渐变窄凹环槽与设置在下卸接头上的渐变宽下卸接头旋转凸台套紧密相连；未卸车非工作状态下，鹤管接头与鹤管前端波纹管相连，鹤管堵头与鹤管接头相连，通过设置在鹤管接头上的渐变窄凹环槽与设置在鹤管堵头上的渐变宽堵头旋转凸台套紧密相连。

（2）特点

① 结构简单，操作方便，可快速连接和开启。

② 尺寸紧凑、重量轻，具有良好的密封性和互换性。

③ 快速接头用于液化气、储罐站、液氨槽车等系统中的快速装卸作业，广泛用于液体等各种介质中。

④ 材料：纯铜，不锈钢 SUS304、SUS316L。

6. 静电接地装置

高速流动（如流速过大，泄漏时的高速喷射等）的液化石油气，由于摩擦作用，会产生电压高达几千伏甚至上万伏的静电，如果不及时消除，就会产生静电火花，引起火灾。因此，要求槽车必须装设可靠的静电接地装置。

静电接地装置应保持罐体、法兰、管道和阀门等各部分全部接地。法兰之间应加设导电片；罐体与底盘以螺栓连接而不应绝缘，底盘上装设接地链与地面接触；在装卸作业前，还需将设置在阀门箱内的通地导线与作业现场的接地栓相连通，或把槽车上的通地导线插入接地。

槽车静电接地装置是新一代智能型防爆产品，该产品防爆性能符合国家标准有关要求，经国家指定防爆电气产品质量检测中心检验合格，并取得防爆合格证。其接地电阻检测符合国家标准《防静电通用导则》规定的接地要求，通过了中国石油天然气集团公司静电检测中心检验。该产品不仅能对被监测装置释放静电，还能够对静电释放的好坏进行跟踪监测。

（1）产品功能

① 无火花型接地钳（和设备碰撞无火花产生）。

② 静电接地钳电阻巡检功能确保接地钳和设备之间的良好接触，接地不良或断开时，发出声音报警。

③ 接地钳电阻巡检功能，确保系统可靠接地。

④ 继电器信号输出功能，在接地不正常的情况下切断作业。

⑤ 声光报警器信号输出，提醒现场操作人员接地的即时状况。

⑥ LED 显示。

（2）接地钳

① 采用合金夹持顶针，具有硬度高，导电优良，破除油漆和铁锈能力强等特点，保证被监测装置接地良好。

② 为防爆静电接地监测报警器提供接地电阻是否达到要求做准确处理。

③ 将接地钳从被监测装置导出的静电荷引入大地，同时将接地电阻信号输送给集成芯片，对静电进行预报警。

（3）产品特点

① 具有声报警功能，使现场工作人员可方便及时地发现和解决问题，确保操作安全。

② 具有本质安全的静电接地监测回路。

③ 实时跟踪监测，确保操作过程中被监测装置静电接地的连续性。

④ 无开关操作，24h 值守，低功耗设计，省电节能。

⑤ 配备 8～15m 拉伸长度，给操作带来极大的方便。

⑥ 接地钳具有优良的导电性能，碳化钨夹持顶针硬度高，可穿透金属体油漆层，抗腐蚀能力强。

7. 灭火器材与灭火装置

根据相关要求，槽车的每一侧至少应装一只 5kg 以上的干粉灭火器或 4kg 以上的泡沫灭火器。

普通干粉灭火剂主要由活性灭火组分、疏水成分、惰性填料组成。疏水成分主要有硅油和疏水白炭黑。惰性填料种类繁多，主要起防振实、结块，改善干粉运动性能，催化干粉硅油聚合，以及改善与泡沫灭火剂的共溶等作用。这类普通干粉灭火剂目前在国内外已经获得很普遍应用。

灭火组分是干粉灭火剂的核心，能够起到灭火作用的物质主要有 K_2CO_3、$KHCO_3$、$NaCl$、KCl、$(NH_4)_2SO_4$、NH_4HSO_4、$NaHCO_3$、$K_4Fe(CN)_6 \cdot 3H_2O$、Na_2CO_3 等。目前国内已经生产的产品有磷酸铵盐、碳酸氢钠、氯化钠、氯化钾干粉灭火剂。每种灭火粒子都存在一上限临界粒径，小于临界粒径的粒子全部起灭火作用，大于临界粒径的粒子灭火效能急剧降低，但其动量大，通过空气对小粒子产生空气动力学拉力，迫使小粒子紧随其后，扑向火焰中心，而不是未到火焰就被热气流吹走，降低灭火效率。常用干粉灭火剂粒径在 $10～75\mu m$ 之间，这种粒子弥散性较差，比表面积相对较小。

定量干粉所具有的总比表面积小，单个粒子质量较大，沉降速度较快，受热时分解速度慢，导致其捕捉自由基的能力较小，故灭火能力受到限制，一定程度上限制了干粉灭火剂的使用范围。干粉灭火剂粒子粒径与其灭火效能直接相关联，灭火组分临界粒径愈大，灭火效果愈好。所以，制备在着火空间可以均匀分散、悬浮的超细灭火粉体，保证灭火组分粒子活性，降低单位空间灭火剂使用量是提高干粉灭火剂灭火效能的很有效手段。

泡沫灭火原理是灭火时，能喷射出大量二氧化碳及泡沫，它们能黏附在可燃物上，使可燃物与空气隔绝，达到灭火的目的。泡沫灭火器分为手提式泡沫灭火器、推车式泡沫灭火器和空气式泡沫灭火器。泡沫灭火器的存放应选择干燥、阴凉、通风并取用方便之处，不可靠近高温或可能受到暴晒的地方，以防止碳酸分解而失效。冬季要采取防冻措施，以防止冻结，并应经常擦除灰尘、疏通喷嘴，使之保持通畅。

在槽车排气管的出口处，必须设置灭火装置。灭火装置有的是固装在排气管末端（主要用于柴油发动机汽车），只有在清理积炭时才拆下；有的是活动式的，只有在出入灌装站禁火区时才安装，这样可以减小对汽车发动机输出功率的不良影响。

第六章

压力容器的使用与管理

第一节　压力容器的运行

压力容器的运行管理是保证其安全运行的重要环节。压力容器的使用单位必须做到操作和使用压力容器正确合理,搞好压力容器日常运行的维护保养工作是至关重要的。

一、投运

1. 准备工作

压力容器投运前,使用单位应做好安全检查工作、基础管理工作和现场管理的准备工作。

(1) 安全检查工作　投运前应对容器本体、附属设备、设施、安全装置等进行全面细致的安全检查,符合要求后方可投运。

① 检查容器内部　在安装、检验、修理、改造后有无遗留物,并对容器外部进行清理,操作环境应符合设备安全运行要求。

② 检查水、电、气等供应情况　看是否符合容器安全运行要求。

③ 检查容器本体　看容器内、外表面是否有异常情况。

④ 检查容器与管道连接情况　检查管道的连接和阀门的开闭情况(含盲板的抽堵情况)。

⑤ 检查附属设备　看机泵等附属设备及安全防护设施是否完好,是否满足安全运行的要求。

⑥ 检查安全附件　检查安全附件、安全保护装置、安全仪器

仪表是否有失灵现象和是否在校验期限内。

（2）基础管理工作

① 规章制度　压力容器运行前必须建立健全该压力容器的安全操作规程（或操作方法）和各种管理制度，对该压力容器应有明确的安全操作要求，使操作人员在操作时有章可循、有规可依。初次运行时必须有试运行方案（开车方案或开车操作票），明确人员的分工、操作步骤、安全注意事项以及不正常情况和事故的处理。

② 人员　压力容器运行前，必须根据工艺操作的要求和安全操作的需要，配备足够的压力容器操作人员和压力容器管理人员。压力容器操作人员必须参加当地市场监管部门的压力容器操作人员安全培训，经过考试合格取得当地市场监督管理部门颁发的"压力容器操作合格证"。有条件的企业或单位也可执行培训考证，设立企业内部使用的压力容器操作上岗证。

压力容器操作人员确定后，在容器试运行前必须对其进行相关的安全操作规程和安全管理制度的岗前培训和考核，让操作人员熟悉容器的安全操作要求和一般事故的处理方法，必要时还可进行现场模拟演练操作。可根据企业的规模及压力容器的数量、重要程度设置压力容器专职管理人员，并参加当地市场监督管理部门组织的压力容器管理人员培训考核，取得压力容器管理人员资格证。压力容器的初次运行应由压力容器管理人员和生产工艺操作人员共同组织筹划和指挥，并对操作人员进行具体的操作分工和培训。

2. 开车与试运行

压力容器试运行前的准备工作做好后，进入开车与试运行程序，操作人员进入岗位现场后，必须按规定穿戴各种劳动防护用品和携带各种操作工具。企业负责安全生产的部门管理人员应到现场进行安全监护，发现异常情况要及时处理。

由于化工生产过程的千差万别，压力容器的各异，以及化学物质的多种多样，所以不同装置有不同的开车注意事项。但也有一些相同的东西，对于开车来说，大面上的一些东西是相同的，主要有以下注意事项：

(1) 开车前确认 所有的管道、设备都清洗置换合格，具备接料条件；压力容器操作人员应考核合格，持证上岗；水、电、气、汽等公用工程具备随时可用条件；所有阀门、盲板及安全设施处于正确的开车使用状态，并经专人确认完毕。

(2) 开车过程 首先引入公用工程，尤其在引入蒸汽时，应先注意暖机，以免造成水击。然后按照装置的具体情况，进行升温、升压、建立循环等操作。升温速度一般不能超过 50℃/h，升压速度一般不超过 2.0MPa/h。有加热炉等设施的，还要事先进行烘炉，烘炉之后的开车升温还需要有恒温阶段等。

(3) 开车过程中，机、电、仪等辅助人员要随时待命 总的一条是所有工作都是为了安全，安全是最重要的。

二、压力容器的运行控制

每台压力容器都有特定的设计参数，如果超过设计参数去运行，容器就会因承载能力不够而可能发生事故。同时，容器在长期运行中，由于受到压力、温度及介质腐蚀等因素的综合作用，容器上的缺陷可能进一步发展并有可能形成新的缺陷。为使缺陷的发生和发展被控制在一定的限度之内，运行中对工艺参数的安全控制是压力容器正确使用的重要内容。

1. 压力和温度的控制

压力和温度是压力容器使用过程中的两个主要工艺参数。

(1) 压力的控制要点 控制容器的操作压力不得超过最大工作压力，对经检验认定不按容器铭牌上的最高工作压力运行的容器，应按专业检验单位所限定的工作压力范围使用。

(2) 温度的控制要点 温度的控制主要是控制极端的工作温度。高温下使用的压力容器，主要是控制介质的最高温度，并保证器壁温度不高于其设计温度；低温下使用的压力容器，主要是控制介质的最低温度，并保证器壁温度不低于其设计温度。

对压力和温度的控制，除考虑设计极限值外，还应考虑温度和压力上升的惯性，以及其显示的滞后性。特别是内部有催化剂、填料等或有衬里、隔热等内件的压力容器，不宜以设计压力和设计温度等作为操作的控制指标，应根据容器内介质的特性或物理、化学反应引起的增压升温的速度、具体情况或经验，判断设定与设计值有一定缓冲（升、降）空间的压力、温度极限控制值。

在压力容器的运行中，操作人员要按照容器安全操作规程中规定的操作压力和操作温度进行操作，严禁盲目提高压力。可采用联锁装置，实行安全操作挂牌制度，以防止操作失误。对反应容器，必须严格按照规定的工艺要求进行投料、升温、升压和控制反应速率，注意投料顺序，严格控制物料的配比，并按照规定的顺序进行降温、泄压和出料。盛装液化气体的压力容器，应严格按照规定的充装量进行充装，以保证在设计温度下容器内部存在气相空间。充装用的全部仪表量具，如压力表等都应按规定的量程和精度选用，容器还应防止意外受热。储存易于发生聚合反应的烃类化合物的容器，为防止物料发生聚合反应，应该在物料中加入相应的阻聚剂，同时限制这类物料的储存时间。

2. 流量和介质配比的控制

对一些连续生产的压力容器，必须控制介质的流量及流速等，以免其对容器造成严重冲刷、冲击和振动；对反应压力容器，还应严格控制各种参数与反应介质的流量、配比，以防出现某种介质的过剩或不足而产生副反应，进而造成生产失控事故的发生。因此，压力容器在运行过程中，操作人员除应密切注意温度、压力的变化外，还应密切注意出口流量和进口的各种介质流量的变化和配比。有条件的反应容器，在压力与容器出口端应加装反应产物自动分析仪。此外，压力容器内部为适应某种化学、物理反应，采用了将介质通过喷嘴喷射雾化工艺的，必须按操作要求调节好膨胀比，即在工艺参数指标范围内调节好介质入口压力与容器内部压力的比值，使介质对容器内壁或内件的冲刷尽量均匀，以减少容器应力集中和局部过热，避免内件局部损坏或容器器壁局部严重减薄。对压力容器投料的要求如下：

（1）对于放热反应的容器，投料量与投料速度不能超过容器的传热能力，否则物料的温度会急剧升高，引起物料分解、突沸而发生事故。

（2）加料的温度如果过低，往往会造成物料积累过量，温度一旦适宜便会加剧反应，加之热量不能及时导出，温度、压力将超过正常值，酿成事故。

（3）反应物料的配比应严格控制，参加反应物料的浓度、流量要正确地计量和分析。

（4）投料过程中还要注意投料顺序。石油化工生产中的投料顺序是按物料的性质、反应机理等要求进行的。

3. 液位的控制

在工业控制历史上，压力容器的液位测量占据着很重要的角色。液位控制主要针对液化气体介质的压力容器和部分反应容器的介质比例而言。盛装液化气体的容器，必须严格按照规定的充装系数来充装，以保证在设计温度下容器内有足够的气相空间；反应容器则需要通过控制液位来控制反应速率和阻止某些不正常反应的发生，以此来确保压力容器运行过程的安全。

（1）对装有液位计的压力容器，在运行中应当严格将液位控制在规定的范围内。

（2）对盛装液化气体的储存容器，应当按照规定的储存量充装，严禁过量充装，充装系数不得大于 0.95。对有液位计的要严格控制液位，以保证在设计温度下，容器内有足够的气相空间。实践证明，如果液化气体充满压力容器后，容器内的介质随环境温度升高，容器内的压力会急剧增加，会导致压力容器爆炸事故的发生。另外，高温季节要做好喷淋降温工作。

（3）对于反应容器，则需通过控制液位来控制反应速率和某些不正常反应的发生。

4. 介质腐蚀的控制

压力容器是工业生产中广泛使用及很重要的特种设备，压力容器会发生各种各样的腐蚀，由于操作条件（介质、温度和压力）的不同，在实际操作中，严重影响着压力容器的安全运行和使用寿命。据有关资料统计表明，由于腐蚀发生的爆炸事故占总事故的66.7%，爆炸事故会造成人员伤亡和财产损失。压力容器的腐蚀会对设备的安全运行产生极大的威胁，在设备维护期间，应该严格掌握压力容器在运行中缺陷的发展和腐蚀情况，对发现的问题及时采取补救措施，防止设备继续腐蚀，延长其使用寿命，确保压力容器安全运行。

（1）压力容器腐蚀类型

① 晶间腐蚀　化工材料的晶界非常活泼，在晶界或邻近区产生局部腐蚀，而晶粒的腐蚀则相对很小，这就是晶间腐蚀。晶间腐蚀破坏晶粒间的结合，大大降低化工材料的机械强度。而且腐蚀发生后化工材料和合金的表面仍保持一定的化工材料光泽，看不出破坏的迹象，但晶粒间结合力显著减弱，力学性能恶化，不能经受敲击，所以是一种很危险的腐蚀。晶间腐蚀通常出现于黄铜、硬铝合金和一些不锈钢、镍基合金中。产生晶间腐蚀的不锈钢，当受到应力作用时，即会沿晶界断裂，强度几乎完全消失，这是不锈钢的一种最危险的破坏形式。不锈钢焊缝间的晶间腐蚀是化学工业的一个重大问题。

② 点蚀　金属表面局部地区出现向纵深发展的腐蚀小孔，其余地区不腐蚀或轻微腐蚀，这种腐蚀形态叫作点蚀，又称孔蚀或小孔腐蚀，是局部腐蚀的一种。以钢材为例，不锈钢微小"锈孔"的迅猛增加，是不锈钢受到大规模腐蚀的原因。腐蚀物浓度或温度的微小变化，就能显著加快腐蚀速度。点状腐蚀的迅速出现，是由于表面亚稳定状态的微孔迅速增生。在真正的点蚀发生前，不锈钢表面保护性的氧化层中先形成直径几微米、呈亚稳定状态的微型凹陷，尽管此前科学家们对这种凹陷形成过程进行了大量的研究，但点蚀的突然出现迄今尚无法解释。腐蚀疲劳是指化工材料在循环应力或脉动应力和腐蚀介质共同作用下，所产生的脆性断裂的腐蚀形态。这种腐蚀要比单纯交变应力造成的破坏或单纯腐蚀造成的破坏严重得多，而且有时腐蚀环境不具有明显的侵蚀性。腐蚀疲劳涉及许多工业部门，如船舶的推进器、轴、舵，飞机构件，汽车弹簧，

矿山绳索等。即使是抗腐蚀性能很好的化工材料（如不锈钢），也能在像自来水这样的"无害"介质中发生腐蚀疲劳。腐蚀疲劳是一种很危险的破坏形式，因为它出现的时间和位置都很难事先预料。它不仅发生于处于活泼状态的化工材料，而且也发生于处于钝化状态的化工材料。

③ 腐蚀磨损　化工表面材料与周围介质发生化学或电化学反应，并伴随机械作用而引起的材料损失现象，称为腐蚀磨损。这是一种化学腐蚀为主，并伴有机械磨损的腐蚀形式。其特征是呈局部性的沟槽、波纹、圆滑或山谷形，通常显示方向性。腐蚀磨损通常是一种轻微磨损，但在一定条件下也可能转变为严重磨损。常见的腐蚀磨损有氧化腐蚀磨损和特殊介质腐蚀磨损。

④ 电偶腐蚀　当两种不同化工材料浸入电解质溶液中时，如果用导线使这两种化工材料连通或直接接触，由于存在电位差，电子将会在两者之间流动，产生电偶电流，使电位较高的化工材料（阴极）溶解速度减小，电位较低的化工材料（阳极）溶解速度增大，这种腐蚀称为电偶腐蚀，也称为接触腐蚀或双化工腐蚀。

⑤ 缝隙腐蚀　许多工业构件是由螺钉、铆、焊等方式连接的，在这些连接件或焊接接头缺陷处可能出现狭窄的缝隙，其缝宽足以使电解质溶液进入，使缝内材料与缝外材料构成短路原电蚀，并且在缝内发生强烈的腐蚀，这种局部腐蚀称为缝隙腐蚀。缝隙腐蚀常发生在腐蚀介质中的工业材料表面上，是在缝隙和其他隐蔽的区域内发生的一种局部腐蚀。孔穴、垫片接触面、搭接缝内、沉积物下、紧固件缝隙内是常发生缝隙腐蚀的地方。

(2) 压力容器防腐蚀建议

① 优选材料，科学使用缓蚀剂　鉴于压力容器用途特殊，且在使用过程中承担的风险较高，国家对于此类容器的生产制造有着极为严格的规定，尤其是材料选择。设计选材过程中要注意以下几点。

a. 设计时应考虑腐蚀成因，尽可能地消除能够集聚介质的缝隙以及缺口。

b. 应以组织结构为依据优选材料。

c. 在进行容器生产的过程中，有必要以其实际用途及所处环境为依据，选用恰当的材料，以提升耐蚀合金的性能。必要时，可以通过添加合金元素的形式，来达到上述目的，但具体材料最好为碳钢。

d. 将关注重点放在增强耐蚀性上，以减轻或避免腐蚀问题。

e. 以腐蚀性、易燃性、危害性（一般指的是是否有毒）为参考依据进行介质选用。

缓蚀剂的作用主要在于其能够减缓腐蚀速度，甚至避免腐蚀的出现。这种化学物质具有极佳的防腐性能，且在使用中不会对材料性能产生损害，通常只需要很少的量，就可以使得腐蚀速度大为降低。

② 保证焊接质量 保证焊接质量可以起到减弱残余应力的作用，有助于避免裂纹。这是因为在残余应力较低的情况下，裂纹出现的概率比较低，金相组织也可以维持在一个良好的状态，裂纹诱因较少。不锈钢焊接通常会采用两种办法：其一为电弧焊，其二为氩弧焊。这两种工艺存在一定的区别，但实施时都需要控制好焊接质量。在焊接质量控制方面：第一，在焊接实施之前，必须以国家规定为依据，慎重确定焊接工艺与方法，而在选择材料环节，应结合工艺特点，选择恰当的材料；第二，在确定材料种类后，还需对其进行质检，以明确其各项性能与焊接质量要求是否相吻合；第三，具体负责操作的人员，应具有专业证书，且技术娴熟、能力稳定；第四，出于避免超标缺陷的考虑，正式焊接开始前，还需在综合研究钢材特性及规格情况的基础上，进行必要的预热。

③ 使用防腐材料 经常用的防腐材料主要有以下几种：第一，油脂涂料。这种材料的特点在于成膜物为干性油，优势在于生产工艺简单、涂刷便捷、润湿性强、成本低廉等，劣势在于干燥耗时较长、膜偏软、耐水性及力学性能低下。第二，生漆。这种材料的优势在于附着力极佳，膜的韧性强，光泽较好，可起到抵抗水油侵蚀的作用等，劣势在于有毒、易导致人体过敏等，应用相对有限。第

三，酚醛树脂。这种涂料的优势在于防腐性能佳、耐热性好等，劣势在于施工麻烦、附着力不佳、不够柔韧。

④ 表面覆盖，实现有效隔离　腐蚀出现的重要原因之一，就是化工元素与周围环境中的某些物质发生了化学反应。所以，在防腐工作中可以借助表面覆盖，将能够发生反应的物质隔离开，达到破坏化学反应发生条件的目的。这种方法为覆盖法，指的是通过将防护层紧密覆盖在化工材料表面的办法，来实现化工元素与相关介质的有效分离，以避免腐蚀的出现。

⑤ 重视管维　管理维护是控制腐蚀的主要途径。在对容器进行检查和维护的过程中，工作人员必须以国家法规为基础，以定期检查为基本手段，通过取样等方式来确认容器的工作状态，明确是否存在腐蚀问题及其严重程度，实时掌控容器性能，避免腐蚀演变成事故。为了将腐蚀的影响减至最弱，工作人员在检修工作中就必须要时刻谨慎，不可忽视任何轻微的腐蚀，对已经出现的腐蚀要及时补救，遏制其扩大趋势，并且在处理腐蚀问题时要通过分析，明确腐蚀出现的诱因，并以此采取预防措施，以避免腐蚀的再次出现。

5. 交变载荷的控制

物体受到大小、方向随时间呈周期性变化的载荷作用，这种载荷称为交变载荷。周期性变化的可以是力，可以是方向，也可以同时是力和方向的变化。

压力容器疲劳破坏往往发生在容器开孔接管、焊缝、转角及其他几何形状发生突变的高应力区域。为了防止容器发生疲劳破坏，除了在容器设计时尽可能地减少应力集中，或者需要做容器疲劳分析设计外，应尽量使压力、温度的升降平稳，尽量避免突然开、停车，避免不必要的频繁加压和卸载。对要求压力、温度平稳的工艺过程，则要防止压力、温度的急剧升降，使操作工艺指标稳定。对受高温的压力容器，应尽可能减缓温度的突变，以降低热应力。

6. 投料控制

投料控制是指投料量、投料速度、投料温度、投料配比、投料顺序的控制。

（1）投料量与投料速度控制　对于放热反应的容器，投料量与投料速度不能超过容器的传热能力，否则物料温度会急剧升高，引起物料分解、突沸而发生事故，还要防止能促进聚合的杂物混入。

（2）投料温度控制　投料时的温度如果过低，往往会使物料积累过量，当温度升至加剧反应温度时，反应会伴随热效应，如果不能及时导出，温度升高，压力会超过规定值，导致超压爆炸。

（3）投料配比控制　反应物的配比应当严格控制，反应物的浓度、流量要经过准确化验分析和计量。

（4）投料顺序控制　投料过程中，必须注意投料顺序。石油化工生产中的投料顺序是按物料的性质、反应机理等要求进行投料，有些介质的反应，如果不按顺序投料，易发生爆炸事故。

三、压力容器安全操作规程

压力容器的技术性能、使用工况不尽一致，却有共同的操作安全要求，操作人员必须按规定的程序进行操作。压力容器安全操作规程如下：

（1）凡操作容器的人员必须熟知所操作容器的性能和有关安全知识，持证上岗，非本岗人员严禁操作。值班人员应严格按照规定，认真做好运行记录和交接班记录，交接班应将设备及运行的安全情况进行交底，交接班时要检查容器是否完好。

（2）压力容器及安全附件应检验合格，并在有效期内。

（3）压力容器本体上的安全附件应齐全，并且灵敏可靠，计量、仪表应经市场监管部门进行检验合格（在有效期内）。

（4）需要抽真空的设备应按工作程序进行操作，当抽真空工作完成后，再进行下一步的工作。

（5）压力容器在运行过程中，要时刻观察运行状态，随时做好运行记录。注意液位、压力、温度是否在允许范围内，是否存在介质泄漏现象，设备的本体是否有肉眼可见的变形等，发现异常情况立即采取措施并报告。

(6) 对盛装易燃易爆、有毒有害介质的压力容器更要注意防火、防毒，不得靠近火源。操作人员要穿戴好工作服、防护镜、防腐胶鞋和防护手套。

(7) 有下列情况之一时，要进行水压试验，水压试验压力为设计压力的 1.5 倍：

① 新装容器在投入运行前。

② 大修后重新投入使用前。

③ 更换人孔、手孔、安全阀门及第一道阀门。

④ 未到期而提前停止运行检修的。

⑤ 其他可疑处必须做强度试验的。

(8) 水压试验前的准备工作：

① 压力容器与其他运行的工艺管线断开，加装盲板。

② 准备好试压泵，检查试压泵是否处在良好的工作状态。

③ 在压力容器上安装好经检验合格并在有效期内的压力表，压力表的量程为水压试验压力的 1.5~2 倍。

④ 泵的试压泵出口应有止回阀、泄水阀及压力表。

⑤ 试压时不得使用低压胶管，可采用高压胶管或钢管。

⑥ 步骤：

a. 将压力容器内水注满。

b. 上紧螺栓，关严阀门，将试压管与水泵相连，并详细检查有无泄漏。

c. 应有专人观测压力，并检查有无泄漏在管口前，不要停留，以免物体击伤人。

d. 在试压过程中发现有泄漏现象时，不要紧固，应在泄掉压力容器内压力后，方可紧固，重新试压，严禁带压紧固。

e. 达到试验压力时立即停泵，关闭试压阀门并做好记录，记下停泵时间，压力容器压力观测人员签字存档。

f. 保持试验压力 30min，如无降压，应缓慢降压至规定试验压力的 80％，保持足够时间进行检查。

g. 水压试验后，不得打开人孔，为气压试验做准备。

（9）压力容器气密试验：

① 压力容器在下列情况下进行气密试验，试验压力等同于设计压力：

a. 新压力容器在水压试验合格后，投产之前。

b. 经过大修水压试验合格后，投产之前。

c. 其他原因不能置换罐内介质，而借助气压试验的，在采取安全措施后，可采用氮气或压缩空气及惰性气体进行气密试验。

② 气密试验程序：

a. 将压力容器与其他工艺管线断开，并加装同等强度的盲板。

b. 准备好气源，如压缩空气、氮气、惰性气体等，检查设备运转状态正常。

c. 连接压力容器与气源的管路，不可采用低压胶管，可采用高压胶管及无缝钢管连接。

d. 在压力容器顶部安装好经检验合格后，且在有效期内的压力表，表的量程为 1.5～2 倍试验压力。

e. 准备好肥皂水、毛刷、记录纸，记录当天的气温、试验压力、试验时间及试验结果。

f. 气密试验前的检查。检查试压管路阀门是否畅通，压力表的阀门是否打开，罐体周围是否有闲杂人员，无关人员应离开。试验后，还要检查记录是否齐全。

③ 操作步骤：

a. 启动空压机或打开气源。

b. 应先缓慢升压至规定试验压力的 10％并保压 5～10min，对所有焊缝和连接部位进行初次检查，如无泄漏可继续升压至规定压力的 50％，如没有异常现象出现，按规定试验压力的 10％逐级升压，直到试验压力，保压 30min。然后降压至规定试验压力的 87％，保压足够的时间进行检查，检查期间压力应该保持不变，不得采用连续加压来维持试验压力不变。

c. 当气压上升到设计压力时，应停止升压，关闭气路，认真观察记录压力读数。

d. 观测不少于 30min，无降压、无泄漏为合格。

四、压力容器操作安全要点

1. 平稳操作

压力容器开始加载时，速度不宜过快，特别是承受压力较高的容器，加压时需要分阶段进行，并在每个阶段保持一定的时间后再继续增加压力，直至达到规定的压力。高温压力容器或工作温度较低的容器，加压或冷却时都应缓慢进行，以减小容器壳体温差应力。对于有衬里的容器，若降温、降压速度过快，有可能造成衬里鼓包；对于固定管板式换热器，温度若有大幅度急剧变化，会导致管子与管板的连接部位受损。

容器在运行期间，必须避免压力、温度频繁而大幅度的波动，因为压力、温度的频繁波动，会造成容器的疲劳破坏。尽管设计上要求容器结构连续，但在接管、转角、开孔、支撑部位及焊缝等处是不连续的，这些区域在交变载荷作用下产生的局部峰值应力往往会超过材料的屈服强度，进而产生塑性变形。尽管一次的变形量极小，但在交变载荷作用下，会产生裂纹或使原有裂纹扩展，最终导致疲劳破坏，给生产埋下巨大的事故隐患。因此，必须引起操作者的高度重视。

2. 严格控制工艺指标

压力容器操作的工艺指标主要是压力、温度、介质各参数的现场操作极限值，一般在操作规程中均有明确的规定。因此，严格执行工艺指标，可防止容器超温、超压运行。为了防止由于操作失误而造成容器超温、超压，可实行安全操作挂牌制度或装设联锁装置。对容器的工艺指标压力、温度、介质有如下解释。

(1) 压力定义 物理学的概念是指垂直作用于物体表面的力，而垂直作用于物体表面单位面积上的力则称为压力强度或压强。但在压力容器或一般工程技术上，人们习惯将压强称为压力，我们所说的压力实际上是压强。压强单位是"帕斯卡"（简称"帕"），用"Pa"表示。

（2）有关压力的概念

① 设计压力　设计压力是指在相应设计温度下用以确定容器计算壁厚及其元件尺寸的压力（设计单位根据设计条件要求及规范确定）。

② 工作压力　工作压力是指压力容器在正常工艺操作时，容器顶部的正常压力。该压力是用各种压力表测量得到的，又称表压力。

③ 最高工作压力　最高工作压力是指压力容器在正常运行时，容器顶部可能产生的最大压力（小于设计压力）。

④ 试验压力　试验压力是指压力容器试压时承受的最大压力（液压或水压试验压力等于 1.2 倍设计压力或规定最高工作压力；气压试验压力等于 1.10 倍设计压力或规定最高工作压力）。

⑤ 绝对压力　绝对压力是指压力容器内介质的实际压力。

⑥ 大气压力　大气压力是指包围在地球外面的大气层对地球表面及其上的物体产生的压力。

$$绝对压力 = 表压力 + 大气压力$$

气体介质的压力源分为两类：一是来自容器外，如压缩机或蒸汽锅炉；二是来自容器内，介质在容器内聚集状态发生变化，气体在容器内受热，温度急剧升高，发生体积增大的化学反应。

总之，压力是压力容器的最主要载荷，由压力而产生的应力是确定容器壁厚的主要因素，应力增大达到材料的屈服极限时，容器产生塑性变形，应力的继续增大，导致容器变形破坏。

（3）温度定义　冷热程度。

① 设计温度　压力容器在正常工作情况下，设定的受压元件的金属温度。

② 使用温度　压力容器运行时，用测温仪表测得工作介质的温度。

③ 试验温度　压力试验时，容器壳体的金属温度。

总之，温度是压力容器的又一主要载荷。容器在使用过程中，温度的变化会引起应力。原因：热胀冷缩是物体固有特性；不同材料热膨胀系数不同。

（4）介质定义　压力容器内盛装的物料，有液态、气态、气液混合态。

① 介质的性质　一是易燃、易爆，如氢、甲烷、乙烷等。二是毒性，分四级：Ⅰ级——极度危害，Ⅱ级——高度危害，Ⅲ级——中度危害，Ⅳ级——轻度危害。三是腐蚀性，如酸、碱介质。

②《固定式压力容器安全技术监察规程》（TSG 21—2016）对介质的分组：第一组介质，毒性程度为极度危害、高度危害的化学介质、易爆介质、液化介质；第二组介质，除第一组介质外的介质。

总之，介质的危害程度指压力容器在生产过程中因事故致使介质与人体大量接触，发生爆炸或因经常泄漏引起职业性慢性危害的严重程度（用介质毒性程度和爆炸危害程度表示）。毒物是通过呼吸道、皮肤和消化道侵入人体的。

五、压力容器运行中主要检查内容

压力容器运行中的安全检查是其安全运行的关键保障，通过对压力容器运行期间的经常性安全检查，使压力容器运行中出现的不正常情况得到及时发现和解决。要达到这一要求，必须把握好压力容器运行中安全检查的主要内容。

1. 工艺条件

工艺是指劳动者利用各类生产工具对各种原材料、半成品进行加工或处理，最终使之成为成品的方法与过程。制定工艺的原则是：技术上的先进和经济上的合理。由于不同的工厂的设备生产能力、精度以及工人熟练程度等因素都大不相同，所以对于同一种产品而言，不同的工厂制定的工艺可能是不同的，甚至同一个工厂在不同的时期制定的工艺也可能不同。可见，就某一产品而言，工艺并不是唯一的，而且没有好坏之分。这种不确定性和不唯一性，和现代工业的其他元素有较大的不同。为完成工艺要求的过程而所需的条件即为工艺条件。工艺条件检查主要是检查操作压力、操作温度、液位是否在安全操作规程规定范围内；检查工作介质的化学成分，特别是那些影响容器安全（如产生应力腐蚀，使压力或温度升高等）的成分是否符合要求。

2. 设备状况

设备状况检查就是对运行设备的现行状况方面进行安全检查，包括工艺条件、设备状况和安全附件方面的检查。设备状况检查主要是检查容器各连接部位有无泄漏、渗漏现象；容器有无明显变形、鼓包；容器外表面有无腐蚀，保温层是否完好；容器及其连接管道有无异常振动、磨损等现象；支撑、支座、紧固螺栓是否完好，基础有无下沉、倾斜；重要阀门的"启闭"与挂牌是否一致，联锁装置是否完好。

3. 安全装置

安全装置与安全附件方面主要是检查安全附件以及与安全有关的器具（如温度计、流量计等）是否保持良好状态。检查安全附件和计量器具是否在规定的使用期限内，其精度是否符合要求，如：压力表的取压管有无泄漏或堵塞现象，同一系统上的压力表读数是否一致；弹簧式安全阀是否有生锈、被油污黏住等情况；杠杆式安全阀的重锤有无移动的迹象等。检查安全装置和计量器具表面是否被油污或杂物覆盖，是否达到防冻、防晒和防雨淋的安全要求。

对运行中的容器进行巡回检查要定时、定点、定路线，操作人员在进行巡回检查时，应随身携带检查工具，沿着固定的检查线路和检查点认真检查。

六、压力容器的停止运行

压力容器的运行形式有两种，即连续式运行和间歇式运行。连续式运行的压力容器，多为连续生产系统中的设备，受介质特性和关联设备及装置的制约，这类容器不能随意运行或停止运行。化工生产系统的压力容器多为连续运行的压力容器。间歇式运行的压力容器，是指每次按一定的生产量来生产或投料的压力容器系统或单台压力容器。但无论是连续式运行或间歇式运行的压力容器，在停止运行时均存在正常停止运行和紧急停止运行两种情况。

1. 正常停止运行

压力容器由于按生产规程要进行定期检验、检修、技术改造，因原料、能源供应不及时，或因容器本身要求采用间歇式操作工艺的方法等正常原因而停止运行（简称停运），均属正常停止运行。正常停运时应注意以下安全问题：

（1）停运时应控制降温速度　对于高温下工作的压力容器，急剧降温，会使容器壳壁产生较大的收缩应力，严重时会使容器产生裂纹、变形、零件松脱、连接部位发生泄漏等现象，因而应控制降温速度。

（2）采取降温的方法降压　对于储存液化气的容器，由于器内的压力取决于温度，所以单纯排放液化气的气体或液体均达不到降压的目的，必须先降温，才能实现降压。

（3）应清除干净剩余物料　容器内的剩余物料多为有毒或剧毒、易燃易爆、腐蚀性等有害物质，若不清除干净，无法进入容器内部检查和修理。

（4）应准确执行各项操作规程　停运时的操作不同于正常生产操作，要求更加严格、准确无误。

（5）杜绝火源　停运操作期间，容器周围应杜绝一切火源。对残留物料的排放与清理应采取相应措施，特别是可燃有毒气体应排至安全区域。

2. 紧急停止运行

压力容器在运行过程中如发生下列异常现象之一时，操作人员应立即采取紧急措施，并按规定的报告程序，及时向有关部门报告，实行紧急停运。

（1）压力容器工作压力、介质温度或壁温超过许用值，采取措施仍不能得到有效控制。

（2）压力容器的主要受压元件产生裂缝、鼓包、变形、泄漏等危及安全的缺陷。

（3）安全附件失效。

（4）接管、紧固件损坏，难以保证安全运行。

（5）发生火灾，直接威胁到压力容器安全运行。

（6）过量充装。

（7）压力容器液位失去控制，采取措施后仍得不到有效控制。

（8）压力容器与管道发生严重振动，危及安全运行。

紧急停止运行的操作步骤：迅速切断电源，使向压力容器内输送物料的运转设备，如泵、压缩机等停止运行；联系有关岗位停止向压力容器内输送物料；迅速打开出口阀，泄放压力容器内的气体或其他物料；必要时打开放空阀，把气体排入大气中；对于系统性连续生产的压力容器，紧急停止运行时必须做好与前后有关岗位的联系工作；操作人员在处理紧急情况的同时，应立即与上级主管部门及有关技术人员取得联系，以便更有效地控制险情，避免发生更大的事故。

第二节　压力容器的使用管理

一、压力容器的生产技术资料

压力容器的生产技术资料包括压力容器的设计文件，制造单位向用户提供的技术文件和资料，以及安装技术文件和资料。

1. 压力容器的设计文件

压力容器的设计文件包括：①压力容器设计委托书；②压力容器设计任务书；③压力容器强度计算书；④压力容器设计图样；⑤压力容器设计说明书；⑥压力容器校验表；⑦压力容器审核表；⑧压力容器图样评审；⑨压力容器初设计图样。

2. 制造单位向用户提供的技术文件和资料

压力容器出厂时，制造单位应向用户提供以下技术文件和资料。

(1) 竣工图样　竣工图样上应有设计单位资格印章（复印印章无效）。若制造中发生了材料代用、无损检验方法改变、加工尺寸变更等，制造单位应按照设计修改通知单的要求在竣工图样上直接标注。标注处应有修改人和审核人的签字及修改日期。竣工图样上应加盖竣工图章，竣工图章上应有制造单位名称、制造许可证编号和"竣工图"字样。

(2) 产品质量证明书及产品铭牌的拓印件。

(3) 压力容器产品安全质量监督检验证书（未实施监督检验的产品除外）。

(4) 移动式压力容器还应提供产品使用说明书（含安全附件使用说明书）、随车工具及安全附件清单、底盘使用说明书等。

(5) 提供强度计算书　压力容器受压元件（封头、锻件）等的制造单位，应按照受压元件产品质量证明书的有关内容，分别向压力容器制造单位和压力容器用户提供受压元件的质量证明书。

现场组焊的压力容器竣工验收后，施工单位除按规定提供上述技术文件和资料外，还应将组焊质量检验的技术资料提供给用户。

3. 安装技术文件和资料

(1) 压力容器安全告知书（复印件）。

(2) 压力容器安装证件的复印件。

(3) 压力容器的安装工艺及相关安装现场记录。

(4) 压力容器安装质量证明书。

二、压力容器使用情况记录资料

压力容器使用后，应按时记录使用情况并存入压力容器技术档案，使用情况记录包括以下几方面。

(1) 压力容器运行情况记录　运行情况记录主要记录容器开始使用日期，每次开车和停车日期，实际操作压力、操作温度及其波动范围和次数。操作条件变更时，应记下变更日期及变更后的实际操作条件。

（2）压力容器检验、检测和修理记录以及相关技术文件和资料　压力容器检验检测和修理记录主要记录：压力容器检验或修理日期、内容、检验中所发现的缺陷及缺陷消除情况和检验结论；容器耐压试验情况及试验评定结论；容器受压部件的修理或更换情况等。

特种设备使用单位应当对在用特种设备进行经常性日常维护保养，并进行定期检查；对在用特种设备应当至少每月进行一次自行检查，并做出记录；对在用特种设备进行自行检查和维护保养时发现异常情况的，应当及时处理，以确保其安全稳定运行。

（3）日常使用记录　该记录主要记录开始使用日期，每次开车和停车时间；实际操作压力、操作温度及其波动范围和次数；操作条件变更时，应记下变更日期及变更后的实际操作条件。

（4）有关事故的记录和处理报告　该记录主要记录设备在运行中出现的故障及事故情况，如发生时间、原因、处理结果、整改内容、预防措施等。

三、安全装置日常维护保养记录

特种设备使用单位应当对在用特种设备的安全附件、安全保护装置、测量调控装置及有关附属仪器仪表进行定期校验、检修，并做出记录。

1. 安全装置技术说明书

技术说明书应有安全装置的名称、形式、规格、结构图、技术条件及装置的适用范围等。技术说明书应由安全装置的制造单位提供。

2. 安全装置检验或更换记录

该记录内容包括装置检验日期、试验或调整结果、下次检验日期、更换日期和更换记录等。检验或更换资料由容器专管人员填写。

四、压力容器的使用、变更登记

压力容器的使用、变更登记，主要依据《特种设备安全监察条例》《特种设备使用管理规则》（TSG 08—2017）《固定式压力容器安全技术监察规程》《移动式压力容器安全技术监察规程》等来进行。压力容器在使用前或者投入使用后 30 日内，使用单位应当向特种设备安全监督管理部门登记，领取使用登记证。登记标志应当置于或者附着于该特种设备的显著位置。

1. 压力容器使用登记

使用单位申请办理使用登记，应当逐台填写"压力容器登记卡"（一式二份），并同时提交压力容器及其安全阀、爆破片和紧急切断阀等安全附件的有关文件，交于登记机关。

（1）安全技术规范要求的设计文件，产品质量合格证明，安装及使用维护说明，制造、安装过程监督检验证明。

（2）进口压力容器安全性能监督检验报告。

（3）压力容器安装质量证明书。

（4）水处理方法及水质指标。

（5）移动式压力容器车辆行走部分和承压附件的质量证明书，或者产品质量合格证以及强制性产品认证证书。

（6）压力容器使用安全管理的有关规章制度。

2. 登记机关审核办理

登记机关接到使用单位提交的文件和填写的登记卡后，应当按照下列规定及时审核、办理使用登记。

（1）能够当场审核的，应当当场审核。登记文件符合国家法律规定的，当场办理使用登记证；不符合规定的，登记机关应当出具不予受理通知书，书面说明理由。

（2）当场不能审核的，登记机关应当向使用单位出具登记文件受理凭证。使用单位按照通知时间凭登记文件受理凭证领取使用登记证或不予受理通知书。

（3）对于一次申请登记数量在 10 台以下的，应当自受理文件之日起 5 个工作日内完成审核发证工作，或者书面说明不予登记理由；对于一次申请登记数量在 10 台以上 50 台以下的，应当自受理文件之日起 15 个工作日内完成审核发证工作，或者说明不予登记理由；一次申请登记超过 50 台的，应当自受理文件之日起 30 个工作日内完成审核发证工作，或者书面说明不予登记理由。

登记机关向使用单位发证时应当退还提交的文件和填写的登记卡。

3. 压力容器变更登记

（1）安全状况变更　压力容器安全状况发生变化的，使用单位应当在变化后 30 日内持有关文件向登记机关申请变更登记。

① 压力容器经过重大修理、改造，或者压力容器改变用途、介质的，应当提交压力容器技术档案资料，修理、改造图纸，以及重大修理、改造监督检验报告。

② 压力容器安全状况等级发生变化的，应当提交压力容器登记卡、压力容器技术档案资料和定期检验报告。

（2）压力容器拟停用 1 年以上的，使用单位应当封存压力容器，在封存后 30 日内向登记机关申请报停，并将使用登记证交回登记机关保存。重新启用时，应当经过定期检验，经检验合格的持定期检验报告向登记机关申请启用，领取使用登记证。

（3）移装或过户变更

① 在登记机关行政区域内移装压力容器的，使用单位应当在移装完成后投入使用前向登记机关提交压力容器登记文件和移装后的安装监督检验报告，申请变更登记。

② 移装地跨原登记机关行政区域的，使用单位应当持原使用登记证和登记卡向原登记机关申请办理注销。原登记机关应当在登记卡上做注销标记，并向使用单位签发"压力容器过户或者异地移装证明"。移装完成后，使用单位应当在投入使用前或者投入使用后 30 日内持"压力容器过户或者异地移装证明"、标有注销标记的登记卡、压力容器登记文件以及移装后的安装监督检验报告向移装地登记机关申请变更登记，领取新的使用登记证。

③ 压力容器需要过户的，原使用单位应当持使用登记证、登记卡和有效期内的定期检验报告到原登记机关办理使用登记证注销手续。原登记机关应当注销使用登记证，并在登记卡上做注销标记，向原使用单位签发"压力容器过户或者异地移装证明"。

④ 原使用单位应当将"压力容器过户或者异地移装证明"、标有注销标志的登记卡、历次定期检验报告以及登记文件全部移交给压力容器新使用单位。

⑤ 压力容器只过户不移交的，新使用单位应当在投入使用前或者投入使用后 30 日内，持全部移交文件向原登记机关申请变更登记，领取使用登记证。原使用单位办理使用登记证注销和新使用单位办理变更登记可以同时在登记机关进行。

⑥ 压力容器过户并在原登记机关行政区域内移装的，新使用单位应在投入使用前或投入使用后 30 日内持全部移交文件和移装后的安装监督检验报告向原登记机关申请变更登记，领取使用登记证。

⑦ 压力容器过户并跨原登记机关行政区域移装的，新使用单位应在投入使用前或者投入使用后 30 日内持全部移交文件和移装后的安装监督检验报告向移交地登记机关申请变更登记，领取使用登记证。

移动式压力容器变更使用条件（如变更充装介质、设计参数、最大允许充装量等）或其他因素应有原设计单位或相应资质的设计单位书面同意，仅需相应改变安全附件的形式、参数时，使用单位应向使用登记机关提出书面申请，经相应检验资格的检验机构，按照设计修改文件要求检验合格后，方可办理使用登记变更手续。

（4）不得申请变更登记的条件

① 在原使用地未办理使用登记证的。

② 在原使用地未进行定期检验或检验结论为停止运行的。

③ 在原使用地已经报废的。

④ 擅自变更使用条件，进行过非法修理改造的。

⑤ 无技术资料和铭牌的。

⑥ 存在事故隐患的。

⑦ 安全状况为 4~5 级，或者使用时间超过 20 年的。

4. 对有隐患和超过使用年限压力容器的处理

（1）特种设备出现故障或者发生异常情况时，特种设备使用单位应当对其进行全面检查，消除事故隐患后方可继续使用。特种设备存在严重事故隐患，无改造、修理价值，或者达到安全技术规范规定的其他报废条件的，特种设备使用单位应当依法履行报废义务，采取必要的措施，消除特种设备的使用功能，并向负责特种设备安全监督管理的部门办理使用登记证注销手续。

（2）已经达到使用年限，或未规定使用年限但已经超过 20 年的固定式压力容器，如继续使用，应委托有资格的检验机构检验合格，经单位主要负责人批准后方可继续使用。

（3）安全状况为 4 级且监控期满，或定期检验发现严重缺陷的，可能导致停用的固定式压力容器，应对缺陷进行修理或由市场监管总局批准的检验机构进行使用评价，得出能继续使用的结论后方可继续使用。

五、压力容器的维护与保养

1. 压力容器维护保养的目的

压力容器在使用中由于压力、温度的波动及受到外载荷作用，易产生各种缺陷；压力容器受到液体介质的冲刷、磨损；容器内、外部腐蚀；带有搅拌装置的压力容器在使用中不断转动，产生缺陷；安全附件、安全保护装置、测量调控装置失灵；阀门磨损、泄漏、失灵；支撑件损坏；未保养的停运容器再次投运等，都会影响安全使用。因此，做好压力容器的维护保养，使之处于完好状态，确保安全运行，防止事故发生，延长设备使用寿命，提高设备利用率是压力容器维护保养的目的所在。

2. 压力容器设备的完好标准

（1）设备运行正常，性能良好

① 压力容器的各项操作性能指标符合设计要求，能满足正常

生产要求。

② 使用中运转正常，易于平稳地控制各项参数。

③ 密封性能良好，无泄漏现象。

④ 带搅拌装置的压力容器，其搅拌装置运转正常，无异常的振动和杂音。

⑤ 带夹套的压力容器，加热或冷却其内部介质的功能良好。

⑥ 换热器无严重结垢。列管式换热器的胀口和焊口、板式换热器的板间、各种换热器的法兰连接处均能密封良好，无泄漏及渗漏。

(2) 各种设备及附件完整，质量良好

① 零部件、安全装置、附属装置、仪器仪表完整，质量符合设计要求。

② 压力容器本体整洁，油漆、保温层完整，无严重锈蚀和机械损伤。

③ 有衬里的压力容器，衬里完好，无渗漏及鼓包。

④ 阀门及各类可拆连接处无"跑、冒、滴、漏"现象。

⑤ 基础牢固，支座无严重锈蚀，外管道状况良好。

⑥ 压力容器所属安全装置、指示及控制装置齐全、灵敏、可靠，紧急放空设备齐全、畅通。

⑦ 各类技术资料齐全、准确，有完整的设备技术档案。

⑧ 压力容器在规定期限内进行了定期检查，对安全附件进行了定期调校和更换。

3. 压力容器运行期间的维护保养

(1) 保持完好的防腐层　由于腐蚀是压力容器的一大危害，所以，做好压力容器的防腐蚀工作是其日常维护保养的一项重要内容。常采用防腐层来防止介质对器壁的腐蚀，如涂漆、喷漆或电镀、衬里等。如果这些防腐层损坏，工作介质将直接接触器壁而产生腐蚀，所以必须使防腐层或衬里保持完好。这就要求在压力容器使用中注意以下几点：

① 经常检查防腐层有无脱落，检查衬里是否开裂或焊缝处是否有渗漏现象。发现防腐层损坏时，即使是局部的，也应该经过修

补等妥善处理后，才能继续使用。

② 装入固体物料或安装内部附件时，应注意避免刮落或碰坏防腐层。

③ 带搅拌器的压力容器，应防止搅拌器叶片与器壁碰撞。

④ 内装填料的压力容器，填料环应布放均匀，防止流体运动的偏流磨损。

（2）消灭压力容器的"跑、冒、滴、漏"现象　"跑、冒、滴、漏"现象不仅浪费原料、污染环境、恶化操作条件，而且常常造成设备的腐蚀，严重时还会引发压力容器的破坏事故。因此，经常检查压力容器的紧固件和密封状况，保持完好，防止产生"跑、冒、滴、漏"现象。

（3）维护保养好安全装置　应使安全装置始终保持灵敏准确、使用可靠状态。应定期进行检查、试验和校正，发现不准确或不灵敏时，应及时检查和更换。压力容器上的安全装置不得任意拆卸或封闭不用。没有按规定装设安全装置的压力容器不能使用。

（4）减少与消除压力容器振动　压力容器在使用中，受到风载荷的冲击或机械振动的传递，有时会引起压力容器的振动，这对压力容器的抗疲劳是不利的。因此，当发现压力容器存在较大振动时，应采取适当的措施，如切断振源，加强支承装置等，以消除或减轻振动。

4. 容器停运期间的维护保养

对于长期停用或临时停用的压力容器，也应加强维护保养工作。停运期间保养不善的压力容器甚至比正常使用的损坏更快，有些恰恰是忽略了压力容器停用期间的维护而造成了日后的事故。停运期间的维护保养措施主要有以下几条：

（1）必须将内部介质排除干净，特别是腐蚀性介质，要经过排放、置换、清洗及吹干等技术处理。要注意防止压力容器内的死角积存腐蚀性介质。

（2）经常保持压力容器的干燥和清洁，防止大气腐蚀。科学实践证明，干燥的空气对碳钢等铁合金一般不产生腐蚀，只有在潮湿的情况下（相对湿度超过 60%），并且金属表面有灰尘、污垢或旧腐蚀产物存在时，腐蚀作用才开始进行。因此，为了减轻大气对停用压力容器外表面的腐蚀，应保持压力容器表面清洁，经常把散落在压力容器表面的尘埃、灰渣及其他污垢擦洗干净，并保持压力容器及周围环境的干燥。

（3）将压力容器外壁涂刷油漆，防止大气腐蚀，还要注意保温层下和压力容器支座处的防腐蚀等。

第三节　压力容器常见缺陷及修理与改造

一、压力容器的常见缺陷

1. 缺陷分类

（1）先天性缺陷又称原始缺陷，即在压力容器设计、制造（含组装）、安装过程中产生的缺陷。

（2）后天性缺陷，即在压力容器使用、修理、改造过程中产生的缺陷。

2. 缺陷的产生

（1）先天性缺陷

① 压力容器设计中存在不合理，强度、刚度不足，选材不当或材料中存在缺陷等。

② 压力容器在制造（含组装）、安装中，在锻压、冷作、机加工、焊接、热处理等过程中产生的缺陷。焊接过程中产生的缺陷是主要的。

（2）后天性缺陷　压力容器的后天性缺陷主要是在使用过程中产生的。由于压力容器的修理、改造也由已取得相应修理、改造许可资格的单位承担，而且修理、改造过程中也实施了相应检验资格单位的监督检验，所以保证了修理、改造质量。但压力容器在使用过程中，仍会产生各种缺陷。

① 凹陷、鼓包、沟槽、机械损伤、工夹具焊迹、电弧灼烧等

缺陷，可以通过肉眼扫视设备外表面检查出来。对肉眼检查有怀疑的部位，可用5～10倍放大镜进一步观察。器壁表面鼓包、凹陷、腐蚀凹坑等表面凹凸变形缺陷，可用手电筒贴着设备表面平行照射而清楚地检测出来。对于无法进入或无法直接观察的狭窄部位，可利用反光镜或内窥镜进行检查。容器表面的机械损伤、工夹具焊迹、电弧灼烧依据《压力容器定期检验规则》（TSG R7001—2013）第三十九条将损伤部位平滑打磨后，测量凹坑的长度、深度，然后依据《压力容器定期检验规则》第三十八条对凹坑进行无量纲计算和设备安全等级评定。对于使用过程中产生的鼓包，应当查明原因，不能满足强度和安全要求时应降压使用或降低安全状况等级。

② 结构缺陷，如不等厚度板（锻件）对接接头，未按规定进行削薄（或者堆焊）处理的，采用十字焊缝、焊缝间距小于规定值，未按规定采用全焊透结构的角接焊缝或者接管角焊缝，开孔位置不当等缺陷直接由肉眼进行检查。该类型的缺陷检查的重点是不合理结构是否会引发新的缺陷，根据《压力容器定期检验规则》第三十九条对设备进行降低安全状况等级处理。

③ 腐蚀

a. 全面腐蚀分布于材料整个表面，造成材料的整体均匀壁厚减薄。该类型的缺陷可以通过肉眼直接检查出来。可以用超声波测厚仪检测剩余壁厚，计算出该设备的腐蚀量、年腐蚀速率，对剩余壁厚（实测壁厚最小值减去至下次检验期的腐蚀量）进行强度校核合格的，不影响设备安全运行；强度校核不合格的，根据腐蚀速率进行缩短检验周期、降压运行或补焊处理，经过补焊合格的不影响安全运行。

b. 局部腐蚀是指金属表面局部区域的腐蚀破坏比其余表面大得多，从而形成坑洼、沟槽、穿孔、破裂等破坏形态。局部腐蚀区域小、腐蚀速率快、难以预防，在腐蚀事故中超过80％是由局部腐蚀导致，在腐蚀程度检验中应重点检查该类型的缺陷。利用放大镜和超声波测厚仪对可能产生或已经产生的局部腐蚀区域进行认真检测，并在检验记录中对局部腐蚀区域及腐蚀量进行详细标注。依据《压力容器定期检验规则》第四十一条，对腐蚀深度不超过壁厚（扣除腐蚀裕量）的 1/3 且在任 200mm 直径范围内，点状腐蚀总面积不超过 4500mm²，或者沿任一直径的点腐蚀长度之和不超过 50mm 的不影响定级。不满足上述条件的应进行补焊。

④ 母材缺陷包括爪裂、夹层、表面气孔。表面气孔可以通过肉眼直接检查，夹层则需使用超声波测厚仪或超声波探伤仪进行检测，重点是检查夹层与设备表面的夹角是否在允许范围内。与自由表面平行的夹层，无须处理；与自由表面夹角小于 10°的夹层，依据《压力容器定期检验规则》第四十四条和第四十五条，对缺陷对设备安全状况的影响进行分析。

⑤ 由于焊接是在固态金属结构中进行的局部冶金过程，焊缝及其附近受到快速的不均匀加热和冷却，加上材质、人员、焊接技术等因素的影响，焊接接头更容易产生缺陷，是压力容器结构中的薄弱部位。焊接缺陷主要是制造时留下的，随着设备的运行，部分细小缺陷会扩展变大并引发新的缺陷，影响设备的安全运行。

a. 表面缺陷包括咬边、焊瘤、内凹、未焊透、表面气孔、表面裂纹等。较大的表面开口缺陷和外观缺陷可以用肉眼直接检查，细微的开口缺陷则需渗透检测和磁粉检测。发现该类型的缺陷时需打磨处理，并彻底清除，对打磨后的凹坑依据《压力容器定期检验规则》第四十条进行处理。对于内表面焊缝咬边深度不超过 0.5mm，咬边连续长度不超过 100mm，并且焊缝两侧咬边总长度不超过该焊缝长度的 10% 时；外表面焊缝咬边深度不超过 1.0mm，咬边连续长度不超过 100mm，并且焊缝两侧咬边总长度不超过该焊缝长度的 15% 时，一般类型压力容器可不予修复。有特殊要求的压力容器或者槽车依据《压力容器定期检验规则》第四十二条进行处理。低温压力容器不允许有焊缝咬边。

b. 埋藏缺陷包括裂纹、未熔合、未焊透、夹渣、气孔等。该类型的缺陷主要通过射线和超声波两种无损检测方法进行检验。压力容器不允许有裂纹存在，一旦发现必须清除干净。其他埋藏缺陷在制造标准范围内的可以不进行处理，超出制造标准范围的埋藏缺陷，依据《压力容器定期检验规则》第四十四条进行处理。

二、压力容器的修理、改造

固定式（或移动式）压力容器在使用（或运输）过程中，会产生各种缺陷，或因生产工艺、使用条件的改变需进行必要的修理或改造。为了确保压力容器的修理、改造质量，其修理、改造总的要求如下。

1. 按照相关规定执行

《固定式压力容器安全技术监察规程》（TSG 21—2016）规定：压力容器改造、修理的单位应当是已取得相应的制造许可证或者取得改造修理许可证的单位。《移动式压力容器安全技术监察规程》（TSG R0005—2011）规定：改造修理的单位必须取得相应制造许可证。

2. 修理改造前的工作

从事压力容器修理、改造的单位，应当向使用登记机关书面告知。申请压力容器安装维修资质需要具备以下条件：核实生产场地、加工制造设备、检验试验设备及人员状况；审查质量手册和相关文件；审查质量管理体系的实施情况；审查相关的技术资料；对试制产品进行检查和试验。

3. 压力容器重大修理前的检查

压力容器或罐体重大修理前应仔细检查缺陷的性质、特征、范围及产生的原因。对压力容器（或罐体）的挖补、更换主要受压元件以及焊后热处理，应当按照相应的设计制造标准制定施工方案。对压力容器（或罐体）进行重大修理［主要指受压元件的更换、矫形、挖补，以及焊制压力容器筒体的纵向接头、筒节，与筒节连接的环向接头、封头的拼接接头、球壳板间的焊接接头，应采用全截面焊头对接接头焊缝的补焊。移动式压力容器的接管（凸缘）与罐体（夹套）之间的接头、夹套拼接接头、夹套与筒体或封头之间接头应当采用全焊透结构的对接接头焊缝的补焊，气瓶更换等］、改造（指改变压力容器主要受压元件的结构，改变压力容器运行参数、盛装介质、用途等，或改变移动式容器用途、管路结构、罐体主要受压元件局部结构等）的方案应当经原设计单位或具备相应资格的设计单位的书面同意。

4. 改造后的保证

经过重大修理或改造后，应当保证结构、强度及运行性能（指移动式压力容器）等满足安全使用要求。移动式压力容器不得改变整体设计结构（如罐体或气瓶与行走装置或框架的连接结构，罐体或气瓶设计容积等）。

5. 所用材料的要求

修理或改造所使用的材料，必须与原设计、制造所选用的材料相适应，焊接材料的焊缝金属的力学性能应当高于或等于母材的力学性能，修理或改造用材必须有质量证明书。

6. 改造或修理的监督检验

压力容器（或罐体）重大修理或改造过程，应当由具有相应资质的特种设备检验检查机构进行监督检验，未经监督检验合格的压力容器（或移动式压力容器）不得交付使用。

7. 内部有压力时，不得进行修理

压力容器内部有压力时，不得进行任何修理。对于固定式压力容器，因特殊的生产工艺过程，需要带温带压紧固螺栓时，或出现紧急泄漏需进行带压密封时，使用单位应当按照设计规定提出有效的操作要求或防护措施，并且经使用单位技术负责人批准。带压密封作业人员应经专业培训，并持证上岗。在实际操作时，使用单位安全管理部门应派人现场监督。移动式压力容器不得带压进行任何修理或紧固螺栓的工作，应当卸压后进行（除非出现紧急泄漏需带压密封外），必要时还应当更换密封件。改造、修理人员进入容器内部前，应按照《压力容器定期检验规则》的要求，做好准备和清理工作，并办理相关批准手续，达不到要求时，严禁人员进入。

8. 移动式压力容器改造后的铭牌要求

移动式压力容器经改造或重大修理后，修理改造单位应当参照《移动式压力容器安全技术监察规程》中附件的相应规定和给出的格式内容要求，对改造后的设备进行铭牌修改，铭牌项目中的设备代码不变，其余做相应变更（如改造单位和日期等），并按规定进行表面涂装及标志等。

三、重大修理或改造的焊接要求

（1）制定施工方案　压力容器（或罐体）的挖补、更换筒节及焊后热处理，应当参照相应设计制造标准制定施工方案，经技术负责人批准，并分别按《固定式压力容器安全技术监察规程》《移动式压力容器安全技术监察规程》规定进行工艺评定。

（2）进行无损检验　经无损检验确定缺陷完全消除后，方可进行焊接，焊接完成后，应当再次进行无损检验。

（3）焊后的修理　母材焊补后，应当打磨至与母材齐平。

（4）焊后热处理　有焊后消除应力的热处理要求时，应当根据补焊深度确定是否进行消除应力处理。罐体采用局部热处理时，应当符合相应的标准要求。

四、常见缺陷的修理方法

1. 打磨

打磨是表面改性技术的一种，一般指借助粗糙物体（含有较高硬度颗粒的砂纸等）通过摩擦改变材料表面物理性能的一种加工方法，主要目的是获取特定的表面粗糙度。对于容器表面的微裂纹、机械损伤局部磨损、腐蚀坑及不严重的表面脱碳等缺陷，一般可采用手锉或砂轮打磨的方法消除，但打磨处的剩余壁厚应满足强度要求并经表面探伤合格。打磨部位应与母材圆滑过渡。

2. 堆焊

堆焊作为材料表面改性的一种经济而快速的工艺方法，越来越广泛地应用于各个工业部门零件的制造修复中。为了最有效地发挥堆焊层的作用，希望采用的堆焊方法有较小的母材稀释、较高的熔敷速度和优良的堆焊层性能，即优质、高效、低稀释率的堆焊技术。对容器器壁因腐蚀深度和面积超过规定标准的腐蚀坑、严重的表面机械损伤和流体冲刷形成的沟槽等，可采用堆焊方法消除。采用堆焊方法修理时，材料可焊性应较好，且缺陷打磨后无裂纹。但堆焊面积和深度不宜过大，表面应打磨平整，堆焊工艺应进行评定，堆焊部位经外观检查、无损探伤和必要的耐压试验等。

3. 挖补和更换

对于焊缝内存在的超标缺陷，如未熔合、未焊透、裂纹、气孔、材质劣化，以及严重的鼓包、变形、腐蚀等缺陷，不能采用堆焊等方法消除时，可采用挖补或更换筒节、封头的方法消除。挖补或更换后，应经无损探伤、耐压试验等检验合格。

4、其他维修方法

（1）对容器密封面出现影响密封效果的划痕时，可用光刀或研磨的方法予以消除。

（2）压力容器金属衬里有裂纹、气孔、夹渣时，可进行修补或局部更换。衬里鼓包可用水压、机械等方法顶回复位。搪瓷等非金属衬里有爆瓷、裂纹、剥瓷等缺陷时，可用有机物或无机物修补。

（3）高压容器的主螺栓和主螺母的毛刺、伤痕可以修磨，但伤痕长累计超过一圈螺纹时，则应进行更换。

（4）换热器焊接管头泄漏时，可换管后重新焊接，并经耐压试验合格。如管头胀接口泄漏、欠胀时，可采用复胀或改为焊接。如属换热管腐蚀泄漏且为局部不严重的点腐蚀，可以打磨消除缺陷后焊补，若腐蚀面大则应进行换管。如泄漏管子根数多，可采用换芯方法处理，如管子泄漏不能立即修理时，也可用堵管等应急方法处理，待停车检修时再修理。

第七章

压力容器事故危害及分析

第一节　压力容器爆炸及其危害

一、压力容器爆炸的危害

"爆炸"是指极其迅速的物理的或化学的能量释放过程。压力容器破裂分为物理爆炸现象和化学爆炸现象。所谓物理爆炸现象是容器内高压气体迅速膨胀并以高速释放内在能量。化学爆炸现象还有化学反应高速释放的能量，其爆炸危害程度往往比物理爆炸现象严重。压力容器爆炸是储存在容器内的有压气体或液化气体解除壳体的约束，迅速膨胀，瞬间释放出内在能量的现象。所释放的能量，一方面使容器进一步开裂，或将容器及其所裂成的碎块以较高的速度向四周飞散，造成人身伤亡或击坏周围的设施；另一方面，其更大的一部分能量对周围的空气做功，产生冲击波，摧毁附近的厂房等建筑物，造成更大的破坏作用。容器破裂时的危害，通常有下列几种：

1. 碎片的破坏作用

压力容器破裂爆炸时，高速喷出的气流可将壳体反向推出，有些壳体破裂成块或片向四周飞散。这些具有较高速度或较大质量的碎片，在飞出过程中具有较大的动能，也可以造成较大的危害。

碎片对人的伤害程度取决于其动能，碎片的动能正比于其质量及速度的平方。碎片在脱离壳体时常具有 80~120m/s 的初速度，即使飞离爆炸中心较远时也常有 $20\sim30m/s$ 的速度。在此速度下，质量为 1kg 的碎片动能即可达 $200\sim450J$，足可致人重伤或死亡。

碎片还可能损坏附近的设备和管道，引起连续爆炸或火灾，造成更大的危害。

2. 冲击波危害

容器破裂时的能量除了小部分消耗于将容器进一步撕裂和将容器或碎片抛出外，大部分产生冲击波。冲击波可将建筑物摧毁，使设备、管道遭到严重破坏，使远处的门窗玻璃破碎。冲击波与碎片的危害一样，可导致周围人员伤亡。

3. 有毒介质的毒害

盛装有毒介质的容器破裂时，会产生大面积的毒害区。有毒液化气体则蒸发成气体，危害很大。一般在常温下破裂的容器，大多数液化气体生成的蒸气体积约为液体的二三百倍，如液氨为 240 倍，液氯为 150 倍，氢氰酸为 $200\sim370$ 倍，液化石油气约为 $180\sim200$ 倍。有毒气体在大范围内扩散导致生命体的死亡或严重中毒，如 1t 液氯容器破裂时可造成 $8.6\times10^4m^3$ 的致死范围，以及 $5.5\times10^6m^3$ 的中毒范围。

4. 可燃介质的燃烧及二次空间爆炸危害

盛装可燃气体、液化气体的容器破裂后，可燃气体与空气混合，遇到触发能量（火种、静电等）在器外发生燃烧、爆炸，酿成火灾事故。其中，可燃气体在器外的空间爆炸，其危害更为严重。液态烃汽化后的混合气体的爆炸燃烧区域，可为原有体积的 6 万倍。例如一台盛装 $1600m^3$ 乙烯的球罐破裂后的燃烧区范围可达直径 700m、高 350m，其二次空间爆炸的冲击波可达 10 余公里。这种危害绝非蒸汽锅炉物理爆炸所能相比的。

二、爆破冲击波及其破坏作用

冲击波超压会造成人员伤亡和建筑物的破坏。冲击波超压大于 0.10MPa 时，在其直接冲击下大部分人员会死亡；$0.05\sim0.10$MPa 的超压可严重损伤人的内脏或引起死亡；$0.03\sim$

0.05MPa 的超压会损伤人的听觉器官或产生骨折；0.02～0.03MPa 的超压也可使人体受到轻微伤害。压力容器因严重超压而爆炸时，其爆炸能量远大于按工作压力估算的爆炸能量，破坏和伤害情况也严重得多。

冲击波是一种强扰动的传播，或者说是一种介质状态突跃变化的传播，这种突跃变化是介质受到外界的作用而产生的。冲击波可以在金属和岩石之类的固体或水之类的液体及各种气体介质中传播。压力容器破裂时，器内的高压气体大量冲出，使它周围的空气受到冲击而发生扰动，使其压力、密度及温度等产生突跃变化，这种扰动在空气中传播就成为冲击波。空气冲击波状态的突跃变化最明显地表现在压力上。在离爆炸中心有一定距离的地方，空气压力会随时间发生迅速的变化。开始时，压力突然升高，产生一个很大的正压力，接着又迅速衰减，在很短时间内正压降为零，即恢复至原来的大气压力，且还要继续下降至小于大气压力的负压。如此反复循环数次，但压力的变化一次比一次小得多。开始时产生的最大正压力就是冲击波波阵面上的超压 Δp。在多数情况下，冲击波的破坏作用主要与该波阵面上的超压 Δp 的大小有关。

三、压力容器爆炸可引起的连锁反应

① 冲击波破坏建筑物、设备，或直接伤人。

② 压力容器碎片伤人，或击穿设备。

③ 器内介质外溢，产生连锁反应。

④ 如果爆炸范围较大，短期内导致暂时性通信中断，大量人群转移导致交通拥堵。

⑤ 未知的爆炸物伤害，二次爆炸，以及可能存在的有毒烟雾。

⑥ 当容器所盛装的介质为可燃液化气体时，容器破裂爆炸在现场形成大量可燃蒸气，并迅速与空气混合发生可爆性混合气，在扩散中遇明火即发生二次爆炸，常使现场附近变成一片火海。

第二节　事故调查分析

对已经发生了的压力容器事故，必须进行调查、分析和处理，防止事态的进一步扩大和恶化，特别是有人员伤亡的事故。通过对事故的调查、分析，从中吸取教训，制定改善防范措施，使有关人员通过事故受到教育，从而避免类似事故的重复发生。

一、事故的调查

压力容器发生事故后应立即组织事故调查，为分析事故原因找出充分的依据。然而，压力容器事故的调查是一件十分复杂的事情，也是一件技术性很强的工作，因为造成事故的原因是多方面的，要找出事故的主要原因并不容易。因此，事故调查必须持科学慎重的态度，按照一定的程序和内容来进行。

1. 事故现场的检查

当压力容器发生事故后，首先要对事故现场进行及时、全面、客观、细致的检查、观察和必要的技术测量，以获得事故分析工作的第一手资料。为达到这一目的，事故现场的检查必须由两个以上的相关专业人员共同进行，重大事故由市场监管、公安、应急管理、消防等有关部门的人员进行现场调查，一般事故由使用单位内部进行检查，应由使用单位压力容器管理人员会同技术、设备等有关部门的负责人共同进行。在情况尚未查清以前，一定要认真保护好现场。使用单位不得为了逃避责任或为其他目的而破坏和刻意伪装事故现场，否则将负刑事责任。事故单位应本着对职工负责，对社会负责的心态积极配合市场监督管理部门、公安、应急管理、消防等部门人员进行现场调查。

（1）本体破裂情况检查　本体破裂情况检查主要是对破裂部位、断面的初步观察，对壳体变形或破裂形状的检查测量，以及对容器内外表面情况的检查。

破裂部位、断面的初步观察主要包括对断口的形状、色泽、晶粒及其他的一些特征进行认真的观察和记录，为下一步进行的断口分析打好基础。对断口的初步观察大体上可以判断容器的断裂形式。

　　壳体变形或破裂形状的检查测量主要包括壳体变形的部位、变形面积和变形尺寸（直径变化和周长变化）的测量记录。对容器裂开缺口，应测量记录或绘图记录开裂部位、开裂走向、裂口宽度、长度以及开裂处的周长及壁厚，并与容器原有的周长及壁厚进行比较，估算破裂后的伸长率及壁厚减薄率。如果容器破裂成数大块，可以拼装复原，进行测量及计算。如有可能，应根据测量所得的数据，估算一下容器破裂后的容积变形。对于裂成碎片的壳体，应详细测量并记录碎片的数量、质量、飞出的距离，并根据现场的情况判断碎片飞出的角度及受阻挡的情况。

　　容器内外表面情况的检查主要是检查壳体金属表面状态，如光泽、颜色、光洁程度、有无表面损伤（包括局部腐蚀、磨损及其他伤痕）等，检查表面的残留物。例如，金属表面形态往往有助于判断介质对容器壳体的腐蚀情况或壳体表面是否有燃烧过的痕迹。残留物的检查可以发现金属的腐蚀产物或其他不正常状态下生成的反应物等，有时还会在容器的内表面或外表面上发现有可燃气体燃烧不完全而残留炭等的痕迹。

　　(2) 安全附件的检查或测试　压力容器一般都装设压力表、安全阀等安全附件，压力容器发生事故后，检查安全附件的目的是要判断容器有无超压的可能或是否存在曾经超压现象，为事故分析结论提供依据。

　　对发生事故的压力容器安全附件进行详细的检查或必要的测试。如容器发生事故后，若检查安全泄压装置发现没有开放拒排气的迹象，而通过对安全泄压装置的压力测试又证明安全装置的动作压力值符合规定，则可以说明容器在失效前没有发生过超压现象，容器不属于超压破裂。对安全泄压装置在压力容器发生事故时的状况与发生事故后拆下来测试的状况有一个对比评估，对所检查获得的情况进行具体分析。压力容器的安全附件除了在容器运行中的安全保险作用外，在压力容器发生事故后，也可以为分析事故原因提供重要依据。压力容器安全附件的现场检查内容主要包括以下项目。

① 压力表

a. 压力表的选型是否符合要求。

b. 压力表的定期检修维护、检定有效期及其铅封是否符合规定。

c. 压力表外观、精度等级、量程是否符合要求。

d. 在压力表和压力容器之间装设三通旋塞或者针形阀时，其位置、开启标记及其锁紧装置是否符合规定。

e. 同一系统上各压力表的读数是否一致。

② 液位计

a. 液位计的定期检修维护是否符合规定。

b. 液位计外观及其附件是否符合规定。

c. 寒冷地区室外使用或者盛装 0℃ 以下介质的液位计选型是否符合规定。

d. 用于易爆、毒性程度为极度或者高度危害介质的液化气体压力容器时，液位计的防止泄漏保护装置是否符合规定。

③ 测温仪表

a. 测温仪表的定期校验和检修是否符合规定。

b. 测温仪表的量程与其检测的温度范围是否匹配。

c. 测温仪表及其二次仪表的外观是否符合规定。

④ 爆破片

a. 爆破片是否超过产品说明书规定的使用期限。

b. 爆破片的安装方向是否正确，产品铭牌上的爆破压力和温度是否符合运行要求。

c. 爆破片装置有无渗漏。

d. 爆破片使用过程中是否存在未超压爆破或者超压未爆破的情况。

e. 与爆破片夹持器相连的放空管是否通畅，放空管内是否有存水（或者冰），防止水帽、防雨片是否完好。

f. 爆破片单独作泄压装置时，检查爆破片和容器间的截止阀是否处于全开状态，铅封是否完好。

g. 爆破片和安全阀串联使用时，如果爆破片装在安全阀的进口侧，爆破片和安全阀之间装设的压力表有无压力显示，打开截止阀检查有无气体排出。

h. 爆破片和安全阀串联使用时，如果爆破片装在安全阀的出口侧，爆破片和安全阀之间装设的压力表有无压力显示，如果有压力显示应当打开截止阀，检查能否顺利疏水、排气。

i. 爆破片和安全阀并联使用时，爆破片与容器间装设的截止阀是否处于全开状态，铅封是否完好。

⑤ 安全阀

a. 选型是否正确。

b. 是否在检验有效期内使用。

c. 杠杆式安全阀的防止重锤自由移动和杠杆越出的装置是否完好，弹簧式安全阀的调整螺钉的铅封装置是否完好，静重式安全阀的防止重片飞脱的装置是否完好。

d. 如果安全阀和排放口之间装设了截止阀，截止阀是否处于全开位置及铅封是否完好。

e. 安全阀是否泄漏。

f. 放空管是否畅通，防雨帽是否完好。

（3）事故现场破坏情况与人员伤亡情况　压力容器的破裂爆炸会造成周围建筑物的破坏和现场人员的伤亡，这些破坏情况对估算爆炸能量、分析破裂事故的原因都是非常重要的，应对事故现场进行详细认真的检查和测量。其主要内容如下：人员伤亡情况，包括伤亡原因，如被冲击波震成内伤，被爆炸碎片击伤，容器外泄的毒性介质引起的中毒等。此外，还应包括事故发生时伤亡人员所在的位置、受伤程度（如骨折、内脏损伤、耳膜破裂等）。

（4）近处被破坏建筑物的形状和尺寸　如钢筋混凝土墙或砖墙的厚度，门的大小及材料等，与爆炸容器的距离，被破坏的程度

（墙体倒塌或开裂等）。

(5) 远处被损坏的门窗玻璃的规格　如厚度、大小、损坏的最远距离及损坏的程度（窗框损坏或仅玻璃破碎等）。

2. 事故发生过程的调查

在对事故现场进行检查和测量以后，应对事故发生的过程进行调查了解，调查的对象是岗位操作人员，以及运行操作记录、仪表自动记录等原始记录和有关仪表的指示曲线等。调查的主要内容和途径如下：

(1) 事故发生前容器的运行情况，包括工艺条件是否正常，是否有压力波动、漏气、超温、异响等异常迹象。可通过岗位操作人员回忆，查阅岗位操作记录、仪表自动记录、温度压力曲线等原始记录来获得。

(2) 事故发生经过，包括不正常情况开始的时间，采取的应急措施，安全附件的动作情况等。可通过向岗位操作人员、现场指挥、调度人员、上下工序操作人员或事故当时在场人员或其他人员询问获取。

(3) 事故发生时的情况，包括有关人员所在位置、破裂爆炸的过程及现象，如声响的次数，是否有闪光起火等。

3. 发生事故的容器的历史情况及使用情况

(1) 容器的历史资料和记录，包括容器的设计制造单位、出厂日期、产品合格证、质量证明书、所用材料检验证明、使用年限、上次检验日期与内容及所发现的问题、安全状况等级等。

(2) 容器的工作条件，包括最高工作压力、最高或最低工作温度、介质的成分与浓度和其他主要控制指标以及执行的情况，应特别注意：介质是否为易燃、易爆气体，或是否有产生易燃、易爆气体的可能性；介质对容器是否有腐蚀，晶间腐蚀的可能性；容器在使用过程中温度及压力的波动范围及周期。

(3) 操作人员的业务素质，包括技术水平、工作经历、在岗位操作的熟练程度、是否经过相关专业或本岗位技术业务培训、是否持证上岗。

（4）安全装置的装设和使用情况，包括安全装置的形式、规格、日常维护情况以及最近一次检验校正日期等。

（5）对岗位操作法、安全操作规程的情况、压力容器的管理制度的审查和核算，以确定制度、规程是否准确、合理、全面，各步骤的操作顺序是否准确，是否与容器的技术特性相适应，是否与该容器在设计、制造时对该容器的技术要求和使用注意事项相适应，制度、规程是否有漏洞等。由于很多单位的岗位管理制度、操作规程、操作法等是由负责生产工艺的有关人员编制的，有的甚至没有任何具备压力容器专业知识和相关经验的人员参与编制审核，故此项调查显得很有必要。

经过以上的事故现场调查、事故发生过程调查和容器历史使用情况的调查，对使用条件比较简单的压力容器基本上就可以判断出事故原因，但要做出确切的分析结论，尤其对于系统比较复杂的设备，还需要进一步进行技术检验、计算、试验和鉴定才能找出确切的原因。

4. 材料成分和性能

根据事故分析的需要，可以在破裂后的壳体上取样，有针对性地检验和校核容器制造材料的成分或性能。

（1）化学成分检验　重点分析检验对材料性能（力学性能、加工工艺性能、耐腐蚀性能）有影响的元素成分，以查明所用材料是否与原设计要求相符。对个别容器，使用介质及环境条件有可能使器壁材料的化学性能发生改变的（如高温高压下的氧使碳钢脱碳），应采用剥层法检验材料表面的化学成分（重点是含碳量），以便与原材料或外层材料相比较，查明它的变化程度。

（2）压力性能测定　根据对部件断裂形式的判断，取样做材料的力学性能试验，验证所用材料是否与设计要求相符，或材料的力学性能在加工制造过程中是否发生显著变化。例如，属延性断裂的至少应测量其强度指标；脆性断裂的要测定材料在使用温度下的塑性指标（延长率、断面收缩率）和韧性指标（冲击功、断裂韧性等）。

（3）金相分析　金相分析是金属材料试验研究的重要手段之一，采用定量金相学原理，由二维金相试样磨面或薄膜的金相显微组织的测量和计算，来确定合金组织的三维空间形貌，从而建立合金成分、组织和性能间的定量关系。将图像处理系统应用于金相分析，具有精度高、速度快等优点，可以大大提高工作效率。报告数据主要来源于国家统计局、海关总署、国务院发展研究中心、国内外相关刊物杂志的基础信息以及金相图像分析仪科研单位等。

通过金相分析可以了解材料原有质量情况及加工制造和运行中可能出现的异常现象，如：材料内部的偏析、夹渣、疏松、白点、气孔等；材料表面的折叠、疤痕等；部件制造热加工中产生的表面脱碳、过热、局部硬化及其他焊接缺陷等；操作环境下产生的氢脆及其他应力腐蚀现象等。

（4）工艺性能试验　部件破裂的原因已经由其他条件初步确定后，还需要通过某种工艺性能试验进一步验证，这就是常常作为分析事故原因的辅助手段之一的工艺性能试验。该试验包括焊接性能试验、耐腐蚀性能试验、特殊环境条件下特种工艺性能试验等。

① 焊接性能试验　焊接性能试验是一个物理学术语，指的是检测金属材料在限定的施工条件下焊接成规定设计要求的构件，并满足预定服役要求能力的测试。焊接工艺评定与焊接性能试验、钢材焊接性能是钢制压力容器及压力管道焊接工艺评定的基础、前提。若没有充分掌握钢材的焊接性能，就很难拟定出完整的焊接工艺进行评定。这里着重强调：对钢制压力容器、压力管道焊接工艺评定的监督检查，首先是检验施焊单位掌握钢材焊接性能的程度，对于那些耐蚀钢、耐热钢、低温钢制压力容器、压力管道更应如此。

a. 评定焊接工艺的准则。按照焊接接头力学性能准则评定焊接工艺，将焊接条件变更是否影响焊接接头力学性能，作为是否需要重新评定焊接工艺的判断准则。堆焊层的化学成分是验证所拟定的耐蚀堆焊焊接工艺正确性的判断准则。以焊接条件的变更是否引起了堆焊层化学成分的变化，作为是否需要重新评定耐蚀堆焊焊接工艺的判断准则。

　　b. 焊缝工艺评定试件分类。从焊接角度来看，任何结构的压力容器、压力管道都是由各种不同的焊接接头和母材构成的，而不管是何种焊接接头都是由焊缝连接的，焊缝是组成不同形式接头的基础。焊接接头的使用性能由焊缝的焊接工艺来决定，因此焊接工艺评定试件分类是焊缝而不是焊接接头，在相关标准中将焊接工艺评定试件形式分为对接焊缝试件和角焊缝试件，并对它们的适用范围做了规定。

　　c. 一般性规定。焊接工艺评定应以可靠的钢材焊接性能为依据，并在产品焊接之前完成。焊接工艺评定的一般过程是：拟定焊接工艺指导书，施焊试件和制取试样，检验试件和试样，测定焊接接头是否具有所要求的使用性能，提出焊接工艺评定报告并对拟定的焊接工艺指导书进行评定。对于截面全焊透的 T 形接头和角接接头，当无法检测内部缺陷，而制造单位又没有足够的能力确保焊透时，还应增加制作型号式试件进行焊接工艺评定，经解剖试验确认方能允许施焊产品。焊接工艺评定所用设备、仪表应处于正常工作状态，钢材、焊接材料必须符合相应标准，由技能熟练的焊接人员使用焊接设备焊接试件。

　　② 耐腐蚀性能试验　金属材料抵抗周围介质腐蚀破坏作用的能力称为耐腐蚀性，由材料的成分、化学性能、组织形态等决定。钢中加入可以形成保护膜的铬、镍、铝、钛，改变电极电位的铜，以及改善晶间腐蚀的钛、铌等，可以提高耐腐蚀性。耐腐蚀试验有如下几类：

　　a. 应力腐蚀试验。恒变形试验、恒载荷试验、慢应变速率试验、断裂力学试验。

　　b. 氢致开裂试验。在石油天然气行业和石化行业中，如果在湿 H_2S 环境下选用碳钢或低合金钢，那么钢板会发生很严重的脆化。这种脆化的机理是：H_2S 与钢材表面发生腐蚀反应产生氢，而后氢又被钢材吸收导致氢脆。

　　c. 晶体腐蚀试验。晶间腐蚀是金属腐蚀的一种常见的局部腐蚀，腐蚀从金属表面开始，沿着晶界向晶粒内部发展，使晶粒间的结合力大大减弱，降低了材料的强度，严重时可使材料的机械强度完全丧失，它是危害性很大的局部腐蚀形式之一。

d. 盐雾腐蚀试验。盐雾腐蚀试验是一种综合盐雾试验，它实际上是中性盐雾试验加恒定湿热试验。中性盐雾试验（NSS 试验）是出现最早、目前应用领域最广的一种加速腐蚀试验方法。乙酸盐雾试验（ASS 试验）是在中性盐雾试验的基础上发展起来的。铜盐加速乙酸盐雾试验（LRHS-663P-RY）是国外新近发展起来的一种快速盐雾腐蚀试验。

e. 气体腐蚀试验。气体腐蚀试验用于确定产品在大气中的工作和储存的适应性，特别是接触和连接部分。影响腐蚀的主要因素有温度、湿度、大气腐蚀性元素等。

f. 全面腐蚀试验。全面腐蚀是指腐蚀发生在整个金属材料的表面，其结果是金属材料全面减薄，又称均相腐蚀或均匀腐蚀。

g. 局部腐蚀试验。局部腐蚀是指腐蚀破坏集中发生在金属材料表面的特定局部位置，而其余大部分区域腐蚀十分轻微，甚至不发生腐蚀。

h. 模拟工况腐蚀试验。模拟工况腐蚀试验是指在实验室内对材料的实际使用环境进行模拟，通过对腐蚀的检测，评定材料对该环境的耐腐蚀性能。

i. 点腐蚀试验。点腐蚀（孔蚀）是一种腐蚀集中在金属表面数十微米范围内，且向纵深发展的腐蚀形式，简称点蚀。

j. 缝隙腐蚀试验。电解质溶液存在于金属与金属及金属和非金属之间构成的狭窄缝隙内，介质的迁移受到阻滞时而产生的一种局部腐蚀形态，称为缝隙腐蚀。

k. 氢剥离试验。氢剥离试验就是在高温、高压的工况条件下，对设备母材上堆焊的不锈钢堆焊层是否发生氢剥离（HID）现象进行评定。氢剥离试验参数主要包括氢气压力、保温温度、保温时间、冷却速度和循环次数。

l. 黄铜耐脱锌腐蚀试验。黄铜由于具有良好的力学性能、工艺性能、导电导热性能与耐蚀性能，广泛应用于机械设备制造中，如换热器铜管、汽车水箱等。

③ 特殊环境条件下特种工艺性能试验　不锈钢的工艺复杂，对性能和技术要求高。不锈钢抽芯铆钉可采用优质韩国 KOS 进口不锈钢材质（具有优良的冷热加工和成型性能，强度、伸展率、断面收缩率很好，具有防腐蚀性等）。恒丰铆钉具有行业领先的生产设备和世界先进的检测仪器，严格按照客户图纸或样品生产，严格控制材质、规格尺寸公差、拉力剪力性能等各项指标，抽样合格率高达 98%，是最具性价比的铆钉产品。不锈钢的工艺性能以及试验方法分为如下几种。

a. 拉伸试验。拉伸试验主要是用来测试不锈钢材料的韧性、可塑性。通过拉伸试验的检测，保证不锈钢材料的可塑性和成型性能。

b. 弯曲试验。弯曲试验是检测不锈钢及覆盖层的抗弯折性能的有效方法。在弯曲试验中，能及时发现不锈钢材料的缺陷并及时修复。弯曲试验作为不锈钢制造中的重要检验步骤之一，为保证不锈钢材料的抗弯折性能提供了重要基础。

c. 杯突试验。杯突试验是检验不锈钢材料冲压性能的一种有效方法。在某些应用领域，对不锈钢材料的冲压性有严格的标准，比如机械制造、汽车轮船板材等，在机械成型的过程中如果冲压性能不过关，容易导致不锈钢板材的开裂，严重影响产品质量。所以，在不锈钢生产制造中，杯突试验是不可缺少的。

d. 冲击试验。冲击试验类似于杯突试验，是检测不锈钢金属材料冲击韧性的重要步骤。冲击试验是通过设备外力对不锈钢材料进行冲撞，在此过程中，材料本身具备的韧性能得到有效释放，冲击试验具有可靠性和有效性的特点。

（5）断口宏观分析　断口分析是研究金属断裂面的学科，是断裂学科的组成部分。金属破断后获得的一对相互匹配的断裂表面及其外观形貌称断口。断口总是发生在金属组织中最薄弱的地方，记录着有关断裂全过程的许多珍贵资料，所以在研究断裂时，对断口的观察和研究一直受到重视。

断口分析的试验基础是对断口表面的宏观形貌和微观结构特征进行直接观察和分析。通常把低于 40 倍的观察称为宏观观察，把高于 40 倍的观察称为微观观察。

对断口进行宏观观察的仪器主要是放大镜（约 10 倍）和体视显微镜（5～50 倍）等。在很多情况下，利用宏观观察就可以判定断裂的性质、起始位置和裂纹扩展路径。但如果要对断裂起点附近进行细致研究，分析断裂原因和断裂机制，还必须进行微观观察。

（6）断口微观分析　断口的微观观察经历了光学显微镜（观察断口的实用倍数是在 50～500 倍间）、透射电子显微镜（观察断口的实用倍数是在 1000～40000 倍间）和扫描电子显微镜（观察断口的实用倍数是在 20～10000 倍间）三个阶段。因为断口是一个凹凸不平的粗糙表面，观察断口所用的显微镜要具有最大限度的焦深，尽可能宽的放大倍数范围和高的分辨率。扫描电子显微镜最能满足上述的综合要求，故对断口观察大多用扫描电子显微镜进行。

二、事故分析

压力容器事故分析的目的是找出发生事故的直接原因和间接原因。事故分析是在全面综合压力容器事故发生后的事故调查和必要的技术试验鉴定的各种信息、资料、数据后进行整理和分析的，常采用的方法有两种，即从容器断裂形成入手进行分析和从容器发生事故时的载荷状态方面进行分析。

1. 失效事故的技术检验

（1）事故现场处理和调查　压力容器容易发生泄漏和爆炸事故，并引发灾难性后果，主要表现在冲击波伤害、火灾、毒性伤害、电击伤害等。这无疑会造成不同程度的人员伤害、建筑物损毁、设备与仪表电器的破坏。事故发生后必须立即进行事故现场紧急处理，包括物料的紧急处理和危险电源的切断。

① 现场的保护和记录　事故现场必须得到严格的保护，防止遭到有意或无意的人为破坏，以免事故分析时得到错误的结论。事

故发生后必须立即在现场做好各种记录，应侧重以下几个方面。

a. 收集现场的各种操作记录，检查损坏仪表指针的指示位置，观察安全阀是否有泄放的迹象，查看爆破片是否爆破。如爆炸事故，爆炸后的碎片要进行收集，并记下其位置。

b. 断口保护。

c. 做好现场记录。

② 事故调查分析要求和内容　事故调查应按法规组成的事故调查组主持进行，调查的要求和内容如下。

a. 明确划定事故现场的范围，做好现场护栏和现场保护工作。

b. 了解事故过程的有关情况。

c. 收集有关事故设备的所有文档。

d. 进行必要的技术检验和鉴定工作，确认事故的过程、性质、原因、破坏形式、事故责任。

e. 提出处理意见、必要的整改要求。

(2) 失效状况的外观检查　失效状况的外观检查的重点是变形情况和断裂情况，若涉及腐蚀与磨损时，重点还有表面状况。

① 变形情况检查　失效构件的变形情况是指：

a. 对于容器类构件，检查是否有碎片，总体变形有无鼓胀。如有碎片，应收集碎片及散落的各种零部件，并记录其尺寸、质量、位置（直线距离），以及有无被阻挡或撞击的痕迹，以便今后估算爆炸力的大小。

b. 没有爆炸碎片的应检查其变形情况，测量容器的直径最大变形量、周长变形量、壁厚减薄量及断口处减薄量等，以便判断是否是韧性断裂。

c. 对轴类、杆类的零件，检查是否存在明显的弯曲，断裂时有无明显的局部变形，或在没有明显的变形时便折断。

d. 对于高温炉管、高温管道、高温下使用的容器，检查其是否发生了鼓胀（蠕胀）变形，是否存在明显的弯曲或扭曲，有没有裂缝，测量变形的数据，以便进行定量描述。

② 裂纹检查　重点检查应力集中部位和焊缝部位，可以用磁

粉或渗透探伤来检查，也可以用放大镜来检查。检查结果可能有多条裂纹，一般通过检查断口附近的变形量，可以判断出过度变形的先后次序。

③ 表面状况检查　构件表面在运行中最容易引起的失效是腐蚀和磨损。表面状况检查主要检查表面腐蚀的宏观形貌，包括腐蚀产物的颜色、厚度、疏松状况和基体金属的表面状态等，如没有腐蚀覆盖物时其表面是否光洁，是否有腐蚀坑，腐蚀坑底是否有裂纹和穿过壁厚的小孔等。如果裂纹和坑外裂纹相连，则可能存在应力腐蚀或疲劳及腐蚀疲劳。

（3）材料的检验

① 化学成分检验　这种检验的主要目的是检查材料是否错用，是否存在氢蚀，以及不锈钢的镍含量分析，一般采用化学分析或光谱分析。

② 力学性能检验　这种检验用于检验材料性能是否下降，排除因材料力学性能劣化而导致的损坏。

③ 金相检验　这种检验用于检验材料组织是否劣化，可用金相或电子显微镜检验。特别是扫描电子显微镜，检查断口时有特别的效果。

2. 断口形貌的检验和分析

断口形貌的检验分宏观检验和电子显微镜检验两大类。

（1）断口宏观检验与分析　断口宏观检验与分析的主要内容：

① 确定裂纹断裂时的扩展走向；

② 确定裂纹源的位置；

③ 初步判定断裂的性质。

（2）宏观断口三要素　宏观断口三要素为纤维状区、放射纹及人字纹区、剪切唇区。纤维状区是韧性断裂的起裂源区。放射纹及人字纹区是达到临界状态后的快速断裂区。剪切唇区是发展到近表面的接近平面应力时的剪切区。

（3）断口的电子显微镜检验和分析　在断口宏观检验分析的基础上，再进行电子显微镜，特别是扫描电子显微镜分析。扫描电子显微镜检查的目的有四个方面：

　　① 分析断裂机制；

　　② 分析材料夹杂物状态；

　　③ 分析材料的固态相变劣化程度；

　　④ 弄清应力腐蚀的原因。

3. 压力容器爆炸的能量

　　爆炸是一种能量释放过程，其过程极为迅速，引起的破坏是事故中最严重的。爆炸可分为物理爆炸和化学爆炸。物理爆炸是单纯的受压缩液体和气体将容器胀破而发生的爆炸。因剧烈的化学反应，容器立即承受高温高压的作用而迅速破坏称为化学爆炸。物理爆炸是一种能量突然释放的物理过程，它的能量可以用热力学方程进行计算。化学爆炸是化学物质发生激烈反应、分解、快速燃烧时产生的瞬时能量，它的计算极为复杂，且不易算准。从能量计算中，我们可以大致判断出是物理爆炸还是化学爆炸，一般若现场破坏所相当的 TNT 爆炸时的冲击波能量基本上等于按物理爆炸计算出的能量，则可判断为物理爆炸；若极大地大于此能量，则大致上可以认为是化学爆炸。

　　不论是物理爆炸还是化学爆炸，爆炸时会产生冲击波，它是爆炸时产生的压力波动，在离爆炸中心一定距离的某一点上开始时压力急速上升到某一很大的正压，然后又迅速降低为低于大气压的负压，以后又升高，逐步衰减着向四周传送。

4. 失效分析中的验证试验

　　失效分析中对一些疑难问题或涉及重大责任认定问题时，需要进行验证试验来进行认定。验证试验大致有以下四个方面的试验：

　　(1) 材料验证试验　如材料组织劣化，需要用试验来验证。

　　(2) 腐蚀失效验证试验　分析腐蚀或应力腐蚀的原因时，需要进行验证性试验。

　　(3) 模拟应力测试试验和有限元应力分析　对于重大失效事故，要进行应力测试，以便弄清该部位的应力分布。

　　(4) 模拟爆破试验和安全泄放装置试验　为了确定压力容器或

压力管道的爆破压力，可以进行模拟压力试验。这类试验有以下三种：

① 安全阀压力试验；

② 爆破片爆破试验；

③ 压力容器爆破试验。

5. 失效事故的综合分析

在经历了一系列技术检测分析研究之后，在综合分析后首先应针对失效导致最终破坏的严重程度确定失效形式，一般可以分为以下五种形式：

① 过度变形　凡是总体上或在某一薄弱的局部发生了永久性的过度变形，均是失效。

② 过度磨损　过度磨损将使运动件的间隙加大或机械的精度降低，导致振动严重，或者设备及管道的壁厚减薄导致过度变形。

③ 泄漏　密封件失效引起的超量泄漏，以及因局部裂纹扩展导致局部穿透壁厚引起介质的泄漏甚至喷出，均有可能引起燃烧或二次爆炸与人员中毒，使装置停运。

④ 断裂　对设备来讲，断裂会造成设备停运。对压力容器或压力管道来讲，可能会引起介质大量喷发，造成燃烧、爆炸与人员中毒等重大事故。

⑤ 爆炸　在受压容器上，其裂口比较大或撕裂时，就会发生爆炸。

压力容器的撕裂或爆炸事故可以分为下列四种情况：

① 正常压力下爆炸　压力容器存在超标缺陷或大面积局部减薄，或局部过热造成材料强度急剧下降导致正常压力下爆炸，属于物理爆炸。

② 超压爆炸　如液化气超装引起的压力升高，导致的超压爆炸。超压爆炸属于物理爆炸。

③ 化学爆炸　由急速、不正常的化学反应所引起的爆炸。

④ 二次爆炸　可燃气体或可燃液体的蒸气，与空气混合产生可燃气体云在容器外的爆炸为二次爆炸。其触发能量要求极小，引

起的灾害性很大。

6. 确定失效类型

压力容器的失效类型是根据失效时表现出的性态（韧性与脆性）或失效的机理（微孔聚集、疲劳、腐蚀、蠕变及磨损等）来综合考虑，按习惯分为韧性失效（或破断）、脆性失效、疲劳失效、腐蚀失效、蠕变失效等基本失效类型。此外，还有复合型的交互失效（如腐蚀疲劳、蠕变疲劳等），以及密封失效和磨损失效。

要鉴别以上各种失效类型，除必须将运行工况的可能性作为基本依据之外，更主要的是按失效后的变形形态、形貌特征、断口特征、材料分析与金相分析等各种技术鉴定的结果进行综合性的鉴别。

7. 确定失效事故的原因

失效事故的原因主要为以下几个方面：

（1）材料因素　设备的失效经常是基于材料因素，如材料的力学性能低，可焊性差，不耐磨，抗腐蚀性不好，高温下抗氧化性差，材料中存在冶金缺陷，制造中存在工艺缺陷，甚至用错材料，以及使用中材料劣化（在高温下长期运行，逐步发生珠光体球化）等，这些因素均能导致压力容器或压力管道失效。

（2）结构因素　设计时选用了不适应实际工况的结构，如存在交变载荷的容器，在结构中没有采用周到的防止应力集中和降低应力集中的措施。虽然选用了耐蚀材料，但在结构上存在缝隙和死角，运行后出现缝隙腐蚀。

（3）受力因素　压力容器或压力管道在运行中受到的载荷有三类，即压力载荷、温度载荷和机械载荷。各种载荷在容器或管道内产生的应力可以分成四类，即拉伸、压缩、弯曲和剪切应力。在容器或管道上任何一个部位上，均受到上述四种应力的综合作用。

（4）环境因素　广义的环境因素对压力容器或压力管道来讲，是指介质环境和温度环境。压力容器和压力管道的温度环境是极其多样的，如低温下材料会变脆，高温下会发生蠕变失效，还会加速腐蚀等。

（5）使用、维修和管理因素 再好的容器，在投入使用后疏于管理也会造成失效，如润滑不好、腐蚀生锈、表面碰伤、违反操作规程超温超压、不进行定期检验检测，这些都会使设备过早出现问题，或出现问题后不能及时发现。

8. 综合诊断方法

（1）基本原则

① 整体性原则 任何失效必然涉及构件自身、工作环境与工作条件、操作人员和管理等各个环节，在分析问题时必须统一分析考虑。

② 从现象到本质原则 事故的表观现象只是分析问题的向导，重要的是找到产生表观现象的原因，这才是失效的本质。

③ 动态原则 在分析问题时，既要注意事故发生的瞬间，还要注意事故发生前的设备、介质、压力、温度、人员变动情况，串接起来综合考虑。

（2）具体方法

① 系统方法 将失效容器或管道的设计、制造、安装、使用管理、维修、检验、操作等因素作为一个统一研究系统，从整体上予以思考和分析，以便寻找失效的原因。

② 逻辑方法 将调研与技术鉴定得到的种种信息逐一进行分析、比较、归纳和综合，按逻辑思维或逻辑运算的思路，理出各种信息中的因果关系、必然或偶然关系、从而作出严密的判断和推论，得到失效的可能原因。

（3）综合诊断方法

① 经验分析法 对于一些不涉及复杂大系统的事故，经过一系列的周密调查、取证和技术分析后，一般凭借失效分析专家的经验可以得到较为客观的科学结论。这种思维判断过程虽然很难用严格的数理模型和逻辑运算的形式表示出来，但其思维中严密的逻辑性是显而易见的。

② 特征-因素图法 该法就是我们常用的"鱼骨图"法。

③ 事故树分析方法 这种方法是为评价安全性和可靠性而发

展起来的，它对失效事故分析所要求的多种故障事件的搜寻和分析程序是基本相同的。事故树分析方法就是分析发生的各种事件之间的逻辑关系，区分正常事件和失效事件，从而寻找失效的主要影响因素。

通过对压力容器的破裂形成和发生事故时的载荷状态进行分析、鉴别，就基本上能确定事故发生的直接原因。

第三节　事　故　处　理

压力容器发生事故后，必须按照《中华人民共和国安全生产法》和《中华人民共和国特种设备安全法》以及《特种设备事故报告和调查处理规定》对事故进行报告，组织抢救和调查。若事故造成火灾，还必须按照《中华人民共和国消防法》和《机关团体、企业、事业单位消防安全管理规定》的有关要求和有关规定执行。

一、事故分类

（1）有下列情形之一的，为特别重大事故：

① 特种设备事故造成 30 人以上死亡，或者 100 人以上重伤（包括急性工业中毒，下同），或者 1 亿元以上直接经济损失的；

② 600MW 以上锅炉爆炸的；

③ 压力容器、压力管道有毒介质泄漏，造成 15 万人以上转移的。

（2）有下列情形之一的，为重大事故：

① 特种设备事故造成 10 人以上 30 人以下死亡，或者 50 人以上 100 人以下重伤，或者 5000 万元以上 1 亿元以下直接经济损失的；

② 600MW 以上锅炉因安全故障中断运行 240h 以上的；

③ 压力容器、压力管道有毒介质泄漏，造成 5 万人以上 15 万人以下转移的。

（3）有下列情形之一的，为较大事故：

① 特种设备事故造成 3 人以上 10 人以下死亡，或者 10 人以上 50 人以下重伤，或者 1000 万元以上 5000 万元以下直接经济损失的；

② 锅炉、压力容器、压力管道爆炸的；

③ 压力容器、压力管道有毒介质泄漏，造成 1 万人以上 5 万人以下转移的。

(4) 有下列情形之一的，为一般事故：

① 特种设备事故造成 3 人以下死亡，或者 10 人以下重伤，或者 1 万元以上 1000 万元以下直接经济损失的；

② 压力容器、压力管道有毒介质泄漏，造成 500 人以上 1 万人以下转移的。

二、事故报告

压力容器是受国家监控的特殊设备。一旦发生事故，应该迅速采取措施，组织抢救，防止事故扩大，减少人员伤亡和财产损失，并按照国家有关规定立即如实报告当地质监部门和负有安全伤残监督管理的部门，不得隐瞒、谎报或拖延不报。

发生特种设备事故后，事故现场有关人员应当立即向事故发生单位负责人报告。事故发生单位负责人接到报告后，应当于 1h 内向事故发生地县以上质监部门和有关部门报告。

情况危急时，事故现场有关人员可以直接向事故发生地的县以上质监部门报告。

接到事故报告的市场监管部门，应当尽量核实有关情况，按照《特种设备安全监察条例》的规定，立即向本级人民政府报告，并逐级报告上级质监部门直至国家市场监管部门。市场监管部门每级上报的时间不得超过 2h，必要时，可以越级上报事故情况。

对于特别重大事故、重大事故，由国家市场监管部门报告国务院，并通报国务院安全生产监督管理有关部门。对于较大事故、一般事故，由接到事故报告的市场监管部门及时通报同级有关部门。

对事故发生地与事故发生单位所在地不在同一行政区域的，事故发生地市场监管部门应当及时通知发生事故所在地市场监管部门。事故发生单位所在地市场监管部门应当做好事故调查处理的相关配套工作。

三、事故处理

按照《特种设备安全监察条例》的规定，省级市场监管部门组织的事故调查，其事故调查报告省级人民政府批复，并报国家市场监管部门备案；市级市场监管部门组织的事故调查，其事故调查报告市级人民政府批复，并报省级市场监管部门备案。

国家市场监管部门组织的事故调查，事故调查报告的批复按照国务院有关规定执行。

组织事故调查的市场监管部门应当在接到批复之日起 10 日内，将事故调查报告批复意见主送有关地方人民政府及其有关部门，送达事故发生单位、责任单位，并抄送参加事故调查的有关部门和单位。

市场监管部门及有关部门应当按照批复，依照法律、行政法规的权限和程序，对事故责任单位和责任人实施行政处罚，对负有事故责任的国家工作人员进行处分。

事故发生单位应当落实事故防范和整改措施。防范和整改措施的落实情况应当接受工会和职工监督。

事故发生地市场监管部门应当对事故责任单位落实防范和整改措施的情况进行监督检查。

特别重大事故的调查处理情况由国务院或者国务院授权组织事故调查的部门向社会公布，依法应当保密的除外。

事故调查的有关资料应当由组织事故调查的市场监管部门立档永久保存。

立档保存的材料包括：现场勘查笔录、技术鉴定报告、重大技术问题鉴定结论和检测检验报告、尸检报告、调查笔录、物证和证人证言、直接经济损失文件、相关图纸、视听资料、事故调查报告、事故批复文件等。

组织事故调查的市场监管部门应当在接到事故调查报告批复之日起 30 日内撰写事故结案报告，并逐级上报至国家市场监管部门。

上报的事故结案报告，应当同时附事故档案副本或者复印件。

负责组织事故调查的市场监管部门应当根据事故原因对相关安全技术规范、标准进行评估。需要制定或者修订相关安全技术规范、标准的，应当及时报告上级部门提请制定或者修订。

四、事故应急预案

压力容器是事故发生率相对较高的特殊设备，在做好防范事故措施，尽力避免事故发生的同时，还应根据事故发生的可能性和可能造成的危害制定事故应急预案，以便在事故发生时，立即启动应急预案，使事故能得到及时或有效的控制和抢救，防止事故的扩大，减少人员伤亡和财产损失，把事故造成的危害降低到最低限度。同时，压力容器的使用单位往往也是消防安全的重点单位，必须按照《机关团体、企业、事业单位消防安全管理规定》的要求制定事故应急预案。

1. 组织策划

压力容器的使用单位，应根据本单位压力容器的数量和类别制定压力容器事故应急预案，特别是有二、三类压力容器的使用单位，事故应急预案的组织策划，应由单位的注册安全工程师负责。事故应急预案参与制定和审议的人员包括压力容器安全管理人员，生产工艺技术部门人员，设备技术管理部门人员，土建、医疗等专业的有关人员，单位的行政后勤、工会等部门的有关人员。建立应急救援组织或指定兼职的应急救援人员，配备必要的应急救援器材、设备。因压力容器使用单位往往工艺、介质较特殊，且专业性较强，因此，使用单位自行组织和装备有时更有效、更专业、更快捷、更有针对性。

事故应急组织机构分工为：指挥协调通信联络小组（负责指挥协调和报警接警等）、现场抢险组（负责灭火、切断压力源、泄压停车等)、疏散引导组(负责发生火灾、爆炸或毒气泄漏时引导现场及附近人员疏散撤离至安全地区或上风位置)、安全防护救护组(负责现场受伤人员的抢救及送往医院治疗等)。

2. 制定原则和相关内容

制定压力容器事故应急预案时,应预想容器可能发生怎样的事故,事故发生过程将会如何,可能产生的后果,有针对性地制定应急对策,以最大限度地保护人的生命为第一原则。在此基础上,根据现场的生产设施、生产工艺状况、关联设备管线、岗位厂房现场环境等,制定事故发生后现场人员该怎样逃生,进入现场控制事故抢救受伤人员时怎样自我保护,应该注意些什么问题,应该怎样进入现场等。其主要内容如下:

(1) 现场人员自救逃生预案　对压力容器可能会发生爆炸事故的岗位,应预先根据爆炸能量计算出冲击波、碎片等对人体的伤害形式及伤害程度,同时,还要预想二次爆炸、火灾、可能产生的继发性事故及附近设施、厂房建筑物倒塌等情况,制定自救逃生方案。如预案要求一旦压力容器爆炸,现场人员应立即伏地、钻入桌底或躲到预定的安全角落,以防冲击波、碎片和继发性事故的伤害,保持镇静并大声呼救,待事态相对稳定时,按预定并熟记的逃生方法逃生,包括防护用品在何处、怎样使用,并留意是否还有倒塌物伤害的潜在威胁,是否还会引发火灾等,采用预定的自救方法和预定的逃生路线和逃生姿势(引发火灾时按火灾逃生技巧)等逃生。由于事故现场一般都凌乱不堪、能见度低,现场人员往往难以从惊恐万状的情绪中冷静下来,难免盲目逃生或不会逃生自救而中毒窒息,特别是伴随有火灾发生的,往往会"逃得过爆炸,却逃不出火灾"。因此,事故的应急预案就显得非常重要和必要,它将会大大提高现场人员逃生的成功率。

(2) 控制事故的发展扩大和人员抢救预案　压力容器事故应急预案预想事故发生后可能造成的恶果和事故可能会发展扩大所造成的危害,应预定现场人员,特别是无关人员的应急疏散,如谁指挥、怎样走等。对压力容器的压力源来自系统其他设备,或容器为毒性介质且管道系统与其他设备紧密相连，当容器发生事故时，必须及时切断压力源或外泄毒气源和进行系统紧急停车，以控制事故的进一步发展扩大。但在事故发生时，这一过程往往不易进行而造成事态的扩大，造成更多的人员伤亡。因此，应当设定预想的处理程序，包括预定的防护用品种类及其放置位置、使用方法，预定的处理方法和处理步骤及其应用的工具等。对有人员受伤、中毒的，除按预定的方案报"120"急救外，还应按预定的抢救方案针对不同的受伤程度和中毒情况的人先进行抢救，以赢取宝贵的抢救时间和抢救机会，如预定抢救人员应怎样进入搜救和将受伤和被困人员救出现场，怎样根据受伤程度进行抢救，包括人员放置体位、止血包扎、人工呼吸、心脏挤压机施用、应急解毒手段和解毒措施等。对事故后有可能发生火灾事故的，还要制定灭火和应急疏散预案。

（3）压力容器发生事故的指挥协调预案　事故发生时要乱中求序，使事故现场的抢救能忙而不乱、分工有序、有条不紊，这就需要平时预定的事故指挥、协调系统和协调方案进行运作，包括事故报告程序和方法及火灾报警"119"、急救报警"120"的程序和分工，如谁去报告、报告谁，谁负责接警引路，谁负责指挥协调等。同时，还应制定抢救的人力、物力、装备、车辆等的分工和调配供应。

（4）压力容器事故的善后处理预案　压力容器事故发生后，企业内部往往较为混乱，特别是出现人员伤亡时，事故单位的负责人或有关人员既要面临有关部门的调查，又要进行受伤入院员工的照顾及受伤家属的接待工作、安抚，发生事故的单位甚至面临客商上门追债等，稍有不慎，既会影响事故的调查处理，又会使矛盾激化而引起新的社会问题。因此，事故应急预案还应包括事故发生后预定的现场保护、人员安置、家属安抚和组织调查、大力协助调查及处理等程序方案。预定人员安排和职责分工，做到该赔偿的、该安置的、该照顾的均有着落，事事有人负责，并按规定的方案执行。

3. 预案的演练

作为应急预案，要想在应急启动时准确、迅速、有效，必须进行演练，特别是现场演练。有发生事故可能性的岗位人员必须了解并熟悉事故应急预案，并进行经常性的演练，做到有备无患，防患于未然。演练有助于发现隐患，在演练过程中对与应急预案发生冲突的不良习惯和现象及安全隐患等应立即进行整改，如：为贪图方便，操作现场物料原料堵塞通道，灭火器材、安全疏散通道、疏散指示标志、应急照明、安全出口不畅顺不可靠等应进行整改；现场防护用具、防护设施不齐全或不完好，作业空间、防毒面具、设备附属设施的位置、方位不合理需改进调整等；应急电源、防毒面具（口罩）等防护用品是否可靠有效等，应急用品是否齐全有效等边演练边查隐患，边整改边完善。对易燃介质的压力容器岗位，应采用防爆等级的电气设备。

　　压力容器应急预案必须要紧密结合本单位、企业的具体情况（包括生产工艺状况，作业场所的环境条件，介质的特性等），周边及可能波及的区域和当地的医疗、公安消防的具体情况全面考虑，力求尽量减少事故造成的危害，特别是减少人员的伤亡和做好事故的善后工作等补救工作。

◆ 参考文献 ◆

[1] TSG 21. 固定式压力容器安全技术监察规程.

[2] GB/T 150—2011 压力容器.

[3] GB/T 151—2014 热交换器.

[4] NB/T 47013.1 ~ 47013.6—2015 承压设备无损检测.

[5] 周忠元，等. 化工安全技术与管理. 北京：化学工业出版社，2002.

[6] 崔政斌，等. 压力容器安全技术. 2版. 北京：化学工业出版社，2009.

[7] 冯肇瑞，等. 化工安全技术手册. 北京：化学工业出版社，1993.

[8] 罗云. 注册安全工程师手册. 北京：化学工业出版社，2005.

[9] 王玉元等. 安全工程师手册. 成都：四川科技出版社，1995.

[10] 崔克清. 安全工程大辞典. 北京：化学工业出版社，1995.